A CIÊNCIA DA PRÁTICA ESPIRITUAL

Rupert Sheldrake

A CIÊNCIA DA PRÁTICA ESPIRITUAL

Experiências Transformadoras, seus Efeitos e sua
Eficácia em Nosso Corpo, no Cérebro e na Saúde

Tradução
Jeferson Luiz Camargo

Título do original: *Science and Spiritual Practices.*

Copyright © 2017 Rupert Sheldrake.

Copyright da edição brasileira © 2021 Editora Pensamento-Cultrix Ltda.

1ª edição 2021.

Todos os direitos reservados. Nenhuma parte desta obra pode ser reproduzida ou usada de qualquer forma ou por qualquer meio, eletrônico ou mecânico, inclusive fotocópias, gravações ou sistema de armazenamento em banco de dados, sem permissão por escrito, exceto nos casos de trechos curtos citados em resenhas críticas ou artigos de revistas.

A Editora Cultrix não se responsabiliza por eventuais mudanças ocorridas nos endereços convencionais ou eletrônicos citados neste livro.

Editor: Adilson Silva Ramachandra
Gerente editorial: Roseli de S. Ferraz
Preparação de originais: Karina Gercke
Gerente de produção editorial: Indiara Faria Kayo
Editoração eletrônica: S2 Books
Revisão: Erika Alonso

Dados Internacionais de Catalogação na Publicação (CIP)
(Câmara Brasileira do Livro, SP, Brasil)

Sheldrake, Rupert
    A ciência da prática espiritual : experiências transformadoras, seus efeitos e sua eficácia em nosso corpo, no cérebro e na saúde / Rupert Sheldrake ; tradução Jeferson Luiz Camargo. -- São Paulo : Editora Pensamento Cultrix, 2021.

    Título original: Science and spiritual practices
    Bibliografia.
    ISBN 978-65-5736-043-9

    1. Medicina - Aspectos religiosos 2. Saúde - Aspectos religiosos 3. Vida espiritual I. Título.

20-46173   CDD-201.65

Índices para catálogo sistemático:
1. Ciência da prática espiritual 201.65
Cibele Maria Dias - Bibliotecária - CRB-8/9427

Direitos de tradução para o Brasil adquiridos com exclusividade
pela EDITORA PENSAMENTO-CULTRIX LTDA., que se reserva a
propriedade literária desta tradução.
Rua Dr. Mário Vicente, 368 – 04270-000 – São Paulo, SP
Fone: (11) 2066-9000
http://www.editoracultrix.com.br
E-mail: atendimento@editoracultrix.com.br
Foi feito o depósito legal.

Em memória de meus pais, Reginald e Doris, com profunda gratidão.

Sumário

Prefácio	9
Prefácio à Edição Brasileira	23
Introdução	33
1. Meditação e a Natureza da Mente	45
2. O Fluxo de Gratidão	79
3. Reconectando-se com o Mundo Mais-Que-Humano	97
4. Relação com as Plantas	133
5. Rituais e a Presença do Passado	159
6. Canto, Cantochão e o Poder da Música	191
7. Peregrinações e Lugares Sagrados	225
8. Conclusões: Práticas Espirituais em uma Era Secular	261
Agradecimentos	283
Notas	285
Bibliografia	303

Prefácio

Este livro é o resultado de uma longa jornada pelos domínios da ciência, da história, da filosofia, da prática espiritual, da teologia e da religião, assim como de jornadas pela Inglaterra e Irlanda, Europa Continental, América do Norte, Malásia, Índia e outras partes do mundo. A ciência e as práticas espirituais fazem parte de minha vida desde a infância, e refleti muito sobre as relações entre elas em muitos contextos distintos.

Nasci e cresci em Newark-on-Trent, Nottinghamshire, uma cidade comercial na região geográfica do centro da Inglaterra. Minha formação cristã foi razoavelmente convencional. Minha família era metodista, e fui mandado para um colégio interno anglicano para meninos.

Desde muito cedo, demonstrei grande interesse por plantas e animais. Mantinha muitos deles em casa. Meu pai era herborista, microscopista e farmacêutico, e me incentivou sempre a seguir meus interesses. Eu queria ser biólogo e especializei-me em ciências na escola. Depois, fui para a Universidade de Cambridge, onde estudei biologia e bioquímica.

Durante minha formação científica, percebi que a maior parte dos meus professores de ciências era ateu, e que viam o ateísmo como algo normal. Naquela época, na Inglaterra, a ciência e o ateísmo andavam de mãos dadas. Uma perspectiva ateísta parecia fazer parte da visão científica de mundo, que era por mim aceita.

Quando eu tinha 17 anos, no intervalo entre concluir o segundo grau e ir para a universidade, trabalhei como técnico de laboratório nos laboratórios de pesquisa de uma indústria farmacêutica. Eu queria ter a experiência de um pesquisador. Ao assumir o trabalho, ninguém me informou que eu iria trabalhar em um centro de vivissecção. Eu queria ser biólogo porque amava os animais. Agora, porém, eu estava trabalhando em uma espécie de campo de extermínio. Nenhum daqueles animais recém-nascidos e usados nos experimentos – gatos, coelhos, porquinhos-da-índia, ratos, camundongos ou pintinhos – jamais saiu vivo do laboratório. Senti uma grande tensão entre meus sentimentos pelos animais e o ideal de objetividade científica, em que não havia nenhum espaço para as emoções pessoais.

Depois de ter falado com meus colegas sobre algumas de minhas dúvidas, eles me fizeram ver que tudo aquilo era feito em nome do bem da humanidade; aqueles animais estavam sendo sacrificados para salvar vidas humanas. E eles tinham alegações fortes. Todos nós nos beneficiamos dos medicamentos modernos, e quase todas essas drogas foram testadas primeiro em animais. Seria imprudente e ilegal testar em seres humanos substâncias químicas nunca antes testadas e potencialmente tóxicas. Como os seres humanos têm direitos, a argumentação é válida. Os animais de laboratório não têm quase nenhum direito. A maioria das pessoas concorda com esse sistema de sacrifício animal pelos benefícios que pode trazer à medicina moderna.

Enquanto isso, li Sigmund Freud e Karl Marx, que consolidaram minhas concepções ateístas, e, quando fui para Cambridge como aluno de graduação, juntei-me à Associação Humanista de Cambridge. Depois de participar de algumas reuniões, comecei a achá-las entediantes, e minha curiosidade me fez buscar outros caminhos. O fato que ficou mais cravado em minha mente ocorreu quando ouvimos uma palestra do biólogo *sir* Julian Huxley, um dos maiores luminares do Movimento Humanista Secular. Ele argumentava que os seres humanos devem assumir o controle de sua própria evolução e aperfeiçoar a raça humana por meio da eugenia, isto é, reprodução seletiva.

Ele antevia uma nova raça de crianças geneticamente aprimoradas, que seria gerada por inseminação artificial mediante a doação de esperma. Huxley enumerava as qualidades que os doadores de esperma deveriam ter para poderem criar esse aperfeiçoamento da humanidade: deveriam ser homens provenientes de uma longa linhagem científica, que fossem responsáveis por grandes realizações na ciência e tivessem ascendido a uma posição de grande apreço na vida pública. Na verdade, o doador de esperma ideal deveria ser alguém com os atributos do próprio *sir* Julian. Mais tarde, aprendi que ele praticava o que pregava.

Como ateu e biólogo mecanicista incipiente que eu era, esperava-se que eu acreditasse que o universo fosse essencialmente mecânico, que não havia nenhum fim último e nenhum Deus, e que nossa mente nada mais fosse que a atividade de nosso cérebro. No entanto, terminei por achar complicado demais acreditar em tudo isso, sobretudo quando me apaixonei. Eu tinha uma bela namorada e, em uma fase de intensa emoção, eu estava ouvindo palestras de fisiologia sobre hormônios. Aprendi muitas coisas sobre testosterona, progesterona e estrogênio, e de que modo eles influenciavam partes distintas dos corpos masculino e feminino. Contudo, havia um abismo entre estar apaixonado e aprender essas fórmulas químicas.

Conscientizei-me também da grande lacuna entre minha inspiração original – um interesse por plantas e animais vivos – e o tipo de biologia que vinham me ensinando. Praticamente não havia nenhuma ligação entre minha experiência direta com animais e plantas e o modo como eu vinha aprendendo sobre eles. Em nossas aulas de laboratório, matávamos os organismos que estávamos estudando, depois os dissecávamos para separar seus componentes em partículas cada vez menores, até por fim chegarmos ao nível molecular.

Achei que havia alguma coisa muito errada, mas não conseguia identificar o problema. Então um amigo que estudava literatura me emprestou um livro sobre filosofia alemã em que havia um ensaio sobre os escritos de Johann von Goethe, poeta e botânico.[1] Descobri que Goethe, no início do século XIX, tinha uma concepção de um tipo diferente de ciência – uma ciência holística que integrava experiência direta e entendimento. Não implicava a fragmentação de tudo em partes distintas e a negação da evidência dos sentidos.

Essa ideia de que a ciência podia ser diferente me encheu de esperança. Eu queria ser cientista. Contudo, não queria me aprofundar em uma carreira de pesquisa, algo que meus professores pressupunham ser minha intenção. Eu queria dispor de mais algum tempo para examinar um quadro mais amplo. Tive a sorte de receber uma bolsa de estudos Frank Knox em Harvard e, depois de minha graduação em Cambridge, ali permaneci por um ano (1963-1964) concentrando meus estudos na filosofia e na história da ciência.

O livro *A Estrutura das Revoluções Científicas*, de Thomas S. Kuhn, tinha sido publicado há pouco tempo e me fez ver que a teoria mecanicista da natureza era o que Kuhn chamava de "paradigma" – um modelo coletivamente circunscrito da realidade, um sistema de crenças. Kuhn mostrou que os períodos de mudanças científicas revolucionárias implicavam a substituição de antigos modelos científicos da realidade por novos modelos. Se a ciência havia mudado de maneira radical no passado, então seria possível que voltasse a mudar no futuro – uma possibilidade estimulante.

Voltei para Cambridge, na Inglaterra, para trabalhar com plantas. Não queria trabalhar com animais, minha intenção original, porque não queria passar minha vida matando-os. Defendi um Ph.D. sobre o modo como as plantas produzem o hormônio auxina, que estimula o crescimento dos caules, a formação da madeira e a produção de raízes. O hormônio enraizador em pó que os jardineiros usam para fomentar o enraizamento das mudas contém uma forma sintética de auxina. Em seguida, continuei com minhas pesquisas sobre o desenvolvimento das plantas como bolsista do Clare College, em Cambridge, e também como pesquisador da Royal Society, que me deu uma liberdade extraordinária pela qual serei sempre grato.

Durante esse período, me tornei membro de um grupo chamado "Filósofos Epifenomenalistas"* com sede em Cambridge.[2] Esse grupo era uma confluência improvável de físicos quânticos, místicos, budistas, quacres, anglicanos e filósofos, inclusive Richard Braithwaite, que era professor de filosofia em Cambridge e um dos maiores filósofos da ciên-

---

* O dicionário *Aurélio* traz apenas "epifania", "epifenômeno", "epifenomenalismo" e "epifenomenalista". O dicionário *Houaiss* limita-se a "epifania", "epifenomenalismo" e "epifenômeno". Já o dicionário *VOLP* é bem mais completo: "epifenomenal", "epifenomenalismo", "epifenomenalista", "epifenomenalístico", "epifenomênico", "epifenomenismo", "epifenomenista", "epifenomenístico" e "epifenômeno". De modo geral, "epifenômeno" é um fenômeno acessório cuja presença ou ausência não importa na produção do fenômeno essencial que está sob exame. Foi esse o termo usado por alguns positivistas ingleses do século XIX (Huxley e Clifford, entre outros), para definir a consciência como um fenômeno secundário ou acessório, que acompanha os fenômenos corpóreos, mas é incapaz de reagir sobre eles. (N. do T.)

cia;[3] sua esposa Margaret Masterman, que era diretora da Unidade de Pesquisa de Idiomas de Cambridge e pioneira da Inteligência Artificial; e Dorothy Emmet, professora de filosofia na Universidade de Manchester que havia estudado com o filósofo Alfred North Whitehead. Quatro vezes ao ano, durante uma semana, vivíamos como uma comunidade em um moinho de vento na costa de Norfolk, em Burnham Over Staithe. Discutíamos sobre física, biologia, medicina alternativa, acupuntura, pesquisas psíquicas, teoria quântica, a natureza da linguagem e a filosofia da ciência. Nenhuma ideia era descartada.

Durante esses sete anos, tive a liberdade de fazer as pesquisas que bem entendesse, e onde me parecesse melhor fazê-las. Financiado pela Royal Society, estive na Malásia por um ano, pois queria estudar as florestas tropicais. Minha base foi o Departamento de Botânica da Universidade da Malásia, perto de Kuala Lumpur. Dirigindo-me para lá, em 1968, viajei pela Índia e pelo Sri Lanka por vários meses, e tudo isso foi muito revelador. Descobri que havia maneiras totalmente distintas de olhar para o mundo, para as quais minha formação não havia me preparado.

Quando voltei para Cambridge, continuei com minha pesquisa sobre o desenvolvimento das plantas e, em particular, me concentrei no modo como o hormônio vegetal auxina, que controla o crescimento das plantas, é transportado das folhas e dos caules para as extremidades das raízes, transformando a planta à medida que flui por ela. Embora esse trabalho não tenha sido bem-sucedido, fiquei cada vez mais convencido de que a abordagem mecanicista era incapaz de apresentar um entendimento adequado do desenvolvimento da forma. Deveria haver princípios organizadores de cima para baixo, e não apenas de baixo para cima.

Uma analogia arquitetônica para um princípio de cima para baixo seria a planta de um edifício como um todo, e uma explicação de baixo para cima ocupar-se-ia com as propriedades químicas e físicas dos tijolos, as propriedades adesivas da argamassa, as tensões nas paredes, as correntes na fiação elétrica etc. Todos esses fatores físicos e químicos são importantes para o entendimento das propriedades do edifício, mas, por si sós, não conseguem explicar sua forma, seu traçado e sua função.

Por esses motivos, fiquei interessado pela ideia dos campos biológicos, ou campos morfogenéticos, ou, ainda, campos organizadores da forma, um conceito proposto pela primeira vez na década de 1920. A forma de uma folha não é determinada apenas por genes no interior de suas células, que lhe permitem criar certas moléculas de proteínas, mas também por um campo organizador de formas, uma espécie de planta ou molde invisível, ou "atrator" para a folha. O processo é diferente para folhas de carvalho, de roseiras e de bambus, ainda que todas tenham as mesmas moléculas de auxina e o mesmo tipo de sistema polar de transporte de auxina, levando essa substância por uma única direção – dos rebentos para as extremidades das raízes –, e não para a direção oposta.

Quando eu estava pensando em como os campos morfogenéticos podem ser herdados, ocorreu-me uma nova ideia: talvez houvesse, na natureza, um tipo de memória que fornecesse as conexões certas ao longo do tempo, desde os organismos presentes até os mais remotos, e atribuísse a cada espécie um tipo de memória coletiva da forma e do comportamento. Denominei essa hipotética transferência de memória de *ressonância mórfica*, mas logo percebi que a proposta era extremamente controversa, e que eu não conseguiria publicá-la enquanto não a tivesse submetido a anos e anos de análises e estudos, nem obtido fortes indícios de seu acerto – um processo que ainda poderia me ocupar durante muitos anos de pesquisas.

Ao mesmo tempo, fiquei cada vez mais interessado em explorar a consciência por meio de experiências psicodélicas que pudessem me convencer de que a mente era muito maior do que qualquer coisa que me tivessem ensinado em todos os meus anos de formação científica.

Em 1971, aprendi a fazer Meditação Transcendental, porque queria ser capaz de explorar a consciência sem o uso de drogas. No Centro de Meditação Transcendental de Cambridge, não era preciso ser adepto de nenhuma crença religiosa. Os instrutores apresentavam o processo como algo totalmente fisiológico. Para mim, isso era muito bom; funcionou, fiquei feliz por praticá-lo e não precisava acreditar em nada que não fosse meu cérebro. Eu ainda era ateu, e muito me agradou encontrar uma prática espiritual que concordava com uma concepção científica e não exigisse nenhuma religião.

Meu interesse pela filosofia hindu e pelo yoga só faziam aumentar dia após dia, e, em 1974, tive a chance de ir trabalhar na Índia, no Instituto Internacional de Pesquisa em Colheitas para os Trópicos Semiáridos (ICRISAT), perto de Hyderabad, onde me tornei Diretor de Fisiologia Vegetal. Fiz pesquisas com grãos-de-bico e feijão-guandu, e participei de uma equipe que cultivava as melhores variedades com maior qualidade, e também com maior resistência à seca, às pragas e às doenças.

Eu adorava estar na Índia, e passava boa parte do meu tempo livre visitando templos e *ashrams*, e assistindo a palestras de meus gurus. Também tinha um professor de sufi em Hyderabad, Agha Hassan Hyderi. Ele me deu um mantra sufi, um *wazifa**, e, por cerca de um ano, pratiquei uma forma de meditação sufi. Uma das coisas que aprendi com ele foi que, na tradição sufi, o prazer tem origem divina. Sua religião

---

* O sentido literal do termo árabe *wazifa* é "empregar". Por algum motivo, porém, na língua sufi esse termo passou a significar "alguns versos ou frases que alguém recita em busca de um favor específico de Alá". (N. do T.)

não era puritana nem ascética. Ele usava maravilhosos mantos bordados com fios de ouro e prata, era grande conhecedor de perfumes e, quando estava sentado, seus dedos percorriam um recipiente ornamental cheio de brotos de jasmim, enquanto recitava poemas em urdu e persa. Sempre associei a religião com a negação do prazer, mas a atitude de Agha era totalmente distinta.

Então um novo pensamento surgiu em minha mente: "E quanto ao cristianismo?". Desde minha conversão adolescente ao ateísmo e ao humanismo secular, não dei muita atenção a essa religião, embora os filósofos epifenomenalistas fossem um grupo cristão. No alvorecer e no fim do dia, entoávamos no moinho de vento um canto litúrgico semelhante ao canto gregoriano, a uma só voz e sem compasso definido.

Quando pedi a um guru indiano que me aconselhasse sobre minha jornada espiritual, ele disse: "Todos os caminhos levam a Deus. Você vem de uma família cristã e deve seguir um caminho cristão". Quanto mais eu pensava sobre esse assunto, mais ele fazia sentido. Os lugares sagrados do hinduísmo encontram-se na Índia, ou perto dela, como no Monte Kailash. Os lugares sagrados da Grã-Bretanha encontram-se lá, e são cristãos em sua maioria. Meus ancestrais foram cristãos por muitos séculos; eles nasceram, casaram-se e morreram no seio da tradição cristã, inclusive meus pais.

Aprendi a rezar o Pai-Nosso e comecei a frequentar a Igreja Anglicana de São João, em Secunderabad.* Redescobri minha fé cristã. Tempos depois, aos 34 anos de idade, recebi o sacramento da crisma na Church of South India, uma igreja ecumênica formada pela união de

---

* Subúrbio ao Norte de Hyderabad, em Andhra Pradesh, Índia, onde a transmissão da malária por mosquitos do gênero *Anopheles* foi descoberta por *sir* Ronald Ross em 1898. (N. do T.)

anglicanos e metodistas. Eu não tinha sido crismado na escola, ao contrário da maioria dos outros meninos.

Ainda sentia uma tensão muito forte entre a sabedoria hindu, que eu considerava tão profunda, e a tradição cristã, que, por comparação, parecia espiritualmente rasa. Depois, graças a um amigo, descobri um professor maravilhoso, o padre Bede Griffiths, que vivia em um *ashram* cristão em Tamil Nadu, no Sul da Índia. Era um monge beneditino que já estava na Índia havia mais de vinte anos.

Ele me apresentou à tradição mística cristã, sobre a qual eu sabia muito pouco, e à filosofia cristã medieval, particularmente às obras de São Tomás de Aquino e São Boaventura. Seus *insights* pareciam-me mais profundos do que qualquer coisa que eu já tivesse ouvido em sermões e igrejas, ou em universidades. O padre Bede também tinha um profundo conhecimento da filosofia hindu, e fazia preleções regulares sobre os *Upanishads*, que contêm muitas das ideias centrais ao pensamento hindu. Ele me mostrou de que modo as tradições filosóficas e religiosas do Oriente e do Ocidente poderiam iluminar-se mutuamente.[4]

Enquanto eu trabalhava no ICRISAT, continuei a refletir sobre a ressonância mórfica, e, quatro anos depois, eu estava pronto para separar uma parte do meu dia para escrever sobre o tema. Para isso, eu queria permanecer na Índia, e padre Bede encontrou uma solução perfeita, convidando-me para morar em seu *ashram*, Shantivanam, às margens do Cauvery, um rio sagrado.

O *ashram* do padre Bede combinava muitos aspectos da cultura hindu com a tradição cristã. Sentados no chão, consumíamos alimentos vegetarianos extraídos das folhas de bananeiras, praticávamos yoga todas as manhãs, e uma hora de meditação ao nascer do dia e ao anoitecer. Eu costumava meditar à sombra de algumas árvores nas margens do rio.

A missa matinal começava com o canto do mantra Gayatri, um mantra sânscrito que invocava o divino poder que reluz através do Sol. Perguntei ao padre Bede: "Como o senhor pode entoar um mantra hindu em um *ashram* católico?", e sua resposta foi: "Exatamente porque é católico. Católico significa universal. Se excluirmos qualquer coisa que seja um caminho para Deus, não estaremos mais nos domínios do catolicismo – estaremos tão somente nos domínios de uma seita".

Fiquei ali por um ano e meio, de 1978-1979, em uma cabana com telhado de folhas de palmeiras e debaixo de uma figueira-de-bengala onde escrevi meu livro, *A New Science of Life*.* Depois, durante anos a fio, voltei a trabalhar no ICRISAT em tempo parcial, tanto na Índia como na Inglaterra e na Califórnia.

De volta à Inglaterra, tive um período maravilhoso de redescoberta de minhas tradições. Eu era fascinado pelo fato de que, assim como os hindus têm peregrinações, os europeus também as têm. Fiz peregrinações a catedrais, igrejas e lugares cujas origens se perdem no tempo, como Avebury. Era como se eu estivesse voltando para casa, reconectando-me com minha terra natal e com aqueles que tinham vivido ali em outros tempos. Uma de minhas práticas passou a ser ir à igreja aos domingos, onde quer que estivesse, geralmente em minha paróquia local.

Pouco depois de *Uma Nova Ciência da Vida* ter sido publicado na Inglaterra, em 1981, eu já estava de volta à Índia, trabalhando em meus experimentos de campo, quando fui convidado para falar em um congresso, em Bombaim, chamado "Ancient Wisdom and Modern Science" [Sabedoria Antiga e Ciência Moderna]. Interrompi por alguns dias minhas colheitas e fui para Bombaim para ministrar uma palestra sobre ressonância mórfica. No período em que fiquei por ali, conheci

---

* *Uma Nova Ciência da Vida*, publicado pela Editora Cultrix, São Paulo, 2014.

Jill Purce, que estava falando como parte do programa sobre sabedoria antiga. Jill havia escrito um livro chamado *The Mystic Spiral: Journey of the Soul*, e também era editora-chefe de uma série de belos livros sobre Arte e Imaginação, publicados pela Thames & Hudson, que continuam sendo impressos até hoje.

Jill e eu voltamos a nos encontrar mais adiante, na Índia, depois que ela estivera em um retiro no Himalaia, como parte de sua prática Dzogchen, uma forma de budismo tibetano,* e mais tarde, naquele mesmo ano, nos encontramos novamente na Inglaterra, quando então nos tornamos inseparáveis. Nos casamos em 1985 e desde então vivemos em Hampstead, no norte de Londres.

Quando a conheci, Jill tinha desenvolvido uma nova maneira de ensinar o cantochão, apresentando as pessoas ao poder do canto em grupo, baseando-se em tradições de diferentes culturas e religiões. Em seus *workshops*, ela ensinava (e ainda ensina) uma forma de Canto Difônico ou Canto Harmônico, tradicionalmente praticado na Mongólia e em Tuva, que produz notas semelhantes às da flauta, em harmonia com o tom fundamental do canto. Ela também sabe como o ato de cantar pode efetuar mudanças de consciência, levando as pessoas à ressonância mútua.[5]

Nos últimos trinta e cinco anos, tenho feito pesquisas experimentais sobre o crescimento vegetal, a ressonância mórfica,[6] pombos-correio,[7] cães que sabem quando seus donos estão chegando em casa,[8] a sensação de estarmos sendo observados por trás,[9] telepatia telefônica[10] e uma série de outros assuntos. De 2005 a 2010, fui diretor do Perrott-Warrick Project sobre habilidades inexplicáveis de humanos e dos animais, financiado pelo Trinity College, de Cambridge.

---

* A palavra "dzogchen" significa "grande completude", referindo-se ao fato de que todas as qualidades do estado de um Buda estão completas no nível de *rigpa* (consciência pura), o nível mais profundo e fundamental de todos. (N. do T.)

Os resultados dessa pesquisa me convenceram de que nossa mente vai muito além de nosso cérebro, como acontece com a mente de outros animais. Por exemplo, parece haver influências telepáticas diretas de animais para outros animais, de seres humanos para outros seres humanos, de seres humanos para animais e de animais para seres humanos. Conexões telepáticas em geral acontecem entre pessoas e animais entre os quais parece haver conexões emocionais.

Esses fenômenos psíquicos são normais, e não paranormais; são naturais, não sobrenaturais; fazem parte do modo como nossa mente e nossas ligações sociais funcionam. Às vezes, são chamados de "paranormais" porque não se amoldam a um entendimento estreito da realidade. Contudo, os fenômenos em si podem ser estudados cientificamente e têm efeitos mensuráveis. Eles dizem respeito a interações entre organismos vivos e organismos vivos e seu meio ambiente. Em si mesmos, porém, não são fenômenos espirituais.

Há uma distinção entre os domínios psíquicos e os espirituais. Fenômenos como a telepatia revelam que as mentes não estão confinadas aos cérebros. Mas também estamos abertos a conexões com uma consciência muito mais ampla, com uma realidade espiritual mais-que-humana, seja qual for o nome que lhe dermos. As práticas espirituais nos ajudam a explorar essa questão por nós mesmos.

A obra de Jill foi uma de minhas inspirações para escrever este livro, pois ela criou uma maneira de ensinar práticas espirituais que inclui todos os que estiverem interessados, qualquer que seja sua religião ou irreligião. Como constatei com a Meditação Transcendental, e como presenciei tantas vezes nos *workshops* de Jill, as pessoas podem aprender práticas espirituais e praticá-las, sem a necessidade de começar pela articulação de suas crenças ou dúvidas. Suas práticas podem levar a um entendimento profundo, mas a experiência direta vem em primeiro lugar.

Os mesmos princípios aplicam-se a todas as práticas que discuto neste livro. Todas elas são abertas a cristãos, judeus, muçulmanos, hindus, budistas, animistas, neoxamanistas, pessoas que são espiritualizadas, mas não religiosas, adeptos da Nova Era, Humanistas Seculares, agnósticos e ateus. Eu mesmo sou cristão, anglicano e participo dessas práticas no contexto cristão. Mas todas elas são praticadas por seguidores de outras religiões, bem como por ateus e agnósticos. A falta de qualquer crença religiosa, ou a irreligião, tem o monopólio dessas práticas. Elas estão abertas a todos.

Muitos estudos científicos têm mostrado que essas práticas trazem benefícios aos que a elas se dedicam. Por exemplo, as pessoas que se dedicam à prática da gratidão parecem ser, em média, mais felizes do que as que ignoram esse assunto. Estou escrevendo este livro por acreditar que, em nossa era secular, há uma grande necessidade de redescobrir essas práticas, a despeito da religião ou irreligiosidade das pessoas.

Há muitos tipos de prática espiritual. Neste livro, discuto uma seleção de sete, das quais faço uso e pratico.

Hampstead, Londres
Fevereiro de 2017

Prefácio à Edição Brasileira

Parece que nos dias de hoje estamos vivendo tempos polarizados. Passamos atualmente por uma época de radicalização de ideias e de posicionamentos relativos ao modo como percebemos os acontecimentos. Ultimamente, mais do que nunca na história, as posturas das pessoas nos extremos se consolidam sobre várias áreas do conhecimento humano, principalmente no que concerne a linhas de pensamentos e crenças.

Temos a impressão de que esses polos têm brigado e competido ferozmente para que só um prevaleça, como se apenas um pudesse sobreviver, como se fossem incompatíveis ou paradoxais, não complementares, não passíveis de diálogo. Essa observação vale para linhas políticas (direita e esquerda), posições socioeconômicas (conservadorismo e progressismo), posturas quanto à liberdade ligada a gênero (a mentalidade do machismo e do feminismo, que não são opostos, que fique claro), orientação sexual e identidade de gênero (hétero e homo, cis e transexuais) e parece que também para o tema da ciência e da espiritualidade. Talvez todas essas discordâncias tenham uma mesma raiz na cultura estrutural do patriarcado, e compreender sua forma de dominação possa ajudar a entender muita coisa, inclusive quando os caminhos da fé e da razão científica se bifurcaram.

Ao longo da história, ciência e espiritualidade sempre estiveram relacionadas, ora como amigas, ora como inimigas. Durante quase todo o período da Idade Média, tudo o que contrariava as crenças religiosas era visto como heresia, e muitos pensadores e cientistas foram perseguidos pelo Tribunal da Santa Inquisição da Igreja Católica, como foi o caso de Galileu Galilei, ou condenados e mortos, como Giordano Bruno.

Já no século XVII – período em que foram criadas as bases para o desenvolvimento do pensamento iluminista –, a ciência em si teve um grande impulso, mas os homens que influenciaram toda a forma de pensar da era contemporânea conviveram com ideias medievais, barrocas e de temor a Deus, retrato de uma sociedade em que o maior poder emanava da Igreja. Para Isaac Newton, René Descartes e outros grandes cientistas, o Criador era uma parte inseparável do mundo nos projetos científicos que esses cientistas propunham.

Quando Newton nasceu, na Inglaterra de 1642, matemática, filosofia, religião, ciência e magia se confundiam. Astronomia e astrologia eram indissociáveis. Kepler era astrônomo, mas também confeccionava mapas astrais. Alquimia e química também estavam estreitamente relacionadas e se emaranhavam. Esses cientistas e pensadores enunciaram e descobriram várias das leis que governam a natureza, os sistemas planetários e os princípios que regem o universo, mas para eles Deus era tanto quem garantia a eficiência e o funcionamento dessas leis como quem operava os próprios fenômenos naturais.

Podemos ver hoje como Newton fez uso da abordagem do "Deus das lacunas", na qual o Criador é invocado para preencher os espaços que o conhecimento científico não consegue ainda explicar. Para ele, que é autor das leis da mecânica clássica e da Lei da Gravitação Universal, cocriador do cálculo diferencial e integral, juntamente com Leibniz, polímata e filósofo alemão, descobridor de algumas das leis fundamentais da óptica e inspirador do Iluminismo e do modelo de racionalidade, é espantoso que Deus fosse uma parte integral e essencial do universo. Ele chegou ao ponto de ter se dedicado durante muitos anos a um estudo de alquimia e cronologia bíblica, sobre o qual escreveu uma obra de teologia esotérica intitulada *Observations upon the Prophecies of Daniel and the Apocalypse of St. John* (1733) [Observações sobre as Profecias de Daniel e o Apocalipse de São João, em tradução livre].

Ironicamente, uma divisão entre ciência e espiritualidade surge novamente logo depois, principalmente por causa da relevância da ciência newtoniana. Se as Leis Universais explicavam tanta coisa, tudo não poderia ser incluído? O Deus de Newton estava tendo de se apertar em lacunas cada vez menores, graças ao avanço da ciência que ele mesmo havia ajudado a criar. Com relação a esse aspecto, há uma história interessante. No início do século XIX, o físico e matemático francês Laplace propôs uma origem física do Sistema Solar baseada na contração de uma grande nuvem de gás giratória, algo muito próximo do que se considera atualmente. Deu a Napoleão uma cópia de seu livro *Mecânica Celeste.* Após parabenizar o sábio, o grande líder expressou sua surpresa ao não ver Deus mencionado em seu manuscrito. Ao que Laplace respondeu: "Senhor, eu não preciso desta hipótese". Ou seja, Deus já não era mais necessário.

No entanto, por volta dessa época, os teólogos afirmavam que Deus ainda intervinha nos seres biológicos, principalmente nos humanos. A mentalidade coletiva cristã daquele tempo e o pensamento popular consideravam – como muitos ainda consideram na contemporaneidade – Deus como um imperador do universo, um super-humano que está sentado em seu trono no céu, comandando tudo e todos. Mas então surgiu Charles Darwin com seu trabalho sobre a origem das espécies, o que foi um grande golpe para os teólogos, pois agora não havia mais necessidade de Deus também para a evolução. A partir de então, a biologia não precisava de Deus. Ela também tinha suas leis.

Ao longo do século XX, nessa linha, os cientistas ficaram, por tudo isso, ligados muito mais ao materialismo que à espiritualidade. Para os cientistas, há uma explicação razoável para todos os fenômenos, com leis físicas, químicas, biológicas e naturais que regem e esclarecem tudo o que acontece. Há um modelo científico, um paradigma aceito. E quando um paradigma não consegue mais explicar os fenômenos, por surgirem novas evidências científicas, ele é abandonado e busca-se outro mais abrangente, que abarque os novos fatos e os interprete. Quem disse isso foi Thomas Kuhn, no seu livro clássico *A Estrutura das Revoluções Científicas*, de 1962.

Kuhn revelou os mecanismos de funcionamento da ciência, assim como a evolução de seus discursos. Ele disse que a ciência normal não se desenvolve por acumulação de descobertas e invenções individuais, mas por revoluções de paradigmas, que são, por definição, pressupostos das ciências, ou seja, realizações científicas universalmente reconhecidas em seu conjunto que, durante algum tempo, fornecem modelos de problemas e soluções para a comunidade científica. Por exemplo, a teoria geocêntrica de Ptolomeu, que afirmava ser a Terra o centro do sistema, foi substituída por um novo modelo, a teoria heliocêntrica de Copérnico, que dizia ser o Sol o centro.

Por tudo isso, os religiosos do século XX, e ainda hoje no século XXI, passaram a considerar a ciência como inimiga, porque acreditam que os cientistas, com suas ideias, teorias e seu modo de pensar, tentam, de todas as formas, "matar Deus", já que ele não é necessário para explicar o mundo. E aí chegamos novamente nos extremos radicais. De um lado, há os criacionistas e adeptos da teoria do *design* inteligente, que acham que o universo foi criado por Deus da maneira como ele existe hoje, que a criação bíblica explica tudo e que a ciência é nociva para a humanidade por eliminar o criador do pensamento geral e prescindir da fé para entender todas as coisas. De outro lado, há os cientistas e pensadores ateus radicais, que acreditam que o grande problema do mundo são as religiões e a mentalidade religiosa, e as combatem com todas as suas forças, principalmente os chamados "quatro cavaleiros do apocalipse", o biólogo evolutivo Richard Dawkins (autor da obra *Deus, um Delírio*), o filósofo Daniel Dennett, o filósofo e neurocientista Sam Harris e Christopher Hitchens, jornalista, escritor e crítico literário britânico, falecido em 2011.

Entretanto, alguns cientistas hoje já contemplam uma visão conciliatória entre ciência e espiritualidade, como é o caso de alguns físicos da Universidade de Berkeley, que nos anos 1970 fundaram o *Fundamental Fysiks Group*, o FFG, do qual fazem parte o físico e palestrante internacional Amit Goswami e o físico teórico, pensador sistêmico e escritor Fritjof Capra. Além deles, podemos destacar também o físico, astrônomo, professor e escritor brasileiro Marcelo Gleiser, o médico e escritor Larry Dossey, além de alguns outros, mas principalmente o autor deste livro, o biólogo Rupert Sheldrake, que é Ph.D. em bioquímica pela Universidade de Cambridge, Inglaterra.

Sheldrake e Goswami ousaram tentar adentrar terrenos pertencentes hoje ainda somente ao campo da espiritualidade e olhá-los à luz de suas áreas científicas. O primeiro, biólogo, é criador da hipótese dos *campos morfogenéticos*, para explicar comportamentos de espécies e outros grupos biológicos. Esses campos seriam estruturas de memória coletivas formadas pela repetição de atitudes-padrões individuais, que se somam e se sobrepõem, até se consolidarem como um comportamento típico do grupo, e que seriam acessadas e reproduzidas por um processo denominado *ressonância mórfica*. O segundo, físico, tem o postulado que ele denomina de *primado da consciência*. A consciência seria a criadora do universo material, e não da matéria em si que, após um processo evolutivo de bilhões de anos, desenvolveria um processo de autoconsciência. Ele afirma que o verdadeiro fundamento do que conhecemos vem da consciência, que é transcendental, fora do espaço-tempo, e não local e onipresente, e que o mundo físico está submetido a ela. A matéria surgiria da consciência e seria manipulada por ela, sendo a realidade da matéria secundária à da consciência. Como as possibilidades tornam-se eventos reais, há o espaço para uma consciência, e ela deve ser uma consciência cósmica. Há uma semelhança com o modo como Deus é retratado, pelo menos na espiritualidade tradicional.

Ao que tudo indica, há uma ciência viável da espiritualidade prenunciando talvez uma mudança de paradigma, com a superação da atual visão de mundo calcada apenas no materialismo e voltada ao que não é possível de se ver com meios físicos. Alguns estão chamando esse modelo de "a nova ciência de Deus", mas não como um imperador todo-poderoso, uma entidade suprema que faz julgamentos ao seu bel-prazer existe, sim, uma inteligência sistêmica, que também é um agente criativo da consciência, e que você pode chamar como quiser, até de Deus.

A nova ciência vem ganhando corpo em várias frentes. O físico brasileiro Marcelo Gleiser recebeu, em março de 2019, o prêmio Templeton do diálogo entre ciência e espiritualidade, no valor de 1,4 milhão de dólares, o equivalente ao "Nobel" da espiritualidade, que já premiou líderes religiosos como Dalai Lama, Madre Teresa de Calcutá e o arcebispo sul-africano Desmond Tutu. Ele é o primeiro brasileiro a receber tal honra. Ele mora nos Estados Unidos desde 1986, onde é professor de física e astronomia desde 1991 na Dartmouth College, uma das universidades mais importantes dos Estados Unidos. Escreveu *best-sellers* de divulgação científica sobre cosmologia e se declara um agnóstico e simpático de uma visão que contesta a existência de Deus, apesar de não negá-la.

Gleiser afirma que as pessoas têm uma visão muito distorcida da ciência, da religião e da relação entre ambas. Elas imediatamente colocam ciência e fé como antípodas em confronto constante, mas sua visão é um pouco mais histórico-cultural que a de seus pares da comunidade científica, enxergando a ciência como uma manifestação do esforço humano em se engajar com o mistério da existência. E a religião é, também, uma manifestação do esforço humano em se engajar com esse mistério. "A ciência pode dar respostas a certas questões, até um certo ponto. O que são o tempo, a matéria, a energia? As respostas científicas são válidas apenas em um âmbito teórico. Devemos ter a humildade para aceitar que estamos cercados de mistério", afirma ele, que diz que "existem certas questões que hoje estão na fronteira científica, mas que já fazem parte de um diálogo humanista há milênios. E hoje não podem ser respondidas nem por uma, nem por outra. Pensemos no livre-arbítrio. Há cientistas neurocognitivos e até físicos trabalhando nisso, mas também há filósofos e teólogos. Então, para se ter uma visão coerente, é preciso reconhecer que existe uma complementaridade no saber e que tanto a ciência quanto as humanidades têm muito a aprender umas com as outras".

A ciência não consegue "desprovar" a existência de algo; ela só é capaz de comprovar a existência. Carl Sagan dizia que "ausência de evidência não é evidência de ausência", aplicando essa frase à busca por vida extraterrestre, ou seja, o fato de que não a achamos ainda não significa que ela não exista. Gleiser diz que podemos usar esse raciocínio para qualquer outra divindade, e não apenas para o Deus judaico-cristão, ou seres estranhos/mitológicos. Podemos dizer que é "altamente improvável" ou "altamente surpreendente" que algo assim exista, mas não conseguimos provar que não exista. Então podemos, sim, ver em afirmações como "Deus não existe" um ato de fé, pois não há nenhuma evidência que apoie essa convicção.

Portanto, o que é fé, de uma certa forma? Você tem evidências, mas que não são, digamos, científicas. O importante nisso tudo é que as pessoas entendam que existem diferenças absolutamente fundamentais entre a metodologia científica e a fé religiosa. O que acontece quando inserimos Deus nas lacunas do conhecimento científico? Para Gleiser, preencher tais lacunas com Deus pode ser um problema para a ciência, pois é a partir desses espaços em branco que se criam os questionamentos e a busca por respostas sobre o universo. Os cientistas têm um grande desejo de aprender mais sobre o mundo, e colocar Deus nas lacunas não expandirá nossa compreensão do universo.

Mas há uma terceira opção: nem existir um *designer* cósmico, nem sermos uma raridade estatística dentro de um multiverso, mas simplesmente sermos seres humanos limitados, que vivemos cercados pelo mistério, e nesse mistério buscamos entender o que está acontecendo da melhor forma possível. Para iluminar essa situação na qual nos encontramos como espécie, precisamos nos reconectar com o universo de uma maneira mais harmônica e integrada com o todo, com um tipo diferente de diálogo entre espiritualidade e ciência. E é exatamente isso o que Rupert Sheldrake faz neste livro.

Os estudos aqui apresentados mostram que, na busca do secularismo e do materialismo radical, algo valioso ligado ao conhecimento humano parece ter sido deixado para trás. Na raiz disso encontramos os motivos de nos sentirmos hoje tão sozinhos, tristes, acuados em meio a trabalhos de que não gostamos, a um consumismo desenfreado que não nos preenche e de sentirmos nossas vidas vazias de significado por não nos percebermos parte de algo maior e mais profundo.

Por meio de análises, práticas e vivências relacionadas ao sagrado, o autor mostra como nossa visão de mundo amplia a conexão que temos conosco mesmo e melhora nosso estado psicológico e espiritual atual. Transitando com elegância e precisão "pelos domínios da ciência, da história, da filosofia, da prática espiritual, da teologia e da religião", tal como ele informa no prefácio da obra, realiza viagens por lugares como Inglaterra e Irlanda, Europa Continental, América do Norte, Malásia, Índia e outros. Nesses locais, mensura a eficácia de práticas espirituais analisando dados com admirável poder de síntese e mostrando como elas podem realmente modificar conexões neurais e padrões de comportamento, para tornar as pessoas mais conscientes e conectadas, capazes de sentir "o mundo mais que humano", além da existência material na qual vivemos imersos.

Analisa de forma metódica como funcionam a meditação e a natureza da mente, como a prática da gratidão nos transforma, como é nossa relação com as plantas, o poder da música no âmbito espiritual, como nossa consciência é modificada em peregrinações e viagens a lugares sagrados, como os rituais nos conectam com a força de sua prática ao longo dos tempos, gerando uma transferência de memória que ele denomina de "ressonância mórfica", algo que gera conexão com um conhecimento ancestral.

Sheldrake acredita que, ao nos abrirmos para a dimensão não material da existência, podemos encontrar forças e maneiras de viver vidas mais saudáveis, plenas e gratificantes. Não seria essa a melhor síntese para o objetivo tanto da ciência quanto da espiritualidade? A nova reconciliação entre os aparentes opostos já começou.

Alessandra J. Gelman Ruiz
outono de 2020

Introdução

Todas as religiões têm práticas espirituais. Essas práticas ajudam a conectar pessoas entre si e com formas de consciência que estão além do nível humano.

Até pouco tempo, a maioria dos ateus e humanistas seculares não tinha a menor dúvida de que essas práticas eram um desperdício de tempo, quando não, perigosamente irracionais. Contudo, as atitudes estão mudando, sobretudo no que diz respeito à saúde e ao bem-estar. Embora as ciências médicas tenham feito enormes avanços, elas não conferem um senso de significado ou finalidade à vida e tampouco estão dispostas a melhorar as relações ou a estimular valores como gratidão, generosidade e perdão. Não esperamos que a medicina faça essas coisas. Todas elas são papéis desempenhados pelas religiões, e terminam por mostrar que exercem efeitos bem mais positivos sobre a saúde e o bem-estar das pessoas. Estudos de pesquisas recentes mostram que, em média, as pessoas religiosas sofrem menos ansiedade e depressão do que as que não são religiosas;[1] são menos propensas ao suicídio,[2] menos inclinadas a tornarem-se fumantes[3] e bem mais distantes do abuso de álcool ou de outras drogas.[4] A maioria desses estudos não dissocia os efeitos de práticas e crenças espirituais específicas, e todas as religiões implicam um amplo espectro de práticas. Algumas delas também podem ser realizadas em um contexto secular, o que inclui a meditação e a gratidão. Mesmo para pessoas não religiosas, essas práticas acabam por se mostrar muito eficientes para a saúde física e mental.

No século XX, muitas pessoas acreditavam que a ciência e a razão logo viriam a reinar, supremas, e que a religião não demoraria a declinar. A humanidade ascenderia a uma ordem social secular, baseada na razão e libertada dos grilhões dos dogmas e superstições antigos. Contudo, em vez de fenecer, as religiões persistiram. O islamismo não desapareceu. O hinduísmo está vivo, e muito bem. O prestígio do budismo só faz aumentar nos países que anteriormente não o adotavam, em parte graças ao Dalai Lama. A prática do cristianismo está, de fato, em declínio na maior parte da Europa e da América do Norte, mas vem crescendo na África subsaariana, bem como na Ásia e no Pacífico, onde atualmente há mais cristãos do que na Europa.[5] Na Rússia, durante o período soviético, o Estado era oficialmente ateu e a religião era brutalmente reprimida; contudo, desde a derrocada do sistema comunista em 1991, a proporção de cristãos na população teve um aumento substancial. Em 1991, 61% dos russos descreviam-se como pessoas sem religião, e 31% afirmavam ser cristãos ortodoxos; por volta de 2008, apenas 18% afirmavam não ter nenhuma religião, e 72% diziam ser cristãos ortodoxos.[6]

Como reação a essas tendências inesperadas, houve um renascimento do ateísmo militante. Essa cruzada antirreligiosa do século XXI foi liderada pelos chamados Novos Ateus, sobretudo por Sam Harris, autor de *The End of Faith: Religion, Terror, and the Future of Reason*; por Richard Dawkins, em *The God Delusion*; Daniel Dennett, em *Breaking the Spell: Religion as a Natural Phenomenon*; e Christopher Hitchens, em *God is Not Great: How Religion Poisons Everything*.

Os Novos Ateus não acreditam em Deus, mas têm uma forte crença na filosofia do materialismo. Os materialistas acreditam que o Universo inteiro é inconsciente, formado por matéria indiferente e governado por leis matemáticas impessoais. A natureza não tem finalidade ou propósito. A evolução é o resultado da interação entre o acaso e a necessidade física. A consciência é confinada nos recessos mais profundos da cabeça, e só existe no interior do cérebro. Deus, os anjos e espíritos são ideias formadas na mente humana: portanto, estão dentro do cérebro humano. Não têm existência independente em uma esfera capaz de determinar as próprias normas de conduta.

A partir desse sistema materialista de crenças, a religião se assemelha a um emaranhado de superstição e irracionalidade; representa um estágio evolutivo que a humanidade já deixou para trás. As pessoas que ainda são religiosas são simplórias ou equivocadas; devem ser libertadas da cilada em que se deixaram apanhar, ou, pelo menos, seus filhos devem ter outra educação.

A visão de mundo materialista desempenhou um papel fundamental na secularização da Europa e da América do Norte, papel que foi acompanhado por um declínio da prática religiosa tradicional, sobretudo entre as pessoas de formação cristã.[7] Na Europa atual, só uma pequena minoria pratica regularmente a fé cristã. Na Inglaterra, a porcentagem dos que frequentavam igrejas em 2015 era de 5% da população, bem menor do que os 12% que o faziam em 1980.[8] Uma proporção bem mais alta da população, 49%, define-se como não religiosa – os chamados "nones".* Na população branca, os *nones* eram maioria.[9]

---

* Pessoas que descrevem sua identidade religiosa como ateu, agnóstico ou "nada em particular". (N. do T.)

Exceto na Rússia, um declínio da fé e da prática cristãs ocorreu em quase toda a Europa, tanto nos países católicos-romanos como nos protestantes. Em 2011, na França, um país historicamente católico, apenas 5% da população frequentava a igreja uma vez por semana,[10] mais ou menos a mesma porcentagem encontrada na Suécia, protestante do ponto de vista histórico.[11] Mesmo em países onde a Igreja Católica costumava ser muito forte, houve quedas drásticas de ritos religiosos. Na República Irlandesa, em 2011, apenas cerca de 18% das pessoas iam à missa dominical, muito menos do que as quase 90% em 1984.[12] Até na Polônia, o país mais religioso da Europa, o comparecimento dominical às igrejas decaiu para menos de 40% por volta de 2011.[13]

Hoje, a maioria dos países europeus é predominantemente secular, e costuma ser descrita como pós-cristã. Os Estados Unidos, porém, são mais religiosos. Em 2014, 89% dos norte-americanos diziam acreditar em Deus, 77% identificavam-se com uma fé religiosa e 36% frequentavam algum serviço religioso por semana. A proporção de ateus era de 3%, muito mais baixa do que na maior parte da Europa.[14] Contudo, mesmo nos Estados Unidos a afiliação e a celebração religiosas estão em franco declínio.[15]

Atualmente, tudo está em movimento. Os pressupostos fundamentais do materialismo parecem muito questionáveis quando examinados à luz dos avanços nas próprias ciências, como mostro em meu livro *Ciência sem Dogmas*. Enquanto isso, a existência da consciência humana tornou-se cada vez mais problemática para os materialistas, que partem do pressuposto de que tudo é feito de matéria inconsciente, inclusive o cérebro humano. Se assim for, como a consciência emerge nos cérebros, quando está ausente de todo o resto da natureza? Esse é o chamado "problema difícil" na filosofia da mente.

Espiritualidade fora da religião

Esses declínios da afiliação e observância às normas religiosas não significam que, em sua maioria, as pessoas se tornaram ateias. Em 2013, uma pesquisa inglesa mostrou que apenas 13% dos adultos afirmavam concordar com a afirmação de que "os humanos são seres puramente materiais sem nenhum elemento espiritual". Mais de ¾ de todos os adultos disseram que acreditam que "há coisas na vida que simplesmente não podemos explicar por meio da ciência ou de quaisquer outros meios". Mesmo entre as pessoas que se descreveram como não religiosas, mais de 60% disseram que há coisas que não podem ser explicadas, e mais de ¹/₃ acreditava na existência de seres espirituais.[16]

Quaisquer que sejam as crenças declaradas das pessoas, estudos recentes têm mostrado que as *experiências* espirituais são surpreendentemente comuns, mesmo entre aqueles que se descrevem como não religiosos.[17] Estas incluem experiências de quase morte, experiências místicas espontâneas e revelações durante a ingestão de drogas psicodélicas. A Religious Experience Research Unit em Oxford, criada pelo biólogo *sir* Alister Hardy, perguntou ao público inglês: "Você já sentiu uma presença ou um poder, chame-os de Deus ou não, que é diferente do seu eu da vida cotidiana?". Em 1978, 36% disseram que sim; em 1987, 48%; e, em 2000, mais de 75% dos participantes disseram estar "cientes de uma dimensão espiritual de sua experiência". Em 1962, a organização Gallup perguntou aos norte-americanos se eles já tiveram "uma experiência religiosa ou mística", e 22% responderam que sim; em 1994, 33%; e, em 2009, 49%.[18]

Essas pesquisas não significam necessariamente que as experiências espirituais e místicas sejam mais comuns do que eram; elas podem refletir um enfraquecimento do tabu de falar sobre tais experiências. Muitas pessoas tinham medo de que, se admitissem ter vivenciado experiências místicas, seriam estigmatizadas como mentalmente desequilibradas. Contudo, as tendências dominantes na psiquiatria e na psicologia atuais estão hoje mais abertas às "experiências anômalas", e sua discussão tornou-se culturalmente mais aceitável.[19]

O secularismo não levou a uma extinção do interesse pelos domínios espirituais, nem a um obscurecimento das experiências espirituais.[20] Contudo, os interesses e as experienciais espirituais de muitas pessoas hoje acontecem fora das estruturas religiosas tradicionais. Por exemplo, milhões praticam yoga e meditação em um contexto secular. Novas formas de espiritualidade que estão surgindo baseiam-se fundamentalmente na experiência pessoal. Elas satisfazem uma necessidade que o ateísmo não consegue atender.

A crise da infidelidade

Ateus inflexíveis, como Daniel Dennett e Richard Dawkins, desconfiam das experiências espirituais e tendem a rejeitá-las como delírios cerebrais ou efeitos químicos colaterais. Contudo, um número crescente de ateus e humanistas seculares está disposto a falar sobre essas experiências e, na realidade, a vê-las como essenciais ao florescimento humano.

O autor de livros infanto-juvenis Philip Pullman, cujo ateísmo é notoriamente conhecido, quando ainda jovem teve uma experiência mística que o deixou com a convicção de que o universo é "vivo, consciente e cheio de propósitos". Em uma entrevista recente, ele disse: "Tudo que escrevi, mesmo as coisas mais fugazes e simples, foi uma tentativa de dar testemunho da verdade daquela afirmação".[21]

O filósofo Alain de Botton, que foi educado como ateu, chegou à conclusão de que, ao abandonarem a religião, os ateus empobrecem suas vidas. Em seu *best-seller Religion For Atheists: A Non-Believer's Guide to the Uses of Religion*, ele mostra como a religião satisfaz as necessidades sociais e pessoais que uma vida exclusivamente secular não teria condições de satisfazer.

De Botton era filho de dois judeus seculares que, segundo ele, "punham a crença religiosa em um lugar não muito distante da crença em Papai Noel... Se meus pais descobrissem que qualquer membro de seu círculo social acalentassem quaisquer sentimentos religiosos clandestinos, começariam a vê-los com o tipo de pena mais comumente reservado às pessoas diagnosticadas com uma doença degenerativa; a partir daí, seria bem possível que nunca mais voltassem a levá-las a sério."[22]

Em meados de seus 20 anos de idade, de Botton passou pelo que chama de "crise de irreligiosidade". Embora continuasse a ser um ateu genuíno, conseguiu se libertar graças ao pensamento de que seria possível aderir a uma religião sem subscrever a suas crenças religiosas. De Botton chegou à conclusão de que sua resistência contínua às ideias religiosas "não era uma justificativa para abrir mão da música, dos fundamentos, das preces, dos rituais, das festividades, dos santuários, das peregrinações, das refeições comunitárias e dos manuscritos iluminados da fé:"

> A sociedade secular foi injustamente empobrecida pela perda de um conjunto de práticas e temas com que os ateus em geral acham impossível conviver [...]. Crescemos com medo da palavra "moral". Exprimimos desdém só ao pensar em ouvir um sermão. Em nada nos interessa a ideia de que a arte deva ser edificante ou ter uma missão ética. Não vamos às peregrinações. Somos incapazes de construir templos. Não temos mecanismos para expressar gratidão. A ideia de ler um livro de autoajuda tornou-se absurda para os mais intelectualizados. Não nos agrada fazer exercícios mentais. Estranhos raramente cantam juntos.[23]

De Botton diz que quer enriquecer a vida dos ateus "roubando" essas práticas da religião, à qual ele recorre em busca de *insights* sobre o modo de criar um senso de comunidade, fazer com que os relacionamentos durem, superar sentimentos de inveja e inadequação e extrair mais riqueza da arte, da arquitetura e da música.

Outro ateu, Sam Harris, mais conhecido por suas polêmicas antirreligiosas, é, ao mesmo tempo, um praticante de meditação engajado. Ele passou dois anos na Índia, conversando com gurus, e foi iniciado na tradição meditativa Dzogchen, do budismo tibetano. Em seu livro *Waking Up: Searching for Spirituality Without Religion*, ele escreve:

> A espiritualidade continua a ser o grande vácuo no secularismo, do humanismo, do racionalismo, do ateísmo e de todas as outras posturas defensivas com que os homens e mulheres sensatos se entrechocam na presença da fé irracional. As pessoas de ambos os lados dessa divisão imaginam que a experiência visionária não tem lugar no contexto da ciência – a não ser nos corredores de um hospital psiquiátrico. Enquanto não conseguirmos falar sobre a espiritualidade em termos racionais – reconhecendo a validez da autotranscendência –, nosso mundo continuará fragmentado pelo dogmatismo.[24]

Hoje, Harris ensina meditação em cursos *on-line*.[25]

Enquanto isso, uma nova igreja ateísta – a chamada Sunday Assemby* (Assembleia de Domingo) – continua a se expandir rapidamente. Foi fundada em Londres, em 2013, por dois humoristas, Sanderson Jones e Pippa Evans. Seus serviços incluem o canto, a formação de laços

---

* A Sunday Assembly (Assembleia de Domingo), uma igreja ateísta fundada pelos comediantes Sanderson Jones e Pippa Evans, tem atraído multidões em seus encontros semanais. Muitos afirmam que a congregação, formada para reunir não religiosos, tem seguido um caminho que terminará por torná-la uma religião. (N. do T.)

afetivos entre pequenos grupos e histórias edificantes. Seu lema é: "Viva melhor, ajude sempre que possível, tenha vontade e curiosidade de saber". Jones descreve a si próprio como um "místico humanista", e espera que a Assembleia de Domingo, ao contrário de outros grupos humanistas, desenvolva uma marca extática e carismática do humanismo.[27]

Muitas das antigas escolas ateístas estão dispostas a admitir a validade de sentimentos de temor reverencial e deslumbramento diante do modo como o Universo é revelado pela ciência. Porém, essa é praticamente sua única concessão à subjetividade da espiritualidade. Uma nova geração de ateus e humanistas seculares vem explorando o território tradicional da religião e tentando incorporar uma vasta gama de práticas espirituais a um estilo de vida secular. Enquanto isso, os efeitos das práticas espirituais em si estão sendo investigados por meios científicos como nunca o foram antes.

Estudos científicos da prática espiritual

Em fins do século XX, a partir de primórdios da década de 1970, os cientistas começaram a investigar um amplo espectro de práticas espirituais, inclusive – mas sem limitação – a meditação, a prece, o canto comunitário e a prática da gratidão. Em 2001, uma resenha abrangente no *Handbook of Religion and Health* unificou as descobertas de mais de 1.200 estudos de pesquisas.[28] Neste século, aumentou muito a quantidade de pesquisas, e uma segunda edição do *Handbook*, publicada em 2012, resenhava mais de 2.100 estudos quantitativos, de bancos de dados, publicados desde o ano 2000. Muitos outros foram publicados desde então. Em geral, os resultados mostram que as práticas religiosas e espirituais trazem muitos benefícios, dentre os quais melhor saúde física e mental, menos tendência à depressão e maior longevidade.[29]

A velha oposição entre ciência e religião é uma falsa dicotomia. Os estudos científicos de mente mais aberta enfatizam nosso entendimento das práticas espirituais e religiosas.

Neste livro, discuto os sete tipos de prática e passo em revista os estudos científicos sobre seus efeitos. Não incluo todas as práticas espirituais possíveis, mas apenas uma seleção limitada. Pretendo explorar muitas outras em um livro subsequente.

Essas práticas são compatíveis tanto com um estilo de vida secular quanto com um estilo de vida religioso.

Por si sós, as práticas são sobre experiência, não sobre crença. Ainda assim, como mostrarei na discussão deste livro, as crenças afetam a *interpretação* das práticas. Por exemplo, ao longo de muitos séculos as pessoas meditaram de acordo com as tradições religiosas hindus, budistas, judaicas, cristãs, muçulmanas, siques* etc. Assim o fizeram na crença de que suas práticas os conectavam com um nível de consciência mais-que-humano.

Os materialistas negam, como questão de princípio, a existência da consciência para além do nível humano. Enquanto meditam, eles pensam nas experiências como nada além de mudanças dentro do cérebro, confinadas aos limites da cabeça. Apesar disso, seja qual for o sistema de credo, as pessoas que praticam a meditação muitas vezes recebem benefícios que enriquecem sua vida.

As sete práticas que discuto neste livro são comuns a todas as religiões. Todas promovem a gratidão. Há peregrinação em todas as tradições – os hindus vão a templos dedicados a deuses e deusas, a montanhas sagradas, como o monte Kailash, e a rios sagrados, como o Ganges. Os muçulma-

---

* Membro de comunidade religiosa monoteísta fundada na Índia no fim do século XV. (N. do T.)

nos fazem peregrinações a Meca. Os judeus, cristãos e muçulmanos fazem peregrinação a Jerusalém. Na Europa Ocidental, os cristãos vão a Santiago de Compostela, a Roma, Cantuária e Chartres; os católicos irlandeses vão a Croagh Patrick, a montanha irlandesa sagrada, e a Lough Derg, o lago sagrado.

Reconectar-se com o mundo mais-que-humano faz parte de todas as tradições religiosas, e todos se conectam de modo espiritualmente significativo com as plantas. Os rituais são uma expressão de espiritualidade, e encontram-se em todas as religiões e sociedades seculares. Todas as tradições espirituais usam o cantochão e o canto.

No final de cada capítulo, sugiro duas maneiras por meio das quais você pode obter experiências diretas dessas práticas por si mesmo.

1
Meditação e a Natureza da Mente

De todas as práticas espirituais discutidas neste livro, a meditação é a mais interiorizada. Quando meditam, as pessoas interrompem suas atividades normais e, em geral, fecham os olhos e ficam calmamente sentadas.

Neste capítulo, começarei pela discussão das implicações da meditação. Em seguida, depois de uma breve história dessa prática de concentração mental, discutirei a pesquisa em seus efeitos sobre a saúde física e mental, e sobre o modo como ela age sobre a fisiologia dos praticantes de meditação e a atividade de seu cérebro. Por último, aprofundarei a experiência da meditação e de suas implicações para nosso entendimento da consciência, tanto humana quanto mais-que-humana.

Para um observador externo, alguém sentado calmamente, de olhos fechados, poderia estar orando em vez de meditando, e, de fato, um tipo de prece – a prece contemplativa – é uma forma de meditação. Contudo, a experiência interior é muito diferente. Muitos tipos de prece direcionam a mente para o mundo externo, como na oração por outras pessoas, fazer pedidos por elas e exprimir intenções. A meditação não *diz respeito* a intenções ou pedidos; ela tem a ver com o abandono dos pensamentos.

Eu medito, faço orações e, quando penso na diferença entre elas, percebo-as como algo ligado à inspiração e à expiração. A meditação é como a inspiração, que direciona a mente para dentro; a prece é como a expiração, que direciona a mente para fora. A meditação implica um desligamento das preocupações normais do cotidiano, com a consciência voltada para dentro; as preces peticionárias [suplicantes] e propiciatórias [que buscam as boas graças de] ligam a vida do espírito ao que está acontecendo no mundo exterior: essa prece é direcionada para fora.

Existem muitas técnicas de meditação, e diferentes formas são encontradas em todas as principais tradições religiosas. A maioria é praticada com a pessoa sentada, mas algumas incorporam o movimento, e não apenas o fato de a pessoa sentar-se imóvel – por exemplo, a caminhada simultânea às meditações zen e qigong, uma série de movimentos lentos e harmoniosos, combinados com uma profunda respiração rítmica.

As práticas mais amplamente usadas no mundo ocidental moderno derivam das tradições hindu e budistas, e, em geral, implicam a repetição silenciosa de um mantra, uma palavra ou frase, ou prestar atenção à respiração. O que acontece é que uma parte da mente se envolve na repetição silenciosa de um mantra ou na atenção à respiração, enquanto outras partes da mente dão continuidade a suas atividades normais. Um fluxo contínuo de pensamentos e sensações em geral nos envolve e preocupa. Contudo, ter um foco alternativo de atenção voltado para o mantra ou a respiração interrompe esse fluxo ao propiciar outro ponto de referência para a mente.

Nesse processo, os praticantes de meditação percebem, uns logo depois dos outros, que pensamentos e sensações inundam suas mentes, e que eles interagem com esses pensamentos e se esquecem de tudo sobre o mantra ou a respiração – até que esses retornem de novo a eles. Em seguida, o processo recomeça.

A prática de repetir o mantra ou observar a respiração relativiza e ajuda a desvincular o praticante de meditação de sua atividade mental contínua, um processo que, de outro modo, viria a saturar a mente. Por meio da prática, é possível observar o movimento de ir e vir dos pensamentos, como nuvens que passam no céu, ou como peixes que nadam na água.

Por que isso é útil? Onde está sua qualidade especial? Para as pessoas que levam vidas muito ocupadas, orientadas para a ação, repletas de agitação, a meditação pode parecer algo como uma perda de tempo. É o oposto de nossa tendência ocidental a seguir a exortação: "Não fique aí parado, faça alguma coisa!". É mais semelhante a uma exortação diametralmente oposta: "Não faça nada, fique aí sentado!".

Um dos efeitos da meditação é um aumento do autoconhecimento, uma maior consciência do funcionamento de nossa mente. Podemos pressupor que estamos no total controle de nossos pensamentos e de nossas atenções. Porém, mesmo uma ligeira familiaridade com a prática da meditação nos torna conscientes de quantos pensamentos se inserem em nossa mente, e quão irrisório é o controle que temos sobre esse processo. Mesmo as pessoas que praticaram meditação durante muitos anos não passam instantaneamente para um estado de bem-aventurança e tranquilidade mental. A mente delas continua a gerar pensamentos e imagens, e seus sentidos e seu corpo continuam a gerar sensações, mesmo que elas consigam evitar alimentá-las com atenção e energia.

A meditação é uma prática espiritual porque diz respeito a viver no presente, o que também pode ser vivenciado como estar para sempre na presença de uma mente ou consciência ou percepção maiores do que a própria. Por outro lado, os pensamentos que continuamente fluem para nossa mente levam-nos do presente para lembranças, desejos, fantasias ou ressentimentos sobre erros passados, ou sobre intenções relativas a atividades futuras, ou preocupações com o que deveríamos ter feito, ou devemos fazer a seguir, ou temores sobre o que pode acontecer no futuro. Todos esses tipos de pensamento levam nossa mente para longe do aqui e do agora. A prática do mantra, ou a consciência de nossa respiração, faz que voltemos ao presente.

As práticas meditativas podem levar a um estado intensificado de consciência que é percebido como inefável, demasiado poderoso ou belo para ser descrito. As tentativas de traduzir essa experiência em estruturas culturais e religiosas têm levado a termos muito distintos, por exemplo, a consciência do Buda, a consciência cósmica, a consciência de Deus, a consciência de Cristo, o verdadeiro-Eu, o Vazio-Disforme e o Estado Indiferenciado de Ser.[1]

Embora as técnicas de meditação tenham se desenvolvido nas tradições hindus, budistas, jainistas, cristãs, judaicas, islâmicas, siques e outras tradições religiosas, a meditação também pode ser praticada em um espírito secular, sem qualquer estruturação religiosa, e, no mundo ocidental moderno, é comumente usada nessa modalidade não religiosa, quer por meio de diferentes derivativos da meditação hindu, como a Meditação Transcendental, quer pela Meditação Budista, como na Meditação da Atenção Plena (Meditação *Mindfulness*). Essas técnicas são hoje muito ensinadas em escolas, para o meio empresarial, para membros das Forças Armadas dos Estados Unidos e de outros países, para prisioneiros e políticos. Dezenas de membros do Parlamento Britânico aprenderam técnicas de *Mindfulness* (Atenção Plena), e se reúnem semanalmente para meditarem juntos.[2] Devido a seus benefícios terapêuticos, a Meditação *Mindfulness* é hoje recomendada pelo British National Health Service para pessoas que sofrem de depressão leve ou moderada, pois já se constatou que essa técnica é tão eficiente, e muito mais barata, do que longos períodos de tratamentos à base de medicação antidepressiva.[3]

Uma breve história da meditação

A palavra *meditação* vem da mesma raiz indo-europeia para medicamento, medida e metro. O significado básico de seu latim ancestral é "olhar com atenção", com os significados conexos "refletir sobre" e "aplicar-se a".[4]

Esse uso moderno só veio a surgir no século XIX, por meio da tradução de textos espirituais do Oriente. No cristianismo católico tradicional, a meditação referia-se sobretudo a uma leitura meditativa das escrituras; o equivalente mais próximo do significado atual de meditação foi chamado de "prece contemplativa", uma forma de prece silenciosa que ia além dos pensamentos e das imagens.

Ninguém sabe quando as práticas de meditação tiveram início. Algumas pessoas especulam que elas começaram entre as sociedades primitivas de caçadores-coletores, sentados ao redor de fogueiras, de olhos fixos nas chamas e nos tições. Em caso afirmativo, elas podem ter sido realmente muito antigas, uma vez que os seres humanos começaram a usar o fogo há pelo menos um milhão de anos.[5] O primeiro indício real das práticas de meditação remonta a 1500 a.C., com a imagem de uma figura sentada na posição de lótus, em um selo encontrado na Índia.[6] Parece razoável imaginar, como muitos hindus o fazem, que os primeiros yogues estiveram meditando no Himalaia e em outros lugares por muitos milhares de anos antes que os textos relativos à meditação, como os *Upanishads*, fossem escritos – o que começou a ser feito por volta de 800 a.C.

O Buda nasceu e viveu na Índia, onde passou anos em práticas ascéticas e meditativas com yogues até receber, por fim, a Iluminação quando estava sentado sob uma Árvore *Bodhi*. O Budismo tornou-se um movimento de massa na Índia a partir do século V a.C., e em numerosos mosteiros os monges passavam parte de seu tempo meditando. A meditação pode ter evoluído de maneira independente na China e em outras partes da Ásia, mas foi muito influenciada pela difusão do Budismo por meio do estabelecimento de mosteiros. Na China, no Japão e na Coreia, as práticas de meditação foram estabelecidas muito antes da Era Cristã, e, depois de o Tibete ter-se convertido ao Budismo no século VIII d.C., as técnicas de meditação evoluíram seguindo novos e diferentes caminhos, nas grandes altitudes em que se situavam as cavernas e os mosteiros. Essas técnicas incluíam passar longos períodos em completa escuridão e isolamento absoluto, a prática de visualizações e o yoga onírico, que implica o desenvolvimento de sonhos lúcidos, um tipo de sonho em que os sonhadores conscientizam-se do fato de estarem sonhando, como se estivessem acordando no universo do sonho.

Alguns eruditos judeus acreditam que as práticas de meditação de determinado tipo foram bem estabelecidas nos primórdios da história judaica, mesmo na época dos patriarcas, e um verso no Livro do Gênesis sobre Isaque, o neto de Abraão, poderia referir-se a uma prática de meditação. Na Bíblia do Rei James, lê-se em uma tradução do Gênesis 24,38: "Certa tarde Isaque saiu ao campo para meditar". A meditação também foi praticada no contexto da tradição mística judaica, a Cabala, por cerca de mil anos.

Com o desenvolvimento do monasticismo cristão, começando com os monges no deserto egípcio no terceiro século d.C., mais notavelmente com Santo Antônio do Deserto, uma série de práticas de meditação tornou-se parte do monasticismo cristão. Nas Igrejas Ortodoxas Orientais, esses métodos foram amplamente difundidos, sobretudo na forma da "prece do coração", ou "prece de Jesus", uma prece muito breve que evoca o nome de Jesus. A repetição dessas preces é muito semelhante à repetição dos mantras nas tradições hindus e budistas. O uso repetitivo de preces semelhantes a mantras é uma prática comum na tradição católica romana, de modo especial no que diz respeito ao uso dos rosários.

No mundo islâmico, grupos sufis estimulavam a meditação, sobretudo com o uso de um dos nomes de Deus, que é repetido centenas de vezes, também como um mantra. Essa prática é chamada de *zhikr* ou *dhikr*.

Alguns ocidentais aprenderam as práticas de meditação na Índia e em países budistas no século XIX, e receberam seus ensinamentos na esfera de movimentos esotéricos como a Sociedade Teosófica. A meditação difundiu-se com grande amplitude no século XX, no Ocidente, graças a uma série de professores asiáticos, em especial o yogue hindu Paramhansa Yogananda (1893-1952) e o professor japonês D. T. Suzuki (1870-1966), que despertaram grande interesse pela meditação zen-budista, sobretudo depois de ele ter-se estabelecido em Nova York na década de 1950.[7]

Uma nova era de interesse pela meditação começou nos anos de 1960, como resultado da revolução psicodélica, da ascensão da contracultura e do movimento *hippie*. Depois que os Beatles conheceram o guru Maharishi Mahesh Yogi (1918-2008) em 1967, as organizações que ensinavam meditação cresceram muito em popularidade e fama, em especial o movimento de Meditação Transcendental do próprio Maharishi. No início dos anos de 1990, um dos médicos pessoais e colaboradores mais próximos de Maharishi era o médico indo-americano Deepak Chopra.[8] Depois de seu rompimento com Maharishi em 1993, Chopra continuou a difundir a mensagem da meditação a milhões de pessoas no Ocidente. Além disso, a invasão chinesa do Tibete em 1950 levou muitos monges e mestres tibetanos ao exílio, entre eles Dalai Lama, o que resultou em uma enorme difusão do budismo tibetano.

Muitas formas diferentes de meditação são hoje ensinadas nos países ocidentais, incluindo uma série de técnicas derivadas do hinduísmo, muitos métodos budistas, entre eles o tibetano, o zen e a meditação budista *theravada*, inclusive o *vipassana*, que em sua forma moderna originou-se na Birmânia. *Vipasssana* significa "*insight* da verdadeira natureza da realidade", e implica estar muito atento à respiração, aos sentimentos, aos pensamentos e às ações. As técnicas secularizadas de meditação são muito ensinadas nos dias de hoje, além de usadas terapeuticamente nos serviços de saúde. Enquanto isso, várias formas de meditação cristã, judaica e muçulmana têm sido revitalizadas e popularizadas.[9]

Um dos pioneiros da pesquisa científica sobre a meditação foi um cardiologista da Faculdade de Medicina da Universidade Harvard, Herbert Benson, que começou a estudar a Meditação Transcendental no fim dos anos de 1960 e compilou os resultados em seu livro muito influente, *The Relaxation Response*.[10] Outro pesquisador pioneiro, Jon Kabat-Zinn, da Faculdade de Medicina da Universidade de Massachusetts, combinou as práticas *vipassana* e zen com o yoga, de modo a criar um regime de treinamento chamado Redução do Estresse Baseada em *Mindfulness* (MBSR – Mindfulness-based Stress Reduction). Nos Estados Unidos, existem hoje centenas de clínicas para a redução do estresse em hospitais e centros de saúde que se fundamentam nesses procedimentos, aos quais os médicos podem encaminhar seus pacientes.[11]

Também há muitos professores de meditação *mindfulness*, e incontáveis artigos em jornais e revistas que defendem a meditação como uma técnica para a redução do estresse e o aumento da qualidade de vida. Livros populares mostram como a meditação modificou a vida de seus autores e das pessoas que eles conhecem, e esses livros estimulam seus leitores a mudar sua própria vida por meio da meditação. Um dos que mais desperta o interesse é *A Mindfulness Guide for the Frazzled*, da comediante Ruby Wax. Vários ateus proeminentes também já se tornaram defensores da meditação, inclusive Susan Blackmore, em seu livro *Zen and the Art of Consciousness*.[12] Sam Harris, um novo ateu mais bem conhecido por suas polêmicas antirreligiosas, agora ensina meditação em cursos *on-line*. Seu livro *Waking Up: Searching for Spirituality Without Religion*[13] pretende ser "um guia para a meditação como uma prática racional aconselhada pela neurociência e pela psicologia".

Um número considerável de pessoas está meditando hoje. Em uma das maiores e mais abrangentes pesquisas, o Instituto Nacional de Saúde (NIH – National Institute of Health) dos Estados Unidos constatou que em 2012 cerca de 18 milhões de adultos – 8% da população adulta dos Estados Unidos e 1 milhão de crianças – estavam praticando meditação.[14]

Meu primeiro contato com a meditação ocorreu em 1971, depois de ter aprendido a praticá-la com um professor de Meditação Transcendental em Cambridge. Na época, eu era ateu e apreciava o fato de tal prática não incorporar nenhuma crença explicitamente religiosa. Eu podia vê-la como algo tão somente fisiológico e psicológico. Contudo, quando me mudei para a Índia em 1974, para trabalhar no Instituto Internacional de Pesquisas em Colheitas para os Trópicos Semiáridos, em Hyderabad, percebi que a prática da meditação era parte de um contexto religioso e filosófico muito mais amplo e fiquei cada vez mais interessado na filosofia indiana sobre a natureza da consciência. Quando eu morava em Hyderabad, também conheci um professor de sufi e comecei a meditar com um *wazifah* semelhante a um mantra. Mais tarde, morei em um *ashram* cristão em Tamil Nadu, de 1978-1979, onde adotei uma forma cristã de meditação com a prece a Jesus, e geralmente meditava durante uma hora na parte da manhã e uma hora ao cair da tarde, sentado à margem de um rio sagrado, o Cauvery. Também aprendi a técnica *vipassana*.

Desisti de meditar quando tinha filhos pequenos. Ficar calmamente sentado de manhã era impossível com garotos transbordando energia por perto. Mas voltei a meditar quando eles já haviam crescido. Eu usava um mantra cristão e, em geral, meditava por vinte minutos de manhã.

Como milhões de outras pessoas, acho que a meditação tem um efeito relaxante, me ajuda a pensar com mais clareza e me deixa mais consciente do funcionamento de minha mente. De vez em quando, de modo imprevisível, tenho momentos de grande prazer e alegria.

A resposta de descontração e a redução do estresse

As práticas de meditação têm atraído muita atenção científica, exatamente pelo fato de terem sido secularizadas. Isso não teria acontecido, ou pelo menos não tão rápido assim, se elas tivessem sido vistas como apenas religiosas.

A pesquisa pioneira de Herbert Benson e seus colegas na Faculdade de Medicina da Universidade Harvard, na década de 1970, concentrou-se em essência na "resposta do relaxamento". Benson interpretou essa resposta como uma redução da reação "lutar ou fugir" quando diante de um perigo, o que está associado à ativação do sistema nervoso simpático.[15] Apesar de seu nome, o sistema nervoso simpático* não tem nada a ver com simpatia [no sentido corrente do termo em português],** mas faz parte do sistema nervoso inconsciente ou autônomo. A outra parte é o sistema nervoso parassimpático, às vezes chamado de sistema de descanso-e-digestão de criação-e-alimentação. Os dois lados do sistema nervoso autônomo são complementares. O sistema simpático é ativado quando se pressente a presença de algum perigo; já com o sistema parassimpático, o mesmo acontece quando não há nada a temer. No nível mais básico, o sistema parassimpático tem de ser dominante se quisermos comer, gritar, fazer sexo, urinar ou defecar.

Em situações de grande estresse, a resposta lutar-ou-fugir é deflagrada pela liberação de adrenalina, que causa um aumento de batimentos cardíacos e de pressão arterial, uma diminuição do fluxo sanguíneo nas extremidades – aí incluídos os órgãos sexuais – e uma maior lentidão para digerir. A resposta lutar-ou-fugir também aumenta o nível do hormônio cortisol, que reduz a atividade do sistema imunológico. (Na Medicina, o cortisol é chamado de hidrocortisona, uma substância

---

* Para Cláudio Galeno (*c.* 131-200 a.C.), nascido em Pérgamo (atual Bergama, Turquia), alguns nervos eram ocos e transportavam os "espíritos animais", fluidos sutis entre um órgão e outro, gerando assim "fenômenos simpáticos" com a finalidade de coordenar e promover cooperação fisiológica entre os órgãos. Hoje se sabe que esse sistema contém fibras nervosas que transmitem impulsos, produzindo adrenalina ou nora-drenalina, e tendem a diminuir a secreção (por exemplo, de sucos digestivos no intestino), bem como a reduzir a tensão e a elasticidade dos músculos não estriados e a provocar a contração dos vasos sanguíneos. Sua localização é muito difusa, o que o leva a atingir diversos órgãos, enquanto o sistema nervoso parassimpático age sempre em um órgão ou região do organismo. (N. do T.)

** O inglês ficou mais preso às conotações primitivas de "sentimento solidário"; nessa língua, por exemplo, o substantivo *sympathy* equivale a "solidariedade", "afinidade", "piedade", "harmonia", "comunhão" etc. *Sympathetic*, por sua vez, equivale a "altruísta", "complacente", "solidário", "que se caracteriza pela harmonia ou compreensão dos estados mentais de outrem", "caridoso", "humanitário". (N. do T.)

que desempenha um papel muito útil na redução temporária das inflamações.) Quando o perigo já passou, esses sistemas voltam ao normal na resposta do relaxamento. Contudo, no estresse crônico essa resposta fisiológica persiste, e ela pode levar a uma diminuição da atividade do sistema imunológico à uma ansiedade contínua.

O grupo de Benson investigou uma série de técnicas para induzir a resposta do relaxamento, inclusive a meditação, a alimentação, os exercícios respiratórios, o yoga e o relaxamento muscular. Eles também testaram os efeitos da hipnose, que poderia produzir a resposta do relaxamento quando o hipnotizador sugeria que o sujeito de pesquisa entrasse em um estado de relaxamento profundo. Todos esses métodos levaram à diminuição do consumo de oxigênio, padrão de respiração e batimento cardíaco. Em pacientes hipertensos, a pressão sanguínea caiu.

Em alguns aspectos, a resposta do relaxamento assemelhava-se ao sono, mas, conquanto no sono o consumo de oxigênio descaísse gradualmente por várias horas, até chegar a 8% menos do que durante o estado de vigília, na meditação esse declínio era de 10 a 20% em poucos minutos. Houve também uma redução no nível do ácido lático no sangue, que caiu algo em torno de 40% em 10 minutos a partir do início da meditação. O ácido lático normalmente é produzido como resultado de atividade muscular, e, nas pessoas propensas à ansiedade, ele aumenta a probabilidade de ataques de ansiedade.

Assim como essas mudanças fisiológicas, a resposta do relaxamento induziu a estados alterados de consciência descritos pelas pessoas como "sentir-se à vontade no mundo", "mente pacífica" e uma "sensação de bem-estar como aquela que se tem depois de um período de exercício, mas sem o cansaço". A maioria das pessoas descreveu esses sentimentos como agradáveis.[16] Pesquisas mais recentes, que discutirei mais adiante, revelaram como a meditação e a resposta do relaxamento afetaram a atividade de diferentes regiões do cérebro, inclusive uma desativação da rede do modo padrão que é associada à tranquila reflexão e ao fato de estar perdido em pensamentos.

Os métodos de Benson ampliaram-se muito, abrangendo centros de saúde, clínicas e grupos de religiosos, chegando a atingir milhões de pessoas a partir da década de 1970. Além disso, seu livro *The Relaxation Response*, publicado pela primeira vez em 1975, tornou-se um grande *best-seller*, chegando a vender milhões de exemplares.

Benson recomendava o uso de uma palavra ou mantra para manter o foco, e aconselhava as pessoas a usarem uma palavra, uma frase ou uma prece curta que fosse significativa do ponto de vista pessoal, dependendo da tradição religiosa da pessoa em questão. Estimulava pessoas seculares ou não religiosas a se concentrarem em "palavras, frases ou sons que lhes fossem instigantes, como as palavras *amor*, *paz* ou *calma*".

Eis algumas instruções de Benson:

1. Pegue uma palavra, uma pequena frase ou prece que lhe sirva de foco e que esteja arraigada em seu sistema de crenças.
2. Sente-se calmamente, em uma posição confortável.
3. Feche os olhos.
4. Relaxe os músculos progressivamente, dos pés às panturrilhas, coxa, abdômen, ombro, cabeça e pescoço.
5. Respire devagar e com naturalidade, e, à medida que o fizer, pronuncie, lentamente para si mesmo a palavra, o som, a frase ou a prece que escolheu como foco, fazendo-o a cada expiração.
6. Assuma uma atitude passiva. Não se preocupe em saber quão bem você está se saindo. Quando outros pensamentos vierem à mente,

simplesmente diga a si mesmo: "Ah, muito bem", e volte de maneira sutil à sua repetição.

7. Continue por 10 ou 20 minutos.

8. Não se levante de maneira abrupta. Continue sentado calmamente por mais ou menos 1 minuto, permitindo a volta de outros pensamentos. Em seguida, abra os olhos e fique sentado por mais 1 minuto antes de se levantar.

9. Pratique a técnica uma ou duas vezes por dia. As melhores horas para fazer isso são antes do café da manhã e do jantar.[17]

A outra tendência principal do movimento moderno de meditação foi difundida em sua formação por Jon Kabat-Zinn, que foi apresentado à meditação zen por um estudante. Prosseguindo em sua formação, ele foi estudar meditação com outros mestres budistas, entre os mais importantes Thich Nhat Hanh, um monge budista vietnamita, e um mestre zen coreano chamado Kabat-Zinn. Kabat-Zinn era judeu por nascimento, mas não se identificava com nenhuma religião, nem mesmo com o budismo. Ao contrário, ele deliberadamente secularizou os ensinamentos budistas que havia recebido. Em 1979, ele lançou seu programa de relaxamento e redução do estresse. Isso evoluiu para a prática que ele chamava de "redução do estresse baseada em *mindfulness*", que se espalhou pelo mundo inteiro.

A principal diferença entre a obra de Benson e a de Kabat-Zinn é que a técnica recomendada por Benson provém da tradição hindu da meditação baseada no mantra, que é um método de enfoque na atenção. O procedimento de *mindfulness* (atenção plena) de Kabat-Zin é às vezes chamado de meditação de monitoramento aberto, porque incorpora o monitoramento não reativo da experiência de momento a momento. O método de Benson inclui mantras, o que o de Kabat-Zinn não faz.

O que os dois tipos de meditação têm em comum é o fato de focarem a atenção no momento presente. Elas criam um centro alternativo de atenção na forma do mantra, ou na consciência das sensações corporais, que exerce um efeito de distanciamento sobre os pensamentos, sentimentos, ruminações, fantasias e preocupações. Estes continuam a surgir, mas, na medida em que os praticantes de meditação retornam ao mantra, ou prestam atenção à respiração e outras sensações corporais, eles podem voltar à consciência presente. Estão novamente no momento.

Outro tipo de meditação provém da técnica budista de *metta*, em que o praticante de meditação se concentra no desenvolvimento da compaixão, ou em um sentimento de cuidado com os seres vivos. Em sua forma secularizada, é chamada de "meditação da bondade amorosa". Thich Nhat Hanh chama a prática de compaixão de "budismo engajado", e traça fortes paralelos com a tradição cristã de bondade amorosa. Ele também associa o entendimento cristão do Espírito Santo à experiência do *mindfulness*: "Temos a capacidade de reconhecer a presença do Espírito Santo onde e quando ele se manifestar, bem como a presença do *mindfulness*, da compreensão e do amor".[18]

Diversas formas de meditação ainda são ensinadas no contexto das tradições religiosas, por exemplo, pelos lamas tibetanos, pelos hindus, pelos gurus jainistas e siques e pelos mestres judeus e cristãos. Na realidade, todas as formas de meditação são derivadas das tradições religiosas.

Benefícios à saúde proporcionados pela meditação

Desde a década de 1960, os periódicos científicos têm publicado milhares de documentos acerca dos efeitos da meditação sobre a saúde e o bem-estar.[19] Esses efeitos incluem uma diminuição da ansiedade, uma redução das reações alérgicas da pele, menor incidência de anginas e arritmias cardíacas, alívio das asmas e tosses brônquicas, menos problemas com a constipação, menos problemas com úlceras duodenais, menos vertigens e fadiga, menos pressão alta nas pessoas que sofrem de hipertensão, alívio da dor, diminuição da insônia, aumento da fertilidade e ajuda no caso de depressões leves e moderadas.[20]

Estudos com alunos do ensino fundamental e com universitários que meditavam mostraram efeitos positivos significativos sobre a integração social e o bem-estar. Até o Corpo de Fuzileiros Navais dos Estados Unidos tentou usar o treinamento em *mindfulness* (atenção plena) para aumentar o desempenho das tropas. Um jornalista que visitou um campo de treino na Virginia descobriu como o procedimento rigoroso do treinamento era entremeado com períodos de total silêncio: "Vi homens sentados na posição de lótus, usando seus uniformes de batalha e rifles presos às costas". O treinamento que eles recebiam destinava-se à redução do estresse, ao aumento do desempenho mental sob as duras circunstâncias de guerra e melhora da capacidade de empatia.[21] Contudo, isso mostrava em que medida a secular meditação *mindfulness* se distanciou de suas raízes budistas. É difícil imaginar como o rigor da eficácia militar pôde vir a combinar-se com a bondade amorosa para com os inimigos.

A meditação também está ajudando os militares veteranos dos Estados Unidos. Um estudo constatou uma impressionante redução de sintomas de estresse e depressão pós-traumáticos,[22] e em 2015 a meditação estava sendo oferecida em 15 Centros de Administração de Veteranos.[23]

No que diz respeito ao tratamento da depressão leve e moderada, muitos estudos já demonstraram que a meditação *mindfulness* é pelo menos tão eficaz, para não dizer mais eficaz, do que os medicamentos antidepressivos.[24] Também é mais barata e, sem dúvida, não tem os efeitos colaterais das drogas.

Isso não quer dizer que a meditação não tenha nenhum perigo. Dentre as inúmeras pessoas que tentam meditar, uma pequena minoria apresenta reações adversas. Segundo as diretrizes oficiais do Instituto Nacional de Saúde (NIH, na sigla em inglês) dos Estados Unidos: "A meditação é considerada segura para pessoas saudáveis. Não são muitos os relatos de que a meditação pode causar ou piorar sintomas em pessoas que já tenham certos problemas psiquiátricos".[25] Essa questão não é nova. A maioria das tradições espirituais já admite há muito tempo que pode haver períodos de dificuldade no caminho espiritual que o místico cristão São João da Cruz, do século XVI, chamava de "a noite escura da alma". Esse é um dos motivos pelos quais as tradições religiosas enfatizam fortemente a orientação por um mestre competente. No contexto secular, a meditação é quase sempre representada como uma prática de autodesenvolvimento, boa para a redução do estresse e o aumento da produtividade. Tendo em vista o interesse de sua rápida expansão, é muitas vezes ensinada em livros e cursos *on-line*, e a ajuda pessoal de professores experientes é menos disponível.[26]

Não obstante, para milhões de pessoas, a meditação traz benefícios subjetiva e objetivamente mensuráveis, e, no Ocidente moderno, a medida mais persuasiva é o dinheiro. Um estudo recente, feito em larga escala, comparou milhares de pessoas que receberam treinamento em um "programa de resposta ao relaxamento", que incluía a meditação; com milhares de pessoas observadas sob outros aspectos, mas que não haviam tido esse treinamento, e foi feita uma análise das despesas médicas envolvidas. Em um intervalo de tempo de 4,2 anos, os que haviam recebido treinamento em relaxamento tinham 43% menos gastos com despesas médicas por ano, um efeito extremamente significativo do ponto de vista estatístico. Também tiveram a metade do número de visitas aos prontos-socorros.[27] A meditação pode poupar bilhões de dólares por ano.

Mudanças no cérebro induzidas pela meditação

A meditação tende a reduzir as ruminações, obsessões, aflições, fantasias e a sensação de perder-se em pensamentos. Não causa surpresa o fato de essas mudanças na atividade da mente estarem associadas às mudanças na atividade do cérebro.

Durante a ruminação, e quando estamos perdidos em pensamentos, um conjunto interligado de regiões cerebrais entra em atividade. Esse conjunto é chamado de rede do modo padrão, que é formada por regiões cerebrais interativas, que se tornam ativas à revelia quando alguém não está envolvido em uma tarefa voltada para fora de si. Essa rede é envolvida em devaneio, divagação, pensamento autocentrado, lembranças do passado, planejamentos futuros e também pensamento em outras pessoas. À medida que a meditação prossegue, e os praticantes de meditação se tornam mais experientes, há uma redução na atividade à revelia da rede do modo padrão.

Uma das principais áreas do cérebro que atua no controle da atenção parece ser o córtex cingulado posterior (CCP), que fica perto da parte de trás da cabeça. Outra parte importante dessa rede é o córtex pré-frontal medial (CPFm) (*Figura 1.*) Quando a atenção está concentrada em uma tarefa específica, essas áreas do cérebro são desativadas. Quando não se encontram em um estado de atenção concentrada, estão ativadas e ligadas à rede do modo padrão.

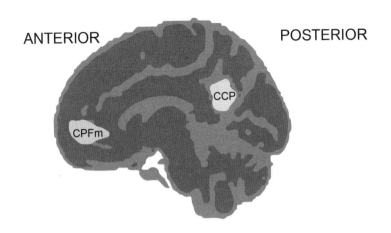

Figura 1. Uma seção transversal do cérebro humano mostrando a localização do córtex cingulado posterior (CCP) e do córtex pré-frontal medial (CPFm).

A meditação não é a maneira mais rápida de fechar a rede do modo padrão. O envolvimento em atividades físicas ou mentalmente desafiadoras muda a mente com grande rapidez, concentrando a atenção no momento. Aqui está um exemplo de meu amigo Gifford Pinchot:

> Em meus quarenta e poucos anos, eu estava tão intensamente envolvido com meu trabalho que não conseguia parar de pensar nele, nem mesmo depois das horas de trabalho. A meditação não mudava isso. Contudo, quando fazia alpinismo, depois de escalar mais ou menos 15 metros, eu não pensava em nada além dos próximos avanços, se é que pensava em alguma coisa. Em geral, era só um fluxo de movimento em que meu corpo parecia saber o que fazer em seguida.

Não só o alpinismo, mas um grande número de esportes ou outras atividades trazem as pessoas ao presente. O engajamento em trabalhos físicos, a execução musical, os cuidados com crianças em tenra idade, o canto, a dança e muitas outras atividades também mudam a atenção para o momento presente. E todas elas podem desempenhar um papel nas práticas espirituais, como discuto em outra parte do livro.

De muitas maneiras, a meditação é a prática espiritual mais fácil para os cientistas investigarem. Os praticantes de meditação são, literalmente, alvos sentados (ou deitados) para os pesquisadores do cérebro. Ou essa pesquisa implica o ajuste, ao crânio das pessoas, de grupos de eletrodos apropriados para medir a atividade elétrica no cérebro, como nos eletroencefalogramas (EEGs), ou elas precisam deitar-se e ser introduzidas em grandes e ruidosas máquinas, como a imagem por máquinas de ressonância magnética funcional (IRMf), nas quais elas devem permanecer totalmente imóveis. As pessoas em movimento são muito mais difíceis de estudar. Não seria possível colocar alguém que esteja surfando ou escalando em uma IRMf, nem um jogador de golfe fazendo um lance, nem um membro de um time de futebol que esteja em atuação durante uma partida.

Não é de se estranhar que, em comparação com os novatos, os praticantes mais experientes sempre mostrem grandes mudanças cerebrais durante a meditação. Em um estudo colaborativo com o Dalai Lama, o neurocientista Richard Davidson conseguiu oito monges tibetanos experientes para serem analisados em seu laboratório, na Universidade de Wisconsin. Esses monges tinham sido treinados por cerca de 10 a 50 mil horas cada um, ao longo de quinze a quarenta anos. Como controle, 10 estudantes voluntários, sem nenhuma experiência anterior em meditação, foram testados com apenas uma semana de treinamento. Os participantes estavam com sensores EEGs que continham 256 eletrodos e receberam a orientação de meditar por breves períodos.

Davidson estava particularmente interessado em medir ondas gama, alguns dos impulsos cerebrais de mais alta frequência detectáveis por EEGs. Os raios gama vão de 25 a 100 ciclos por segundo e, em regra, ficam em torno de 40.

Os eletrodos captaram uma ativação muito maior de ondas gama rápidas e surpreendentemente poderosas nos monges e descobriram que o movimento das ondas através do cérebro era muito mais bem organizado e coordenado do que nos estudantes. Os praticantes de meditação novatos mostravam apenas um ligeiro aumento na atividade das ondas gama enquanto meditavam, mas alguns dos monges produziram uma atividade de ondas gama mais poderosa do que quaisquer outras já reportadas em pessoas saudáveis.[28]

As mudanças na atividade cerebral, que acontecem quando as pessoas estão meditando, não são apenas temporárias; elas também parecem introduzir mudanças na estrutura do cérebro. Em um estudo feito na Faculdade de Medicina da Universidade Harvard por Sara Lazar e seus colegas, o cérebro de praticantes de meditação de longa data foram comparados com um grupo de controle. Os praticantes de meditação mostraram ter mais massa cinzenta no córtex auditivo e sensorial.[29] Como Lazar observou: "Isso faz sentido. Quando você está consciente, está prestando atenção à sua respiração, aos sons, à experiência do momento presente, e suspendendo o funcionamento da cognição".

Também houve muito mais massa cinzenta no córtex frontal, associado à memória funcional e à tomada de decisões. Lazar afirmou: "É fato bem documentado que nosso córtex diminui de tamanho quando envelhecemos – é difícil assimilar e se lembrar das coisas. Porém, nessa região do córtex pré-frontal praticantes de meditação com 50 anos de idade tinham a mesma quantidade de massa cinzenta do que aqueles com 25 anos".

Isso teria acontecido simplesmente devido a alguma tendência à seleção nas pessoas que a equipe de Lazar estudou? Para encontrar uma resposta, eles recrutaram participantes sem nenhuma experiência anterior com a meditação, e conseguiram para eles oito semanas de treinamento e prática de meditação *mindfulness*. Depois, eles compararam as mudanças cerebrais com um grupo de controle que não havia meditado.

Para surpresa das pessoas envolvidas, em apenas oito semanas houve mudanças mensuráveis no cérebro dos praticantes de meditação, com aumentos na densidade da massa cinzenta no CCP (*Figura 1*), no hipocampo esquerdo, na junção temporoparietal (JTP) na lateral do córtex, na direção da parte posterior do cérebro, e em uma região do tronco encefálico chamada de ponte.[31] Os pesquisadores especularam que as mudanças no hipocampo poderiam estar associadas à regulamentação aperfeiçoada de respostas emocionais e, no CCP e na JTP, à "percepção de perspectivas alternativas". O CCP, como vimos, está envolvido no controle da atenção.

Não ficamos surpresos quando exercícios como o halterofilismo levam a mudanças físicas nos músculos. As mudanças no cérebro, como resultado de atividades mentais específicas, só são surpreendentes porque os neurocientistas costumavam acreditar que as estruturas do cérebro eram mais ou menos fixas nos adultos. Hoje, porém, há um vasto reconhecimento da neuroplasticidade: os cérebros podem mudar.

Todos esses estudos sobre a atividade cerebral nos dizem algo sobre os cérebros, mas não nos dizem o que está acontecendo em nossa consciência. Estarão as mudanças conscientes que ocorrem durante a meditação localizadas no interior da cabeça? Ou será que elas envolvem a conexão da consciência do mediador com uma mente muito superior, a fonte da consciência em si?

O que a meditação nos mostra sobre as mentes

No mundo moderno, todos os tipos de pessoas meditam, inclusive ateus e agnósticos. É provável que todos os que meditam concordem com seus benefícios para a redução do estresse e a revelação de alguma coisa acerca da natureza da mente. Contudo, as opiniões diferem muitíssimo quando se trata de interpretar os momentos de calma e alegria que extrapolam nossa experiência natural.

Para os materialistas, a meditação nada mais é que uma atividade do cérebro, e, portanto, todos os seus efeitos ficam confinados ao cérebro, inclusive os mais altos estados da experiência mística. À primeira vista, isso parece plausível. A prática da meditação realmente muda a fisiologia e a atividade do cérebro e outras partes do corpo. Também leva a mudanças estruturais no tecido cerebral. Isso, porém, não prova que a experiência fique restrita ao cérebro. Quando olho por minha janela e vejo uma árvore, mudanças específicas acontecem em minha retina, nervos ópticos e nas partes do cérebro que processam a visão. Contudo, essas mudanças no cérebro não provam que a árvore não seja nada além de um produto da atividade cerebral. A árvore de fato existe, e está fora do meu cérebro.

A questão crucial é saber se a meditação permite que nossa mente se conecte com uma mente ou consciência imensamente maior do que a nossa própria. Isso é aquilo em que os praticantes de meditação tradicionalmente acreditaram, e esse tem sido um dos principais motivos para a prática da meditação. Ela pode nos ajudar a transcender nossa própria mente e nosso próprio ser. A experiência do êxtase, do *nirvana* ou *samadhi* não diz respeito apenas ao bem-estar, mas à experiência mais profunda da natureza da realidade.

Um dos principais *insights* dos *rishis* ou videntes da antiga Índia estava no fato de que nossa mente é da mesma natureza da consciência última que é subjacente ao Universo. Por exemplo, no *Kena Upanishad*, lemos:

> O que não pode ser expresso por palavras, mas pelo qual as palavras são expressas; saibam que somente isso é Brahma, o Espírito; e não o que as pessoas aqui adoram.
>
> O que não pode ser pensado com a mente, mas pelo qual a mente pode pensar: saibam que somente isso é Brahma, o Espírito, e não o que as pessoas aqui adoram.
>
> O que não pode ser ouvido pelo ouvido, mas pelo qual o ouvido pode ouvir, saibam que somente isso é Brahma, o Espírito, e não o que as pessoas aqui adoram.
>
> O que não pode ser visto com o olho, mas pelo qual o olho pode ver; saibam que somente isso é Brahma, o Espírito, e não o que as pessoas aqui adoram.[32]

Conhecemos a consciência graças à experiência que dela temos. Brahma – ou Deus, ou a realidade última – não têm sua existência cientificamente comprovada por observações da realidade externa, aquilo que é "visto pelo olho". Ao contrário, nossa capacidade mesma de falar e ver e ouvir vem de nossa participação nessa mente suprema, da qual todas as outras mentes também derivam. Uma analogia muito usada é a de baldes de água refletindo o Sol. Vemos um reflexo do Sol em cada balde, e cada reflexo parece separado de todos os outros, mas todos eles são reflexos do mesmo Sol. Assim, também, todas as nossas mentes parecem separadas, mas são todas os reflexos da mesma mente suprema, da consciência.

Os budistas diferem dos hindus em sua interpretação dessa realidade última. Os hindus a veem como Brahma, o Senhor ou Deus, ou o Espírito, enquanto os budistas evitam chamá-la de Deus. Quando o Buda alcançou a Iluminação sentado sob a Árvore *Bodhi*, ele entrou em um estado consciente de *nirvana*, de paz e benção para além de todas as mudanças deste mundo. Ainda assim, porém, em ambas as tradições essa realidade última é muitíssimo maior que nosso cérebro, e não fica restrita ao interior de nossa cabeça. Da mesma maneira, para os místicos judeus, cristãos e muçulmanos, uma experiência mística direta de Deus não ocorre apenas dentro do nosso cérebro, mas é uma conexão direta com o ser Divino.

São Tomás de Aquino (1225-1274) via a experiência humana de benção ou alegria como um compartilhamento do ser Divino:

> Contudo, o bem em seu mais alto grau é encontrado em Deus, que é, em particular, a fonte de toda bondade. De tal fato, decorre que a perfeição final dos seres humanos e seu bem último consistem na adesão a Deus. [...] A benção ou felicidade é simplesmente o bem em sua perfeição. Portanto, todos os que participam da benção só são necessariamente abençoados na medida em que compartilhem a benção divina, que é, em essência, a bondade em si.[33]

Desse ponto de vista, os benefícios da meditação não são apenas fisiológicos. A meditação ajuda a tornar nossa mente mais próxima da realidade última, que é consciência, amor e alegria. Nossa mente provém de Deus e compartilha de sua natureza. Por meio da meditação, podemos nos conscientizar de nossa conexão direta com essa fonte última de nossa consciência, quando não somos distraídos por pensamentos, fantasias, medos e desejos. E esse contato com a consciência última é intrinsecamente jubiloso.

Contudo, a prática da meditação não leva necessariamente a essa conclusão.

A ambiguidade do budismo secular

Há uma ambiguidade intrínseca no movimento da meditação moderna. Em um extremo situa-se o uso da meditação como uma técnica passível de aprendizagem para diminuir a pressão arterial, reduzir o estresse, ajudar a curar, impedir a depressão e propiciar maior *insight* psicológico. A meditação pode ajudar as pessoas que tem vidas exaustivas. Tudo isso pode ser comprovado cientificamente. A meditação *mindfulness* parece ser, de modo pleno, compatível com a filosofia do materialismo científico, que situa a mente no interior da cabeça. Desse ponto de vista, a meditação assemelha-se muito a ir a uma academia de ginástica para fazer exercícios regulares.

Por outro lado, tanto a tradição hindu quanto a budista partem de uma concepção da realidade totalmente diferente. Elas veem o mundo como repleto de sofrimento, dor e conflito. A liberação espiritual é a única maneira de libertar-se. Os praticantes podem abandonar o mundo de sofrimento por meio de uma espécie de "decolagem vertical", deixando os ciclos de nascimento e morte para trás. Quando liberada ou iluminada, a consciência do observador unifica-se com a consciência que subjaz ao Universo. Contudo, na tradição budista Mahayana, como no Tibete, os que alcançam esse estado de libertação, ou Budeidade, são estimulados a tornar-se *Bodhisattvas*, retornando de modo voluntário depois da morte para outra existência humana, por meio do nascimento, para ajudar a libertar todos os seres sencientes.

Os hindus pensam nessa consciência como a consciência de Deus ou Brahma. Essa realidade última é *sat-chit-ananda*. *Sat* significa ser;

chit; consciência ou conhecimento; e *ananda*, alegria. Essa consciência última inclui o conhecedor – o espaço consciente do ser –, o conhecido e a alegria de conhecer e ser. Na medida em que os praticantes vivenciam suas mentes como absorvidas pelo ser divino, eles se tornam alegres, porque Deus é alegre.

A descrição budista da realidade *última* consciente é o *nirvana*, a Iluminação ou a liberação na existência incorporada, e a absorção pela alegria e pela liberdade. A meditação não é um fim em si mesma, mas parte de um caminho que leva à libertação.

As tradições hindu e budista, como outras religiões, dão como certa a existência de esferas de consciência muito além da humana. Para elas, a consciência humana deriva de uma fonte de consciência última à qual está conectada. Para os materialistas, ao contrário, tudo está no cérebro. Não há nada que se possa entender como uma vasta esfera de consciência para além do nível humano. Isso é uma ilusão, um sistema irracional de crenças.

A maioria dos praticantes seculares de meditação pode não se dar conta desse conflito. Seu foco incide basicamente sobre suas próprias vidas. Contudo, o Movimento Secular budista torna essa ambiguidade explícita. Os Budistas Seculares são praticantes que usam técnicas budistas, mas rejeitam o budismo como religião. Eles se dissociam dos mitos sobre o nascimento do Buda e das crenças em inúmeros *bodhisattvas*, *dakhinis** e outros seres espirituais. Rejeitam a ideia de que o *nirvana* esteja, em qualquer sentido, "por aí", e que exista independentemente

---

* Em sua origem, *dakhini* era o nome de uma sacerdotisa tântrica que, na antiga Índia, levava as almas dos mortos para o céu. Como tal, uma *dakhini* é às vezes chamada de "dançarina celeste" e, em outros contextos, é a personificação feminina da iluminação e da energia. (N. do T.)

da mente humana. Interpretam a vida do Buda como a existência de um filósofo que ensina um modo de vida, e não como um líder religioso.[34]

Um dos expoentes mais extremados do movimento do Budismo Secular é Sam Harris, que já foi mencionado. Depois de uma criação secular e de experiências com drogas psicoativas quando estudante, ele abandonou a faculdade e saiu em busca de autoconhecimento na Índia, onde estudou com uma série de gurus por mais de dois anos. Depois, voltou para os Estados Unidos, retomou seus estudos e obteve um Ph.D. em neurociência, antes de lançar-se em uma nova carreira como ateu militante. Com seu primeiro livro, *The End of Faith: Religion, Terror, and the Future of Reason*, ele alcançou fama internacional como um dos novos ateístas. Hoje, porém, ele está indo além dos outros cruzados antirreligiosos. Harris descobriu uma nova maneira de atacar a religião. Em vez de negar a espiritualidade, ele quer assumir seu comando e removê-la da esfera religiosa. Em seu livro *Waking Up: Searching for Spirituality Without Religion*, ele escreve: "Meu objetivo consiste em extrair o diamante do estado vil da religião esotérica".[35]

O mais importante professor de Harris foi Tulku Urgyen Rinpoche, um mestre tibetano que viveu por mais de vinte anos em retiro em um eremitério. Sua denominação *tulku* significava que, aos olhos dos tibetanos e a seus próprios olhos, ele era um mestre reencarnado ou, mais precisamente, a "emanação" de um mestre já falecido chamado Nubchen Sangye Yeshe, um aluno do Guru Padmasambhava no século IX. Urgyen Rinpoche foi um mestre na tradição *Dzogchen*, capaz de transmitir a experiência da autotranscendência diretamente a um aprendiz. Harris recebeu dele sua transmissão, e em não mais que alguns minutos sua vida estava transformada.[36]

Contudo, ele negou que havia qualquer coisa de "sobrenatural, ou mesmo misteriosa, nessa transmissão de sabedoria de um mestre para seu discípulo". Ao contrário, ele disse: "O efeito de Tulku Urgyen sobre mim veio puramente da clareza de seu ensinamento. [...] Eu não tive de aceitar as crenças do budismo tibetano sobre karma e renascimento, nem imaginar que Tulku Urgyen, ou outros mestres de meditação que conheci, possuíam poderes mágicos".[37] Não obstante, se essa surpreendente transmissão de *Dzogchen* não for nada mais que uma questão de ensinamentos claros, por que então Harris – ou outra pessoa qualquer – não pode transmiti-los por meio de livros ou cursos on-line? Na tradição tibetana, a transmissão implica mais do que palavras, pois precisa de um contato vivo. É um tipo de ressonância por meio da qual o mestre consegue instilar alguma coisa de seu próprio estado consciente na pessoa que está sendo por ele iniciada.

Harris rejeita muitas das crenças de seus próprios mestres por considerá-las como meras superstições.[38] Em sua opinião, até o Dalai Lama está fundamentalmente equivocado, pois, a exemplo de muitos outros tibetanos, ele acredita no renascimento e consulta oráculos. Ao contrário de Harris, ele não extraiu "o diamante do estado vil da religião esotérica".

O posicionamento-padrão de Harris é a teoria materialista da consciência defendida pela maioria de seus colegas ateus. Os materialistas acreditam que a consciência nada mais é que atividade cerebral. Contudo, Harris afirma que não está totalmente comprometido com essa teoria. Admite a possibilidade da consciência para além do cérebro, que todas as religiões aceitam, mas permanece hostil a todas as religiões:

> Continuo agnóstico sobre a questão de como a consciência está relacionada com o mundo físico. Há boas razões para acreditar

que ela é uma propriedade emergente da atividade cerebral, assim como acontece com o resto da mente humana. Contudo, não sabemos nada sobre como esse milagre da emergência pode ocorrer. E, se a consciência fosse irredutível – ou mesmo separada do cérebro de uma maneira que seria reconfortante para Santo Agostinho –, minha visão de mundo não seria destruída. Eu sei que nós não entendemos a consciência.[39]

Harris é um ateu sofisticado, e admite que nós não compreendemos a consciência. Mas, então, como ele pode estar tão seguro de que a consciência humana (e animal) é tudo que existe, e que não existem esferas transumanas de seres conscientes? Sem dúvida, isso nada mais é do que um pressuposto, uma crença, um ato de fé de natureza ateísta.

É provável que a maior parte dos praticantes de meditação apenas fazem o que fazem, sem que estejam motivados a se engajar nesse debate. Mas esta não é uma questão exclusivamente teórica: ela atinge a motivação das pessoas. A meditação só diz respeito à melhora da saúde e da boa forma física, aumentando a capacidade de uma pessoa conseguir aquilo que quer do mundo? Minha meditação é algo que só diz respeito a mim? Ou ela remete à ligação com uma esfera da consciência superior e mais-que-humana?

A mesma questão se coloca em relação aos benefícios físicos e mentais da meditação. Serão eles decorrentes apenas da fisiologia ou da reação ao relaxamento e das mudanças na atividade e na anatomia do cérebro? Além do mais, será que alguns desses benefícios decorrem da conexão com uma base do ser consciente que vai além dos seres humanos individualmente considerados? As pessoas religiosas reconhecem essa conexão com uma consciência maior, bem como seu potencial transformador. Os ateus e humanistas seculares não o fazem. Mas, à medida que continuam a meditar, seu entendimento pode mudar, como aconteceu comigo.

Os místicos de todas as tradições religiosas tiveram experiências diretas de estarem conectados com a consciência mais-que-humana, ou de serem por ela absorvidos. Os ateus afirmam que essas experiências são ilusões produzidas dentro do cérebro; eles pressupõem que é impossível remeter a qualquer coisa além do nível humano. Contudo, por que não confiar nessas experiências diretas, em vez de rejeitá-las? Afinal, só podemos saber da consciência por meio dela mesma. E sabemos que uma consciência pode se ligar a outras consciências, como em nossas relações mútuas. Por intermédio da meditação e das experiências místicas, nossa mente consciente se conecta com mentes conscientes mais-que-humanas e, em última análise, com a origem de toda a consciência. Assim como podemos entrar em uma espécie de ressonância mútua por meio do amor e da participação em atividades compartilhadas, também podemos entrar nessa ressonância com mentes mais-que-humanas quando não estamos preocupados com nossos próprios desejos, fantasias e medos.

Duas práticas meditativas

Meditação

Se você já pratica meditação, não tenho nenhuma sugestão a acrescentar. Se você costumava praticar meditação e desistiu, sugiro que recomece, com uma rotina diária.

Se você nunca praticou meditação, pode tentar praticá-la seguindo o procedimento para a resposta do relaxamento (pp. 54-5), ou tentar métodos encontrados em um dos inúmeros livros sobre meditação. Ou você pode procurar um professor que respeite e, de preferência, que esteja em conformidade com sua vida espiritual ou religiosa. Se você for ateu, pode seguir as instruções de Sam Harris[40] ou de Ruby Wax,[41] ou, ainda, encontrar um dos inúmeros mestres seculares. Se você seguir um caminho religioso, o mais provável é que se sinta mais confortável se seguir as instruções de alguém que pertença à sua própria tradição. Há professores de meditação em todas as grandes tradições religiosas, judaica,[42] cristã[43] ou muçulmana,[44] e muitos professores hindus e budistas. Acima de tudo, porém, comprometa-se com a prática e tente criar uma rotina. Se assim não for, é provável que sua prática seja prejudicada por todas as exigências da correria de sua vida.

Se você meditar regularmente, estará adentrando uma viagem que poderá levá-lo muito além de suas crenças e limitações existentes, assim como torná-lo mais feliz e saudável.

PASSAR UM TEMPO EM SILÊNCIO

O mundo moderno enche nosso silêncio com ruídos e distrações. Acostumamo-nos a estar sempre ocupados, com nossa mente em um grande corre-corre. Além disso, a maioria das pessoas está o tempo todo acompanhada por uma fonte infinita de desatenção que não as deixa em paz e que atende pelo nome de telefone celular. A meditação é uma forma de permanecer em silêncio, mas há outras também. Por exemplo, se estou caminhando no campo e conversando com alguém, percebo muito menos coisas do que se estiver caminhando em silêncio. Se eu estiver em um jardim, mal vejo as plantas e quase não ouço o canto dos pássaros quando estou conversando. Se vou a uma galeria de arte, não vejo as obras expostas tão bem se estiver olhando para elas ao mesmo tempo em que falo com outras pessoas, pois estou preso às palavras. O silêncio nos ajuda a estar mais abertos às visões, aos sons e aos cheiros, bem como ao mundo que nos cerca.

Os yogues hindus e os sábios tibetanos meditam tradicionalmente em cavernas e montanhas remotas. Jesus costumava ir aos montes para pregar, e os profetas judeus iam para o deserto. Os eremitas e monges cristãos viviam em lugares muito distantes dos vilarejos e cidades, e alguns ainda o fazem. Sempre houve lugares agrestes e silenciosos, e alguns ainda existem, sobretudo à noite. E, nas cidades pequenas e grandes, muitas Igrejas Anglicanas e Católicas Apostólicas Romanas ficam abertas durante o dia, quando não há celebração de cultos ou serviços religiosos, o que as transforma em verdadeiros oásis de quietude. As ruas dos arredores podem estar turbulentas e tumultuadas, mas nesses lugares sagrados quase sempre podemos encontrar quietude e serenidade.

Encontrar horas e lugares para ficar em silêncio é uma das maneiras mais simples de expandir nossa consciência sensorial e espiritual.

2
O Fluxo de Gratidão

Quase todos nós somos gratos a presentes ou às dádivas de amor, ajuda e hospitalidade. Sabemos o que é a gratidão. Todos são favoráveis a ela, ou, pelo menos, favoráveis a recebê-la. Muitas crianças aprendem, desde muito cedo, que é uma demonstração de boas maneiras dizer "obrigado". Mesmo nas culturas em que as expressões verbais de gratidão não são esperadas, os hábitos de reciprocidade se fazem presentes.

Praticamente toda língua tem uma palavra para "gratidão", e todas as principais religiões estimulam as expressões de gratidão.

O oposto de gratidão é um sentimento de direito adquirido. Nossa vida cotidiana em uma economia baseada no dinheiro reforça a ingratidão, pois não há necessidade de sentir gratidão por um serviço pelo qual pagamos. Se estamos hospedados em um hotel caro, julgamos ter o direito a um sistema de instalações hidráulicas funcionais, além de lençóis e toalhas limpos. Não sentimos nenhuma necessidade de ser gratos por essas coisas. Se pagamos por um produto ou serviço, isso faz parte de uma troca recíproca.

Quando compro maçãs na banca da esquina, perto de casa, pago o preço pedido em dinheiro. O dono da banca e eu dizemos "obrigado" um ao outro, e às vezes batemos um papo amigável. Mas nós dois sabemos que se trata de um intercâmbio comercial, e não de um presente. No sistema de *check-out* automático* no supermercado perto de casa, quando vou fazer compras, não há nenhuma necessidade de dizer "obrigado". A interface que faz a transação financeira é uma máquina e o mercado pertence a uma corporação cujo dever principal é obter lucros para os acionistas, cuja expectativa é a obtenção de dividendos regulares.

A despersonalização asfixia a gratidão, e os consumidores logo desenvolvem uma consciência dos seus direitos; eles têm um direito legalmente adquirido de esperar pelos produtos ou serviços pelos quais pagaram, e de reclamar quando não recebem o que esperam. E, em geral, não sentem nenhuma gratidão pela terra que produz o alimento que consomem, ou pelos agricultores que a cultivam, ou pelas pessoas que o transportam e preparam, uma vez que tudo isso é extremamente despersonalizado e remoto.

Os desastres mudam nossa perspectiva. É comum que pais, maridos, esposas, filhos ou amigos sejam vistos por nós como seres óbvios, naturais. Contudo, se eles morrerem, sobretudo se sua morte for inesperada, seus amigos e familiares tomarão consciência do quanto eles dependiam deles, e de quanto recebiam deles. Se alguém quase perder um olho em um acidente, tal pessoa irá se sentir muito grata por ter olhos, quando anteriormente os olhos eram a coisa mais normal e natural do mundo. Se uma pessoa perder um computador ou *smartphone* cheio de

---

* Sistema por meio do qual o próprio consumidor pode registrar suas compras e pagar por elas sem que haja a necessidade de um funcionário da loja para ajudá-lo. Esse tipo de serviço é comum em alguns supermercados da Europa, dos Estados Unidos e da Austrália. No Brasil, a palavra que está sendo popularmente usada para esse tipo de operação é *autoatendimento*. (N. do T.)

informações pessoais, irá se sentir grata se alguém achar o aparelho perdido e devolvê-lo, ainda que antes esse já fosse lugar-comum e fizesse parte de seu cotidiano. Se houver um longo corte de energia, ou uma greve que impeça o transporte de alimentos a nossos mercados e centros de distribuição, a ponto de não conseguirmos obtê-los, muitos de nós ficarão profundamente gratos quando os bens e produtos voltarem a ser distribuídos.

Assim que pararmos de não dar o devido valor às coisas, começaremos a perceber que podemos ser gratos a quase tudo.2 Só existimos porque nossos ancestrais sobreviveram e foram bem-sucedidos em reproduzir-se a partir da origem da vida. Como bebês, éramos totalmente dependentes das outras pessoas para nossa sobrevivência. E, apenas por termos sobrevivido até a época em que hoje nos encontramos, fomos mantidos por centenas, milhares, até mesmo por milhões de outras pessoas: agricultores, professores, construtores, eletricistas, encanadores, médicos, dentistas, marceneiros, as pessoas que projetam e constroem computadores e nossos *smartphones*, os pilotos e a tripulação que nos levam pelos ares de uma parte do mundo a outra, e assim por diante.

Portanto, estamos todos aqui somente porque nosso planeta existe e a vida na Terra evoluiu ao longo de bilhões de anos para nos dar este planeta vivo do qual dependemos.

Por sua vez, nosso planeta faz parte do Sistema Solar, e toda vida na Terra depende da luz mantenedora do Sol e de sua atração gravitacional que nos mantém em uma órbita estável e ecologicamente cordial.

Além disso, o Sol depende de nossa Galáxia, a Via Láctea. É uma pequena parte em sua vastidão, junto com várias centenas de bilhões de outras estrelas. No centro da Via Láctea há um centro galáctico supermassivo, altamente energético, lançando matéria ionizada e vastos campos elétricos e magnéticos, com linhas de força magnéticas e correntes elétricas no plasma dos braços galácticos de milhões de anos-luz, mantendo o meio ambiente de nosso Sol.

Nossa Galáxia faz parte de um aglomerado galáctico que os astrônomos chamam de "Grupo Local", formado por mais de cinquenta galáxias; esse, por sua vez, faz parte do Superaglomerado de Virgem. A radiação eletromagnética que permeia o Universo inclui a luz de todas as estrelas e galáxias, algumas das quais podemos ver a olho nu; e, vindo invisivelmente de todas as direções encontra-se a luz fóssil surgida pouco depois do *Big Bang*, conhecida como Radiação Cósmica de Fundo em micro-ondas.

A história científica de nossa criação nos diz que todo o Universo se originou há 13,8 bilhões de anos no *Big Bang*, muito minúsculo de início, menor que a ponta de um alfinete, e que desde então não parou de crescer e se expandir. Alguns antigos mitos da criação falam sobre a origem de todas as coisas como a incubação do ovo cósmico, no que se assemelha à narrativa científica contemporânea. Tudo provém de uma origem comum, e tudo está relacionado. Sem esse evento criativo primordial, não haveria nenhum Universo e nós não existiríamos. E, se as propriedades das partículas subatômicas, dos átomos e das forças da natureza tivessem sido ligeiramente diferentes do que são, a vida como a conhecemos não existiria, e não estaríamos aqui para refletir sobre ela.

Gratidão e visões de mundo

Devemos nos sentir gratos por tudo isso? A resposta depende de nossa visão de mundo.

Se o Universo não for nada além de um sistema mecânico inconsciente, governado por leis da natureza eternamente fixas, e se a evolução ocorrer por meio de forças cegas de mudança e necessidade, e se o universo não tiver nenhum sentido, e se a evolução biológica carecer de qualquer sentido último, para que, ou ao que deveríamos ser gratos? A Galáxia e o Sistema Solar foram criados automática e inconscientemente, por meio de processos mecânicos e eventos aleatórios. A vida na Terra começou com uma série de acidentes químicos, ou talvez tenha aparecido em outro planeta e germes vivos tenham sido trazidos para a Terra de alguma maneira. Contudo, qualquer que tenha sido a origem da vida, ela evoluiu desde então por meio de mutações aleatórias e graças às forças da seleção natural. Não há nada para ser grato aqui – e ninguém a quem agradecer. Temos sorte, mas essa é mero fruto do acaso, e não uma força pessoal.

Essa é a perspectiva dos que acreditam no materialismo científico contemporâneo. Em sua maioria, os materialistas são ateus, e quase todos os ateus são materialistas. Eles acreditam que o Universo inteiro nada mais é que matéria inconsciente, campos e energia regidos por leis matemáticas impessoais. Tudo acontece de forma automática. Toda evolução é inconsciente.

Enquanto isso, à medida que o cérebro se tornou maior, a mente evoluiu nas espécies animais e, particularmente, nos seres humanos. Contudo, por mais maravilhosa que a mente humana possa ser, não existe nada além da atividade física do cérebro confinado no interior de nossas cabeças. Nossa mente se extingue quando o cérebro morre. Todas as ideias religiosas sobre a sobrevivência consciente da morte do corpo são fantasias.

Graças à nossa mente, podemos criar modelos da totalidade da natureza, inclusive uma visão da imensidão do Universo e de sua idade extraordinária. Nossas teorias vão muito além, no espaço e no tempo, do que nossos sentidos deixados por si sós, mas esses modelos científicos são produtos da mente humana, motivo pelo qual só podem existir como pensamentos conscientes dentro do cérebro humano. Se, e quando, os seres humanos forem extintos, essas teorias também se extinguirão, a menos que o ser humano consiga transmiti-las a alguma outra espécie que venha a sobreviver.

Para os materialistas, portanto, embora a natureza seja matemática e fisicamente extraordinária, ela não é merecedora de gratidão, pois não é um dom ou um ato de escolha ou de propósito, mas uma consequência inevitável de leis e forças cegas. Deveria ser vista como algo óbvio, que nem se discute. Assim também deveria ser a existência da mente, da imaginação e do próprio pensamento científico. Não há ninguém a quem agradecer por essas coisas. Sentir-se grato à natureza, ao Cosmos ou ao poder de criatividade equivale a tornar-se presa do pensamento antropocêntrico, atribuindo ser, propósito ou sentido à natureza inanimada. Isso é permissível na poesia romântica, na medida em que compreendermos que se trata apenas de um modo de expressão. No que diz respeito à verdade objetiva e científica, não temos necessidade de nos sentir gratos à natureza ou à origem da natureza: em vez disso, devemos nos sentir gratos aos grandes cientistas que nos fizeram alcançar nosso ponto de vista mais elevado e objetivo. Deuses não existem, mas, por meio da ciência e da razão, os seres humanos têm hoje poderes semelhantes aos divinos.

Por outro lado, em muitas cosmologias religiosas, todo o Universo passou a existir graças ao poder criativo de Deus. Em uma das interpretações hindus, o mundo é o sonho do deus Vishnu e está todo contido em sua mente. Na tradição judaico-cristã, a metáfora fundamental da criatividade divina é a fala. As palavras dão estrutura, forma, sentido e interconexão. Para serem faladas, elas precisam aspirar e expelir o ar. Como sabemos por nossa experiência diária, o fluxo da expiração impulsiona todas as minhas palavras e as suas. O termo grego para "sopro" é *pneuma*. Essa palavra não significa apenas sopro, mas também "alento". O equivalente hebraico é *ru'ach*, um substantivo feminino e masculino que significa "espírito", "vento" ou "respiração". Na China, *qi* ou *chi* tem significado semelhante; na Índia, o equivalente é *prana*. Na ciência, esse fluxo universal de atividade é chamado de "energia". Deus cria o mundo continuamente, assim como nos cria e às nossas mentes, por meio do fluxo de energia cósmica e da criação de formas, padrões e significados.

Se acreditarmos que Deus é a origem de todas as coisas, e que seu ser mantém o Universo – uma crença compartilhada por cristãos, muçulmanos, judeus e hindus –, então nossa gratidão fundamental é para com Deus, pelo fato mesmo da existência. Budistas, taoistas, confucionistas não usam a palavra "Deus" com o mesmo sentido, mas todos têm suas concepções da realidade última. Nossa gratidão também é devida ao Universo, à nossa Galáxia, ao nosso Sistema Solar, à nossa Terra, da qual nossa vida depende, e aos micróbios, às plantas e aos animais que proveem nosso alimento, e às sociedades e culturas humanas que mantêm todas as vidas humanas.

Nas tradições religiosas, há muitas maneiras de agradecer à fonte última de todas as coisas, ou Deus.[3] No Antigo Testamento, os salmos judaicos estão repletos de louvor e agradecimentos a Deus. Nos serviços cristãos, esses mesmos salmos são parte integrante, e há muitos hinos especificamente cristãos de louvor e formas de agradecimento. Tradicionalmente, os cristãos davam graças antes das refeições, o que alguns ainda fazem. O mesmo se pode dizer dos judeus, dos muçulmanos e de pessoas de muitas outras religiões e tradições regionais. Nos Estados Unidos, as comemorações no Dia de Ação de Graças são uma parte importante da cultura nacional.

Para um materialista ou um ateu, tudo isso não passa de absurdos ou, na melhor das hipóteses, de um faz de conta poético. A realidade não é um dom de Deus. Tampouco as colheitas ou os frutos da terra. São coisas que surgiram por acaso e necessidade, e em decorrência da ciência e da tecnologia humanas, sendo de igual modo resultantes de muito trabalho penoso e estafante. Até os cuidados dos pais com os filhos são uma resposta geneticamente programada, manipulada por genes egoístas que só estão interessados em propagar-se. Portanto, não há nenhuma necessidade de sentir gratidão até mesmo pelo amor dos pais, uma vez que é um sentimento programado pelos genes tendo em vista seus próprios objetivos egoístas.

Diferenças pessoais

As pesquisas em psicologia revelaram aquilo que, de um modo ou de outro, todos nós sabemos: algumas pessoas têm um temperamento mais grato do que outras. Uma forma conhecida de perceber essa diferença encontra-se no modo como pessoas diferentes reagem a um copo com 50% de sua capacidade cheio de água ou de outro líquido qualquer. Para as pessoas gratas, o copo está meio cheio. Para as ingratas, está meio vazio. Sem dúvida, quase todos somos ao mesmo tempo gratos e ingratos, ou otimistas e pessimistas, em diferentes situações. E às vezes é importante ser pessimista. Se percebo que o tanque de combustível do carro está quase vazio, é melhor esperar pelo pior se não tentar enchê-lo o mais rápido possível, em vez de acelerar o carro com a esperança de que o combustível irá se materializar por magia, ou que o indicador de combustível está errado.

A partir da década de 1990, com especial ênfase nos primórdios do ano 2000, a gratidão tem sido estudada por meios científicos, graças ao desenvolvimento da Psicologia Positiva. Os psicólogos elaboraram questionários e escalas que lhes permitissem avaliar a gratidão ou ingratidão das pessoas. Eles também conseguem avaliar seu bem-estar e felicidade. Estudo após estudo tem demonstrado que as pessoas que costumam ser gratas são mais felizes do que as que em geral se mostram ingratas; são menos deprimidas, mais satisfeitas com a vida, têm mais autoaceitação e maior noção de objetivos.[4] Essas pessoas também são mais generosas.[5]

O que apresentamos acima são correlações. As pessoas são gratas porque são felizes? Ou são felizes porque são gratas?

Os psicólogos positivos fizeram experimentos para testar e descobrir a interdependência dessas duas variáveis. Em um tipo de teste, os participantes foram divididos aleatoriamente em três grupos. Em um deles, pediu-se às pessoas que descrevessem brevemente cinco coisas pelas quais haviam sido gratas na semana anterior. Em outro grupo, pediu-se às pessoas que descrevessem cinco contrariedades da semana anterior, enquanto no terceiro grupo pediu-se que descrevessem cinco acontecimentos que as haviam perturbado na semana anterior. Esses exercícios foram repetidos durante 10 semanas.

No "grupo da gratidão", o grupo de teste, uma ampla gama de experiências levava à gratidão, inclusive interações afetuosas, boa saúde, superação de obstáculos e o simples fato de estar vivo. Os pesquisadores descobriram que:

> Os participantes com sentimentos de gratidão sentiam-se melhor em relação à sua vida como um todo, e eram mais otimistas quanto ao futuro do que os participantes de qualquer dos outros grupos de comparação [aqueles que descreviam contrariedades ou apenas escreviam sobre fatos]. Além disso, os que demonstravam gratidão relatavam menos queixas sobre sua saúde e che-

gavam a dizer que passavam mais tempo exercitando-se do que os participantes do grupo de controle.[6]

Outros experimentos, que incluíam a gratidão pelo que somos e temos, deram resultados positivos extraordinariamente semelhantes.[7]

Em outro tipo de teste, pedia-se a um grupo de participantes que escrevesse uma carta de agradecimento a alguém que os havia ajudado na vida, mas cuja ajuda, em sua própria opinião, eles nunca haviam reconhecido da devida forma; em seguida, pedia-se a eles que entregassem essa carta pessoalmente. Pediu-se ao grupo de controle que escrevesse sobre suas lembranças antigas. O grupo com sentimentos de gratidão mostrou um aumento substancial de felicidade em comparação com o grupo de controle, o que durou pelo menos um mês.[8]

Hoje há muitos livros de autoajuda a respeito de como ser mais grato, de como nos dar conta de nossa sorte e parar de reclamar, e de como incrementar nossos relacionamentos por meio da gratidão. Esses métodos funcionam: não para todos o tempo todo, mas para muitas pessoas durante a maior parte do tempo.

O que há de errado com a gratidão?

As pessoas gratas em geral são mais felizes do que as ingratas, e também tendem a ser mais apreciadas pelos outros. Portanto, haverá alguma desvantagem no fato de ser grato?

Talvez sim. Como outras emoções e disposições humanas, a gratidão pode ser explorada pelos outros. Em nossa sociedade capitalista, verifica-se um grande incentivo para que as corporações aprendam com a psicologia positiva em geral, e com a pesquisa em gratidão em particular. Muitas empresas dão cópias gratuitas de livros de autoajuda com base na psicologia positiva a seus funcionários; algumas patrocinam cursos de treinamento e conferências motivacionais. O fato de contar com funcionários assertivos, concordantes e gratos é bom para o mundo empresarial. E, se for preciso demitir funcionários, pessoas com treinamento em psicologia positiva poderão ser contratadas para tentar fazê-las sentir que a perda de seu emprego foi uma grande oportunidade em suas carreiras, levando-as a ter pouco ou nenhum ressentimento contra a empresa que as demitiu.[9]

A escritora Barbara Ehrenreich é muito crítica em relação a essas práticas, pois acha que elas oferecem soluções em forma de um disciplinamento mental que implica a exclusão de nossos pensamentos negativos, de modo muito semelhante à antiga vigilância calvinista sobre as ideias pecaminosas. Ehrenreich argumenta que precisamos dos pensamentos negativos se quisermos lutar contra a injustiça e a destruição do meio ambiente.[10] Concordo com ela.

A gratidão pode ser manipulada e abusada, assim como o amor pode ser manipulado e abusado, mas esse não é um argumento contra a importância da gratidão em si. Em geral, é melhor ser amável e grato do que agressivo e ingrato, e é isso que ocorre com a maioria das pessoas. Contudo, o fato de ser amável e grato de maneira compulsiva pode nos cegar diante do perigo e do comportamento humano destrutivo, impedindo-nos de fazer lutar contra eles. Precisamos de um equilíbrio para determinados usos ou fins.

Presentes e obrigações

Muitas vezes não nos agrada muito a ideia de receber presentes. Por quê? Porque recebê-los implica a obrigação de dar alguma coisa em troca. Sentimo-nos em dívida perante quem nos presenteou. Os lobistas e marqueteiros sabem que dar presentes induz a um sentimento de obrigação recíproca que eles podem usar a seu favor.

Um livro fundamental sobre esse assunto é *The Gift*, publicado pela primeira vez em 1953, na França, por Marcel Mauss. Ele mostra que em um grande número de sociedades não existia esse hábito de dar presentes. Quando uma tribo ou um clã presenteava-se mutuamente, os que os recebiam ficavam com a obrigação de retribuir o presente em um breve período. Às vezes, esperava-se que os dessem por interesse, como acontecia nas culturas nativas indígenas do Noroeste Pacífico. Se um grupo ofertasse dez cobertores em um determinado ano, o grupo presenteado se sentia na obrigação de dar vinte no ano seguinte, e assim por diante. Essa troca cerimonial de presentes, ou sistema de *potlatch*,* tornou-se quase sempre competitiva e insustentável, e um dos resultados era a visível destruição da riqueza acumulada, o que incluía o incêndio de casas de príncipes, o assassinato de escravos, a queima de óleos preciosos e o lançamento ao mar de preciosos objetos de cobre.[11]

Nos contextos religiosos, o sacrifício de seres humanos ou de animais vivos, de alimentos, ou de outros presentes a deusas, deuses ou a Deus era – e ainda é – uma maneira de permutar os presentes deles ganhos. Ou, talvez, seja um modo de dar alguma coisa à espera de um retorno em forma de outro presente, como bem o resume a expressão latina *do ut des*, "dou para que também me dês".

---

* De origem indígena, a palavra *potlatch* significa "dom" ou "doação" na linguagem *nootka* (termo relativo aos *nootkas*, povo indígena que habita a costa do Noroeste Pacífico do Canadá). *Potlatch* é também o nome de uma cerimônia realizada pelos povos aborígenes da costa do Noroeste Pacífico da América do Norte, tanto nos Estados Unidos como na província da Colúmbia Britânica do Canadá. Em termos gerais, Mauss avalia a tese segundo a qual a dádiva é fundamento de toda sociabilidade e comunicação humanas, bem como sua presença e sua diferente institucionalização em várias sociedades, capitalistas ou não. (N. do T.)

Embora nossa vida moderna secular seja tão vigorosamente influenciada pela economia de base monetária, ainda estamos familiarizados com a dinâmica de presentes e reciprocidade. Os presentes criam vínculos sociais. Estamos todos cientes de que pelo menos uma expressão convencional de gratidão, como dizer "obrigado", faz parte do comportamento social.

Se a gratidão é uma virtude social, a ingratidão é um vício social. Em muitos círculos sociais, as pessoas ingratas não são apreciadas. A sensação que alguns têm de que tudo lhes é devido, ou a incapacidade de apreciar os outros de maneira apropriada, são coisas toleradas em sociedades hierárquicas, como as aristocracias, as oligarquias e os grupos de extremo poder. Contudo, nos grupos sociais mais igualitários a sensação de ter direitos adquiridos não é algo que faça tais pessoas serem estimadas. Algumas imaginam ter o direito de ser servidas e auxiliadas pelos demais, sem a necessidade de expressar gratidão. Nos bebês muito novinhos, essa é a única maneira de poderem existir. Porém, por volta de seis semanas de vida, a maioria dos bebês começa a sorrir, e seus sorrisos são grandes demonstrações de gratidão. Muitas crianças são logo ensinadas a expressar sua gratidão verbalmente, e também de outras maneiras.

E se nossa vida for um dom da natureza? E se a própria natureza for um dom? Teremos, então, nossa mais profunda gratidão para com os poderes responsáveis pela nossa existência – e pela de todas as outras coisas – e a maior causa a justificar nossa gratidão.

Em todas as tradições religiosas, os hinos de louvor e as expressões de gratidão para com a origem divina de todos os seres fazem parte de uma interação recíproca; a ação de graças nos liga à origem do dom da própria vida, e a todas as outras bênçãos de nossa existência. E uma das expressões dessa gratidão consiste em compartilhar nossas dádivas com os outros, tornando-nos parte do fluxo do qual nós próprios dependemos.

O aspecto negativo é que, ao reconhecermos nossa dependência total de poderes além de nós próprios, podemos ficar impregnados de um sentimento avassalador de dever religioso e de culpa por não estarmos à altura desse dever. Uma maneira de afastar esse sentimento de inadequação consiste em tornar-se ateu. Se tudo acontece automática e inconscientemente, se não há propósito ou providência no mundo, então não existe nada que exija ou justifique nossa gratidão.

Contudo, pagamos um alto preço por essa libertação. A ingratidão é muitas vezes acompanhada pela infelicidade. Para os que acreditam na teoria materialista da natureza, levar uma vida infeliz pode parecer um ato de heroísmo, uma fidelidade inabalável à verdade objetiva. O materialismo filosófico, porém, não é A Verdade: é uma visão de mundo, um sistema de crenças. Embora tenha muitos seguidores dedicados, acreditar nele não é uma questão de necessidade intelectual e lógica, mas uma questão de ideologia, ou hábito pessoal ou cultural.

Graça e gratidão

A palavra latina para gratidão é o substantivo *gratia*, da qual derivou nossa palavra "graça". O adjetivo latino *gratus*, estritamente relacionado, significa "agradável". E dessas raízes provém uma vasta gama de termos ingleses que incluem *graceful* [elegante], *disgraceful* [infame], *graceful* [gracioso], *gratification* [gratificação], *gratuitous* [gratuito] e *congratulate* [congratular-se].[12]

Em si mesma, a palavra *grace* tem muitos significados. Primeiro, na teologia cristã, ela designa um dom de Deus, um favor divino. Por exemplo, na prece "Ave-Maria, cheia de Graça", Maria é um canal da graça divina, que flui através dela e de seu útero:

> Ave-Maria, cheia de graça, O Senhor esteja convosco. Bendita sois vós entre as mulheres, e Bendito é o Fruto do vosso ventre, Jesus...

Em segundo lugar, a graça também se refere a proporções ou ações que são agradáveis, como em movimentos graciosos ou maneiras graciosas. Do mesmo modo, significa fascínio ou charme, como em proporções elegantes. Na mitologia grega as Graças, três deusas irmãs, concediam o dom da beleza e eram, elas próprias, extraordinariamente belas.

Em terceiro lugar, graça também significa obrigado ou gratidão, como em dizer graças antes das refeições. Em outras línguas, há palavras semelhantes para agradecer – em francês, *grâce à*, "graças a". Em espanhol, a palavra para "obrigado" é *gracias*, e em italiano é *grazie*.

O que unifica esses sentidos é um senso de fluxo livre em ambas as direções, e desse fluxo provém um movimento de graça ou beleza. O doador e o receptor são conectados; eles estão em relação mútua, como em um vínculo de lealdade, amor e confiança. Essa é também uma descrição teológica do relacionamento entre Deus e os que O amam, n'Ele confiam e a Ele agradecem. Da mesma maneira, o termo designa o vasto padrão de interação humana mediante a doação recíproca de presentes e serviços. Esse mutualismo de dar enfatiza as relações entre famílias e outros grupos sociais.

Essas relações mútuas ainda existem, e surgiram muito tempo antes dos mercados organizados e das economias de base monetária. O processo de comprar e vender quantificou e sistematizou os sistemas de doação recíproca. Porém, ainda que o comprar e o vender sigam normas quantificadas, os atos de presentear, mostrar-se grato e dar alguma coisa em retribuição são voluntários. São mais livres, mais pessoais, e menos automáticos e inconscientes. O espírito (que para mim é semelhante ao fluxo de vida consciente) flui através de nós quando ofertamos algo e quando agradecemos. Em minha opinião, esse fluxo é um aspecto fundamental de todas as sociedades humanas, e também das relações humanas com os ancestrais, os santos, os espíritos, os anjos, os deuses, as deusas e a realidade última, que judeus, cristãos e muçulmanos chamam de Deus.

Oliver Sacks, neurologista e autor de *best-sellers*, foi um ateu que refutou a crença em Deus ainda muito jovem, quando sua família judia não aprovou o fato de ele ser homossexual. Seu último livro, publicado postumamente em 2015, intitula-se *Gratitude* e foi escrito quando ele soube que estava morrendo de câncer. Sacks resumiu seus sentimentos da seguinte maneira:

> Não posso fingir que não estou com medo. Contudo, meu sentimento predominante é a gratidão. Amei e fui amado. Muito me foi dado, e retribuí de alguma maneira... Acima de tudo, fui um ser senciente neste belo planeta, o que constitui, por si só, um enorme privilégio e uma extraordinária aventura.[13]

Ser grato nos torna parte desse fluxo mútuo e enriquecedor de nossa vida. Ser ingrato nos separa dessa fantástica prerrogativa. Quando fazemos parte desse fluxo, em geral nos sentimos mais felizes do que quando estamos dele apartados, pouco importando se nos chamamos de ateus, ou não.[14]

A prática da gratidão nos conecta com o fluxo benfazejo de dar e retribuir graças no domínio humano, e também com o fluxo de vida na natureza não humana: nas plantas e nos animais, nos ecossistemas, na Terra, no Sistema Solar, em nossa Galáxia e em todo o Cosmos.[15] E, se estivermos abertos a ela, a gratidão pode nos conectar diretamente com a fonte consciente de todo o ser, de toda a consciência, forma e energia, que judeus, cristãos e muçulmanos chamam de Deus, e que os hindus chamam de *Sat-chit-ananda* – Existência-Consciência-Êxtase.[16]

Duas maneiras de praticar a gratidão

Seja grato pelo que você é – enumere suas bênçãos

Tente transformar isso em uma prática regular, por exemplo, todo dia antes de ir para a cama. Ou uma vez por semana: na sexta-feira, se você for muçulmano, no sábado, se for judeu, e no domingo se for cristão pelo legado de seus ancestrais. Outras tradições têm seus dias especiais. Se for útil, faça uma lista por escrito. Você pode agradecer por sua própria vida e saúde, por sua família, seus professores e outras pessoas que o ajudaram, pela língua que você fala, por sua cultura, sua economia, sua educação e pela sociedade em que vive, pelas plantas e animais, pela Mãe Natureza em suas múltiplas formas, por todo o Universo e pela origem de todos os seres. Essa prática irá conectá-lo com aquilo que lhe é dado. Quanto maior sua gratidão, maior será a sensação de fluxo, e maior seu desejo de doar.

Faça uma prece antes das refeições

Em minha casa, ficamos alguns minutos de mãos dadas à mesa, antes de comer. Às vezes cantamos uma ação de graças; outras vezes, alguém faz uma pequena oração, e há dias em que ficamos um breve momento em silêncio. Quando estou sozinho, faço um agradecimento silencioso. Sugiro que você adote essa prática em sua própria casa.[17] Se alguns dos membros de sua família ou seus amigos não se sentirem confortáveis com uma oração de graças, então deem-se as mãos em silêncio. Ou crie um espaço em que qualquer um possa expressar seu agradecimento a seu próprio modo, falando ou cantando.

3
Reconectando-se com o Mundo Mais-Que-Humano

Natureza humana e não humana

Somos parte da natureza. Não há dúvida de que não existiríamos sem a Terra, o Sol, nossa Galáxia e todo o Cosmos. A história de nossa Galáxia remonta a bilhões de anos, e está fundamentada na evolução do Universo.

Também temos consciência de nossa separação do resto da natureza. Há uma distinção entre o mundo humano – nosso meio ambiente social e econômico, as línguas e culturas que herdamos, as casas e cidades nas quais vivemos, as telas de computador com que interagimos, os veículos que nos servem de meio de transporte – e o resto da natureza. Claramente, existe muito mais natureza não humana do que natureza humanizada no Universo, incluindo bilhões de galáxias além da nossa.

Não estamos sozinhos ao fazer distinção entre nossa própria espécie e o resto da natureza. Mesmo que apenas para fins de reprodução, os membros das outras espécies de animais precisam identificar uns aos outros. Uma pavoa deve ser capaz de reconhecer um pavão, ainda que a aparência dele seja diferente da dela, para fins de acasalamento. E os animais sociais, como as formigas em seus ninhos, ou os lobos em suas matilhas, reconhecem e interagem intensamente com outros membros de seu grupo. O grupo em si tem uma fronteira que o separa do resto do mundo, embora ele interaja de modo contínuo com esse ambiente. Há uma distinção implícita entre o grupo e o mundo mais vasto do qual ele depende.

Um modo iluminador de pensar na natureza não humana ocorre em termos do mundo mais-que-humano, uma expressão introduzida na década de 1990 pelo ecologista cultural David Abram.[1] Só estamos aqui por conta do mundo mais-que-humano da Terra, o Sistema Solar e a totalidade do Cosmos.

Infelizmente, muitos de nós adquirimos o hábito de pensar sobre o resto do mundo natural como algo *inferior* ao humano. Galáxias, planetas, espécies biológicas, moléculas, átomos e partículas subatômicas estão todos mapeados em nossas teorias científicas. Parece que vemos a natureza do lado de fora, como se fôssemos mentes incorpóreas. Nas escolas, as crianças aprendem sobre o Sistema Solar a partir de livros e modelos, sem saírem à noite para verem os verdadeiros planetas e as constelações. Nos jardins de infância, as crianças em tenra idade podem interagir com animais vivos e plantas, mas, quando crescem, o estudo de biologia torna-se cada vez mais distante da experiência. Logo, ficam para trás as plantas e os animais verdadeiros, e o estudo se concentra nos livros escolares, em diagramas de mecanismos físico e químicos, representações de moléculas de DNA, varreduras cerebrais e simulações de computador.

Os modelos científicos parecem mais importantes do que os próprios organismos vivos. Depois, esses modelos dependem de processos físicos que podem ser reproduzidos em termos matemáticos, e logo a matemática parece ser a realidade última. A natureza viva é substituída por abstrações mentais que só são encontradas em algumas mentes ou em *software* de computador. Na realidade, a compreensão desses modelos matemáticos só existe em uma ínfima minoria de mentes humanas, aquelas que pertencem aos matemáticos, aos cientistas com treinamento em matemática e aos programadores de computador.

Para muitos de nós, porém, um sentimento de conexão direta com o mundo mais-que-humano é de suma importância, e ajuda a nos inspirar espiritualmente.

Conexões do dia a dia

Considera-se que nossa espécie, o *Homo sapiens*, tem cerca de cem mil anos, e que descende das espécies *hominins*,* que remontam vários milhões de anos a um ancestral que compartilhávamos com os macacos. Para a grande maioria dos historiadores dos *hominins*, nossos ancestrais viviam em grupos e se sustentavam coletando plantas e, às vezes, comendo outros animais. Eram caçadores-coletores.

Os caçadores-coletores davam como fato consumado que o mundo ao seu redor estava vivo: os animais e as plantas, a Terra, o céu, o Sol e a

---

* *Hominin* é qualquer membro do grupo formado por todos os seres modernos e extintos e seus ancestrais imediatos (sobretudo as espécies mais estreitamente relacionadas aos seres humanos modernos do que aos chimpanzés. O termo remete à "tribo" zoológica *Hominini* (família *Hominidae*, ordem dos primatas, mamíferos que abrangem os homens, os macacos, os lêmures e formas afins.) É mais comumente usado para designar membros extintos da linhagem humana, alguns dos quais conhecidos por seus restos fósseis: *Homo neanderthalensis*, *Homo erectus*, *Homo habilis* e diversas espécies de australopitecos. (N. do T.)

Lua, os rios, o mar, os ventos e as intempéries. Eram animistas. Suas mitologias enfatizam a vida e a interconexão do mundo natural, um contínuo diálogo de almas entre humanos e não humanos.[2]

As mitologias ameríndias pressupõem que, originalmente, havia uma unidade espiritual, um ser humano primal, do qual derivavam todas as coisas. Os seres humanos não provêm dos animais; ao contrário, os animais provêm de seres semelhantes aos humanos. O antropólogo sul-americano Viveiros de Castro assinala que, em muitos sentidos, essa concepção tradicional é, de muitas formas, o contrário da nossa. Nós vemos a natureza humana como originalmente animal, e a cultura humana controla nossa natureza animal. Tendo sido animais, permanecemos animais "na base". Por outro lado, o pensamento ameríndio sustenta que, tendo sido humanos, os animais ainda devem ser humanos, ainda que de maneira diversa. A natureza interior de todos os animais é semelhante à nossa, mas seus corpos têm formas não humanas.

Os mitos do povo Campa dos Andes Peruanos narram como esse povo primitivo se transformou de modo irreversível nas várias espécies de plantas e animais. O desenvolvimento do Universo foi basicamente um processo de diversificação, e a humanidade foi a substância primordial que deu origem a todas as coisas. O povo Campa atual descende dos Campas ancestrais, mas é o único que escapou à transformação.[3]

Por outro lado, do ponto de vista materialista, todo o Cosmos é inconsciente, sem propósito ou sentido. As espécies biológicas são máquinas geneticamente programadas. Nós, humanos, surgimos como resultado de processos físicos cegos. Os sistemas solares, os planetas, os animais e plantas são mecanismos irracionais impelidos por forças físicas e químicas. Qualquer tentativa de encontrar mente, alma, psique ou propósito na natureza não humana nada mais é que uma projeção da mente humana sobre o resto do mundo, encontrada em povos primitivos e religiosos, e também em crianças. Povos seculares, modernos, educados em termos científicos e progressivos afastaram-se dessa concepção. Ou, pelo menos, deveriam ter-se afastado dela.

Essas diferentes visões de mundo levam a muitas relações diversas com o resto da natureza. Se a natureza for inconsciente e mecanicista, como supõe a filosofia materialista, então nosso entendimento científico é a suprema realidade consciente. Nossas experiências subjetivas são subprodutos da atividade cerebral.

Porém, segundo o biólogo evolucionista Edward O. Wilson, ele próprio um humanista secular, é um erro erguer uma barreira entre nossas experiências subjetivas e o mundo natural. Wilson acha que os humanos têm uma necessidade instintiva de conectar-se com animais e plantas, baseada em uma longa história evolutiva como caçadores-coletores. Ele chama esse amor instintivo pela natureza de *biofilia*, do grego *bios* = vida, e *philia* = amor (a, de, para com, por). A biofilia herdada enfatiza "as conexões que os seres humanos buscam de modo subconsciente com o restante da vida".[4]

Mesmo nas civilizações industriais modernas, muitas pessoas vivenciam uma conexão consciente com a natureza não humana. Muitos sentem que já estiveram em contato com algo superior: uma presença, uma mente, um ser ou uma realidade espiritual, ou Deus.

Para nossos ancestrais – milhares de gerações de caçadores-coletores e muitas gerações de agricultores – as conexões diárias com animais, plantas, paisagens e clima, foram aspectos essenciais da vida. Ainda que hoje a maior parte das pessoas viva em cidades, ter animais de estimação é muito comum. Esses animais só se difundiram com o surgimento da industrialização e urbanização em grande escala no século XIX. O fato de ter animais de estimação pode, inclusive, ser visto como uma espécie de lamento por uma proximidade perdida com a natureza.[5] E, ainda que a maioria das pessoas não precise mais cultivar seu próprio alimento, muitos habitantes dos centros urbanos têm jardins, terrenos de pequenas dimensões, nas cidades ou no campo, floreiras de janela, plantas nos interiores das casas ou flores de corte.* Entre os moradores de cidades pequenas e grandes, milhões de pessoas ainda se conectam com o mundo não humano por meio de caminhadas em parques, matas e regiões campestres, e muitos milhões passam férias no litoral. Muitos encontram grande satisfação em trabalhar ao ar livre, e um grande número se oferece como voluntários para trabalhar em fazendas orgânicas, em regiões florestais e projetos de conservação.[6]

Benefícios da exposição à natureza mais-que-humana

Os efeitos da exposição ao mundo natural foram estudados cientificamente.[7] Segundo um recente resumo dessa pesquisa, "A natureza aumenta a saúde mental – as pessoas ficam menos deprimidas quando têm maior acesso a espaços verdes. O efeito benéfico não é apenas uma questão de exercício físico, embora isso faça parte do quadro. Há alguma coisa nos ambientes naturais que aprimora o bem-estar das pessoas... Em termos simples, estar na natureza nos faz sentir bem."[8]

Estudos no Japão sobre a prática do "banho de floresta" (*shinrin-yoku*) mostraram que caminhar pelas matas tem efeitos fisiológicos e psicológicos relaxantes, inclusive uma redução dos níveis sanguíneos do hormônio do estresse, o cortisol,[9] e um aumento da atividade do sistema

---

* Vasos ornamentais adornados com flores, botões florais, caules e folhas, comercializados para fins de decoração de interiores. (N. do T.)

imunológico.[10] Segundo o resumo, "ao reduzirem o estresse, as imersões nas florestas promovem tanto a saúde física quanto a mental".[11]

Em um estudo recente em Stanford, Califórnia, os participantes aleatoriamente escolhidos fizeram uma caminhada de 50 minutos, tanto em um meio urbano como em um ambiente natural. Foram submetidos a uma série de testes psicológicos antes e depois da caminhada. Os que foram para campos e florestas estavam menos ansiosos e com menos incidência de pensamentos negativos do que antes da caminhada, enquanto os que caminharam nos meios urbanos não demonstravam nenhuma mudança. A memória funcional dos que estiveram em ambientes naturais também se mostrou bem melhor.[12] Em resumo, estavam mais felizes e mais atentos.

Os cientistas linha-dura não confiam somente em impressões subjetivas. Eles gostam de ver o que está acontecendo no cérebro. Em um estudo complementar, os pesquisadores de Stanford fizeram uma tomografia computadorizada no cérebro dos participantes, depois de seus respectivos tipos de caminhada. Os que haviam caminhado em um ambiente natural apresentavam uma menor tendência a ficar mal-humorados e melancólicos, comprovando mais uma vez um fato já conhecido pela ciência – a região do cérebro mais associada a esse tipo de comportamento é o córtex pré-frontal subgenual. Em resumo, comportamentos e pensamentos negativos mostraram-se menos ativos naqueles que haviam caminhado por trilhas densas, copadas e verdejantes, do que naqueles que haviam percorrido ruas e estradas cheias de barulho, agitação e multidões.[13]

Essas conclusões não teriam surpreendido os fundadores do movimento conservacionista no século XIX, ou os ativistas dedicados ao bem comum e os planejadores urbanos que deram a nossas cidades seus parques e outros espaços verdes. Eles compreendiam perfeitamente bem a necessidade de áreas para recreação ao ar livre, como discutirei mais adiante.

Contudo, ainda que existam muitos espaços verdes disponíveis, uma pesquisa realizada há pouco na Inglaterra revelou que 60% da população não passa nenhum tempo "em contato com a natureza" durante a semana.[14] Isso acontece apesar do fato de que a política oficial do governo seja "fortalecer as conexões entre pessoas e natureza e, em particular, permitir que cada criança possa vivenciar o ambiente natural e aprender com ele".[15] Como um passo para a implementação dessa política, entre 2013-2014 o governo encomendou um estudo em grande escala sobre as atividades ao ar livre das crianças inglesas. Uma maioria (88%) "estivera nos ambientes naturais" pelo menos uma vez no ano anterior; 70% os visitara pelo menos uma vez por semana. As crianças de famílias de alta renda passavam mais tempo ao ar livre do que as provenientes de famílias de baixa renda. Não surpreende que, como a pesquisa demonstrou, as crianças pré-adolescentes ou que já entraram na adolescência (de 13 a 15 anos) visitassem mais os parques, as áreas de recreação ou os campos para jogos sem a presença de adultos. Cerca de 11% das visitas eram feitas a bosques e pequenas florestas locais, 10% preferiam os rios e lagos, e 7% davam preferência aos espaços rurais nas imediações de suas moradias. Contudo, cerca de 12% das crianças (mais ou menos 1.300.000 crianças inglesas) praticamente não passavam nenhum tempo ao ar livre.

Nos Estados Unidos, o escritor Richard Louv chamou essa desconexão entre as crianças e o mundo natural de "Transtorno de Déficit de Natureza". Em seu livro *Last Child in the Woods: Saving Our Children from Nature-Deficit Disorder*, ele associou essa falta de conexão às tendências infantis como o transtorno de déficit de atenção e a obesidade.

Ele constatou que, em média, as crianças de 8 anos eram mais aptas a identificar personagens de quadrinhos do que árvores ou animais dos arredores. Uma criança perto de concluir o ensino fundamental disse: "Eu gosto de brincar dentro de casa porque é aqui que ficam todas as tomadas elétricas".[16]

Louv resumiu a pesquisa mostrando que a educação ambiental ajuda as crianças a desenvolver melhores habilidades para resolver problemas e tomar decisões. E elas se divertem mais. Infelizmente, porém, há ainda mais incentivos para as crianças ficarem em casa. Por volta de 2016, muitas crianças norte-americanas ficavam de cinco a sete horas vendo TV, todos os dias,[17] e as crianças inglesas ficavam até seis horas.[18] As diretrizes oficiais contemporâneas recomendam que as crianças só devem começar a ver TV aos 2 anos de idade. Mas muitas começam antes. As crianças – inclusive as que estão aprendendo a andar – estão em território inexplorado. O mundo artificial da televisão e das mídias sociais as está "engolindo" em um grau sem precedentes. Essa é uma experiência imensa e não controlada com o futuro da humanidade.

Conexão das crianças com a natureza

A urbanização, o aumento das mídias sociais e os temores dos pais significam que a maioria das crianças passa menos tempo fora de casa do que todas as outras das gerações que as antecederam. Mas não há dúvida de que, dada a oportunidade, muitos têm um senso de conexão com o mundo mais-que-humano.

A Religious Experience Research Unit em Oxford, fundada pelo zoólogo evolucionista sir Alister Hardy na década de 1960, reuniu muitos milhares de relatos de experiências espirituais. A partir dessa grande amostra, cerca de 15% começaram com alguma referência a experiências da infância.[19] Aprofundando-se o questionamento, a maioria dos autores desses relatos afirmou que essas experiências infantis eram sólidas, bem fundamentadas e significativas. A maioria disse que, na época, não podia falar com seus professores ou membros da família sobre suas experiências. Como disse alguém: "Esse conhecimento interior era interessante e profundamente fascinante, mas permanecia implícito até porque, se eu conseguisse expressá-lo, ninguém entenderia nada".[20]

Eis um exemplo da evocação de uma experiência da infância, dessa vez extraída da compilação da Religious Experience Research Unit:

> [Quando eu era criança] parecia ter uma relação mais direta com as flores, as árvores e os animais, e ainda me lembro de certas ocasiões especiais em que eu era tomado por uma grande alegria ao ver os primeiros íris se abrindo, ou quando colhia margaridas no gramado coberto de orvalho antes do café da manhã. Parecia não haver nenhuma barreira entre as flores e eu, e isso era uma fonte de inexprimível deleite.[21]

Dentre as pessoas que responderam, outros falavam sobre "sentir uma unidade atemporal com toda a vida", "um sentimento avassalador de gratidão" e "uma sensação de paz e segurança infinitas que pareciam fazer parte da beleza da manhã".[22]

Contudo, será que essas lembranças, escritas na vida adulta ou na velhice, refletem com exatidão as experiências da infância ou serão vistas, em retrospecto, através de lentes de óculos cor-de-rosa? Um professor inglês, Michael Paffard, tentou responder a essa pergunta pedindo a seus alunos adolescentes que respondessem a um questionário e escrevessem um relato de suas experiências de conexão prazenteira ou inspiradora com a natureza, caso sentissem que tinham alguma experiência relevante a ser descrita. De 400 alunos, 55% tentaram descrever experiências que pudessem ser classificadas como uma espécie de "mística natural". As palavras-chave para descrever suas experiências incluíam adjetivos como "jubiloso", "sereno", "extasiado", "sagrado", "arrebatador", "edificante", "atemporal" e "pacífico".[23] Os tipos de experiência por eles descritas eram muito semelhantes àquelas evocadas por pessoas muito mais velhas.

Além de se sentirem radiantes, alguns dos que responderam às perguntas de Paffard também sentiram medo quando confrontados com o céu, as montanhas, o mar ou os espaços desabitados. Um garoto de 16 anos que vivia em um internato escreveu:

> Moro em Essex, à beira de um vastíssimo pântano salgado. Nos meses de outono, geralmente sento-me em uma rocha à beira-mar e passo a noite olhando para o pântano. Quando estou longe dali, na escola, sinto saudade da solidão daquele estado selvagem e da sensação de liberdade e força que ele me dá. Contudo, sua desolação é aterradora quando escurece mais e o mar começa a subir e preciso ir embora. Mas sempre tenho de voltar a esse lugar.[24]

No estudo de Paffard, em 67% dos relatos os jovens estavam sozinhos quando tiveram essas experiências, e a maioria delas aconteceu ao anoitecer ou durante a noite.[25] A maioria não tinha procurado essas experiências por vontade própria; elas aconteceram de modo espontâneo. Algumas pessoas, porém, adquiriram um hábito de ir a lugares especiais quando se sentiam inspiradas, como cimos de colinas, campinas, lagos, matas ou praias.

Quando criança, passei muito tempo ao ar livre e sentia uma forte conexão com o mundo natural, além de um sentimento de pertencimento. Isso me levou a querer estudar ciências, sobretudo biologia. Eu era bom em ciências na escola, mas o que eu aprendia não era mais baseado na experiência direta da vida de um organismo. Praticamente todas as plantas e animais que estudávamos na escola e, mais tarde, na universidade, estavam mortos. Matávamos nossos objetos de estudo, a não ser no caso dos animais usados nos experimentos de vivissecção, que eram mortos mais tarde. Dissecávamos minhocas, rãs, cações e coelhos. Desmembrávamos as flores para examinar seus órgãos. Víamos os tecidos através do microscópio. Matar os animais em nome da ciência era chamado de "sacrifício". Os animais estavam sendo sacrificados no altar da ciência.

Esse tipo de ciência tinha pouca relação com minha experiência pessoal. Eu tentava descartar meus sentimentos subjetivos sobre a vida do mundo natural como não condizentes com os métodos científicos, mas eles permaneciam comigo. Mais tarde, dei-me conta de que muitas pessoas usufruem da ciência como algo verdadeiramente vivo quando são crianças, e são estimuladas a fazê-lo pelas histórias e livros infantis sobre animais que falam. Quando criança, vivi em um mundo animista que era estimulado pelos adultos. Ao crescer, porém, ficou bem claro para mim que esse modo infantil de pensar devia ser deixado para trás. Acreditar que os animais e as plantas são mais do que máquinas complexas, e pensar a natureza como coisa viva, era o mesmo que acreditar em fadas.

Toda nossa cultura está dividida entre a experiência das conexões diretas com o mundo natural, quase sempre estabelecida na infância, e a teoria mecanicista da natureza que domina as ciências e a sociedade secular. Somos todos herdeiros dessa ruptura. No mundo oficial, das nove da manhã às cinco da tarde, de segunda a sexta-feira – o mundo do trabalho, da educação, dos negócios e da política – a natureza é concebida mecanicamente, como uma fonte inanimada de matéria-prima a ser explorada tendo em vista o desenvolvimento econômico. Por outro lado, em nosso mundo privado extraoficial, a natureza é identificada com o campo, oposta à cidade e, acima de tudo, vista como território selvagem e intocado.[26]

Desde o século XIX, e ainda hoje, muitas pessoas querem ficar ricas, se necessário explorando os recursos naturais, de modo que tenham condições de comprar uma propriedade rural e "afastar-se de tudo isso". No mundo ocidental, nos fins de tarde das sextas-feiras, as estradas que levam para fora das cidades vivem atravancadas pelo trânsito de milhões de pessoas que, em seus carros e outros meios de transporte, tentam ir de encontro à natureza. Elas são vigorosamente motivadas a agir assim. Estão expressando uma necessidade fundamental.

Como a natureza separou-se de Deus

Como aconteceu essa separação?

Uma de suas raízes está na relação entre o povo judeu e a Terra Santa em que vivia. As religiões pré-judaicas da Palestina eram politeístas, com deusas e deuses, e admitiam a natureza sagrada de muitos lugares, o que incluía árvores, grutas, menires,* montanhas, fontes e rios. Nos primeiros estágios de sua vida na Terra Santa, o povo judeu continuou a venerar os antigos lugares sagrados.[27] Isso começou a mudar com a construção do Templo do Rei Salomão em Jerusalém, que foi seguido por tentativas de pôr fim a todos os outros santuários, dando monopólio ao Templo. O Deus único tinha um centro. A veneração nos cimos das colinas, nas grutas sagradas e em outros antigos lugares sagrados passou a ser tratada com desconfiança, quando não com hostilidade e violência.

---

* *Menires* são pedras pré-históricas, monumentos megalíticos do período neolítico cuja altura chegava a 11 m e eram verticalmente fixados no solo. "Entre outras significações, o menir parece ter desempenhado um papel de *guardião de sepultura*; ele seria geralmente colocado ao lado ou abaixo de uma tumba mortuária". (N. do T.)

As religiões pré-cristãs da Europa, a exemplo das religiões pré-judaicas da Palestina, eram politeístas, e havia muitos lugares sagrados. Porém, ao contrário dos profetas e reis judeus que tentaram concentrar toda a adoração religiosa em um lugar sagrado, os cristãos não impuseram um monopólio. Durante a conversão do Oriente Próximo e da Europa de toda a veneração dos antigos deuses e deusas, muitos dos lugares sagrados tradicionais e festivais sazonais mantiveram uma forma cristianizada. Na Igreja Celta da Irlanda e da Inglaterra, os santos locais alcançaram uma admirável harmonia entre o passado druídico e a nova religião, como São Cuteberto (*c.* 634-87), que era abade do mosteiro da ilha sagrada de Lindisfarne, mas preferiu viver como um eremita. De acordo com o Venerável Beda (672-735), autor de *The Life and Miracles of St Cuthbert*, Cuteberto previu muitos acontecimentos futuros e descreveu "que coisas iriam acontecer em outras partes". Ele também passava suas noites junto ao mar. Segundo um monge que se deslocava furtivamente para observá-lo em segredo durante as noites:

> Ao deixar o mosteiro, ele ia para o mar, que passava por sob a construção, e ali permanecia até que a água lhe alcançasse os braços e o pescoço; ali passava a noite toda em louvor a Deus. Quando a madrugada começava a raiar, ele saía da água e, caindo de joelhos, começava a orar novamente. Enquanto ele orava, duas lontras saíam do mar e, deitando-se ao lado dele na areia, respiravam sobre seus pés e os limpavam com seus pelos. Depois, recebiam sua benção e voltavam para seu elemento nativo. O próprio Cuteberto voltava para casa a tempo de juntar-se a seus confrades para cantarem os hinos habituais.

Às vezes, práticas das antigas religiões eram assimiladas como uma questão de política papal deliberada.[28] E aos antigos lugares sagrados eram acrescentadas novas práticas associadas aos santos: lugares onde eles tinham tido visões, onde haviam vivido e morrido e onde suas relíquias eram objeto de culto.[29] Discutirei esse assunto mais adiante, no Capítulo 7, no contexto da peregrinação. A incorporação de elementos religiosos arcaicos à religião cristã ainda é óbvia nos países católicos-romanos e ortodoxos. Pensemos nos poços sagrados na Irlanda, ou na montanha sagrada Croagh Patrick,* ou nos inúmeros santuários da Santa Mãe de Deus.

Enquanto isso, na teologia cristã primitiva, e nos ensinamentos ortodoxos da Idade Média baseados em Aristóteles e São Tomás de Aquino, a natureza estava viva. O Sol e os planetas, a Terra, as plantas e os animais eram todos animados por almas. O Deus vivo era a fonte desse mundo vivo, e interagia continuamente com ele. Como afirmou a mística, compositora e abadessa Hildegarda von Bingen** do século XII: "A Palavra é viva, ser e espírito, tudo de um verde intenso, tudo criatividade. Essa Palavra se manifesta em todas as criaturas".[30] A teologia cristã medieval era animista, e o ser divino subjazia a toda a natureza. Deus estava na natureza e a natureza estava em Deus.[31] A natureza era viva, não inanimada e mecânica. O Deus da cristandade medieval, que nos deu as grandes catedrais da Europa, era o Deus de um mundo vivo.

No século XVI, a Reforma Protestante levou a um rompimento radical nessa relação cristã com tempos e lugares sagrados, e com o mun-

---

* A tradição das peregrinações a esta "montanha mais sagrada da Irlanda" remonta a cinco mil anos, desde a Idade da Pedra até aos dias de hoje. Seu significado religioso recua à época dos pagãos, quando se imagina que as pessoas ali se reuniam para celebrar o início da estação das colheitas. Croagh Patrick também é conhecida pela peregrinação anual em homenagem a São Patrício (Saint Patrick). Diz a lenda que esse santo jejuou 40 dias no cume dessa montanha em 441 a.C. Uma das principais datas comemoradas pelos peregrinos que para ali acorrem aos milhões é 15 de agosto, quando acontece a festa da Assunção de Nossa Senhora ao Céu. (N. do T.)

** Hildegarda von Bingen, também conhecida como "Sibila do Reno". (N. do T.)

do natural. Os Reformadores estavam tentando estabelecer uma forma purificada de cristianismo, rejeitando o uso imoderado de práticas que atentavam contra os bons usos e costumes, a corrupção irrefreável e os abusos de todo tipo da Igreja Católica Romana. A fé e o arrependimento pessoal eram o que importava; os festivais sazonais, as peregrinações, a devoção à Santa Mãe e os cultos aos santos foram denunciados como superstições pagãs. Como afirmou João Calvino: "As freiras vieram substituir as virgens vestais; o Panteão veio substituir a Igreja de Todos os Santos; em lugar das cerimônias, introduziram-se cerimônias não muito diferentes".[32]

Os Reformadores estavam tentando criar uma mudança irreversível de atitude, erradicando a ideia tradicional de poder espiritual que impregnava o mundo natural e estava particularmente presente nos lugares sagrados e nos objetos materiais espiritualmente imantados. Eles queriam purificar a religião, e essa purificação implicava o desencantamento do mundo.[33] A esfera espiritual estava restrita aos seres humanos. Por outro lado, o mundo natural – regido pelas leis de Deus – era incapaz de responder às cerimônias, às invocações e aos rituais humanos; era espiritualmente neutro ou indiferente, e não conseguia transmitir nenhum poder espiritual em ou de si próprio.

Assim, a Reforma Protestante preparou o terreno para a revolução mecanicista na ciência do século seguinte. A natureza já estava desencantada, e o mundo material estava separado da vida do espírito. A ideia de que o Universo era uma máquina desmedida em sua extensão ajustava-se a esse tipo de teologia protestante, assim como a retração do domínio da alma a uma pequena região do cérebro humano. Os domínios da ciência e da religião podiam se separar a partir daí. A ciência levou a totalidade da natureza para sua província, o que incluía o corpo humano; a religião ficou com os aspectos moral e espiritual da alma humana.

Com a revolução na ciência no século XVII, a natureza assumiu as características de uma máquina, inconsciente, inanimada e carente de qualquer finalidade própria. A máquina do mundo fora criada e posta em movimento por Deus em primeiro lugar; a partir daí, porém, trabalhava automaticamente. O papel principal de Deus está no domínio sobrenatural, o domínio dos anjos, dos espíritos e da mente humana, mas eventualmente ele ainda interagia com o domínio da natureza, suspendendo as leis da natureza e intervindo por meio de milagres. Isaac Newton achava que, de tempos em tempos, as órbitas planetárias precisavam que Deus lhes fizesse alguns ajustes.

Ao final do século XVIII, a mecânica celestial havia se tornado mais sofisticada. Os teóricos não precisavam mais de ajustes milagrosos ao mecanismo, e Deus tornou-se supérfluo para a compreensão do funcionamento da natureza. Seu papel restringiu-se cada vez mais ao início e ao fim do tempo. No começo, ele fora o criador; ao final, tornara-se o Juiz do Juízo Final. Seu papel religioso era fundamentalmente moral.

E assim se passou que Deus foi ficando cada vez mais remoto. No século XVIII, muitos dos maiores intelectuais iluministas, como Voltaire na França e Thomas Jefferson e Benjamin Franklin nos Estados Unidos, adotaram a filosofia do Deísmo, em que o distanciamento de Deus se tornou explícito. Em primeiro lugar, Deus havia criado a maquinaria da natureza segundo leis e desígnios racionais, mas não era capaz de responder à veneração e à prece. Ele não fornecia nenhuma base para as práticas regulares da religião cristã, ou qualquer outra religião. A partir dessas concepções, estava-se a um pequeno passo do ateísmo. Por obra e graça do pressuposto de que o universo era eterno e não precisava de nenhum criador, o Deus residual do Deísmo tornou-se redundante.

A reação romântica

Para começar, a visão mecanicista da natureza foi apresentada como um tema digno de celebração. Para os racionalistas do século XVIII, a natureza era um sistema racional de ordem, ampla e claramente refletido nos movimentos newtonianos dos corpos celestes. A natureza era uniforme, simétrica e harmoniosa, e podia ser conhecida por meio da razão; era, de fato, a base mesma da razão e do juízo estético:

> Segui primeiro a natureza, e estruturai o vosso modelo
> Pelo seu justo padrão, que nunca deixa de ser o mesmo:
> A Natureza que nunca erra, sempre divina em seu resplendor,
> Uma luz clara, imutável e universal.
>
> Alexander Pope, 1711

Contudo, ao fim do século XVIII, a natureza passou a ser compreendida em um sentido quase oposto. Movida por forças às vezes obscuras e desconcertantes modos de ser, ela era irregular, assimétrica e inesgotavelmente diversa. Na Inglaterra, essa mudança de modos de ser expressou-se por meio do paisagismo. Em vez de jardins formais, aparados com tesouras e de corte minucioso, a paisagem procurou imitar um ideal de vida florestal ou selvagem natural. Um modelo para o novo estilo foi encontrado em pinturas de cenas pastoris; outro foi a jardinagem japonesa.

As atitudes para com os lugares selvagens mudaram radicalmente. Para a maioria de nossos ancestrais, florestas, montanhas e regiões selvagens eram ambientes perigosos. No século XVII, os viajantes se referiam muitas vezes às montanhas como "terríveis", "abomináveis" e "brutais".[34] Mesmo no fim do século XVIII, a maioria dos europeus via com absoluto desagrado esses tipos de regiões inóspitas, selvagens e incultas. "Há poucos que não preferem as cenas buliçosas das regiões cultivadas às mais grandiosas das rudes produções da natureza", escreveu William Gilpin, em 1791.[35] O doutor Samuel Johnson compartilhava o ponto de vista da maioria e afirmou, sobre as Terras Altas da Escócia: "Um olhar habituado às pastagens floridas e ao ondular das colheitas assusta-se e sente-se repelido por essas extensões infindáveis de aridez e esterilidade irremediáveis".[36]

O novo gosto pela natureza selvagem era sofisticado, inspirado por modelos literários e artísticos. As cenas eram pitorescas porque pareciam pinturas; eram românticas porque evocavam o mundo imaginário dos romances, distantes e perdidos no tempo.

Nos primórdios do século XIX, o gosto romântico pela natureza selvagem levou ao desapreço pela interferência humana. O pintor John Constable escreveu em 1822: "O parque de um cavalheiro é minha aversão. Não é beleza, porque não há ali natureza".[37] A natureza romântica vivenciada com mais profundidade na solidão, e parte da atração das regiões incultas era seu distanciamento do alvoroço das cidades e da atividade industrial. Como as viagens se tornaram mais fáceis, muitas pessoas abastadas atribuíram uma importância até então inédita às visitas aos vastos ermos de regiões intocadas, longe dos aglomerados urbanos. Como Robert Southey escreveu em 1807:

> Nos últimos trinta anos, um gosto pelo pitoresco irrompeu com grande força; e um percurso por caminhadas estivais passou a ser visto como essencial. [...] Enquanto alguns desses grupos migram para a costa marinha, outros procuram as montanhas do País de Gales, os lagos nas províncias ao norte ou a Escócia; [...] tudo isso para estudar o pitoresco, uma nova ciência para a qual uma nova linguagem foi criada, e para o qual os ingleses descobriram um novo sentido para suas vidas – algo que, com certeza absoluta, era desconhecido por seus pais.[38]

Em meados do século XIX, muitas pessoas achavam que a solidão dos espaços naturais era essencial para a regeneração espiritual dos moradores urbanos. Algumas áreas de ambientes selvagens ou florestais deveriam ser preservadas, tanto para as pessoas quanto para a saúde mental do conjunto da sociedade.

William Wordsworth (1770-1850) era o mais influente. Ele não se cansava de lamentar a perda de conexão com o domínio transcendental e divino ao qual as crianças se mostram tão abertas desde muito pequenas. Sua ode *Intimations of Immortality from Recollections of Early Childhood* começa com as seguintes palavras:

> *Houve um tempo em que a relva, o arvoredo, o rio,*
> *a Terra, e o que quer que nela houvesse,*
> *A mim pareciam*
> *Adornados por uma luz celestial...*
>
> *É o céu que nos circunda e a nossa infância!*
> *As sombras da prisão começam a se fechar*
> *Sobre o Menino que cresce,*
> *Mas ele vê a luz, sabe aonde ela vai dar*
> *Ele a vê em sua alegria;*
> *O Jovem, que a cada dia do Levante*
> *Deve se afastar, ainda é o Sacerdote da Natureza,*
> *E pela visão esplêndida*
> *Tem sua viagem iluminada;*
> *Enfim, o Homem presencia sua extinção*
> *E seu esvaimento à luz comum do dia.*

Nos Estados Unidos, assim como na Europa, uma sensibilidade romântica para a natureza desenvolveu-se por conta de influências literárias e artísticas. Em particular, em 1837 o ensaio *Nature*, de Ralph Waldo Emerson, ajudou a transmitir uma nova visão da relação humana com o mundo natural. Em vez de os norte-americanos tentarem impor sua consciência historicamente determinada sobre a vida selvagem, o que ocorreu foi que eles conseguiram reconhecer sua relação verdadeira e viva com a Terra. Emerson percebeu que essa atitude reverencial para com a natureza era rara:

> Para dizer a verdade, poucos adultos são capazes de ver a nature- za. [...] O amante da natureza é aquele cujos sentidos interiores e exteriores são verdadeiramente ajustados uns aos outros; que conservaram o espírito da infância mesmo quando já chegaram à vida adulta. [...] Nas florestas [...] um homem se desprende de seus anos assim como a serpente abandona sua pele, e que, em qualquer período de sua vida, continua a ser uma criança. Nas florestas, a juventude é eterna. De pé, em contato com o solo [...], as correntes do Ser Universal circulam por mim; sou uma parte integrante de Deus.[39]

Em meados da década de 1950, a abertura de estradas de ferro e a ace- leração do desenvolvimento econômico haviam tornado as terras não colonizadas da América cada vez mais acessíveis. As vastidões incultas não podiam mais ser consideradas como algo que existiria para sempre. Henry David Thoreau, um discípulo de Emerson, foi um dos primeiros a perceber a ameaça à natureza virgem. Ele propôs, em vão, que cada ci- dade do estado de Massachusetts mantivesse um pedaço de região flores- tal de 202,34 hectares selvagem para sempre. O maior dos defensores e amantes emersoniano da natureza selvagem foi John Muir (1838-1914), fundador do Sierra Club e principal protetor do Yosemite National Park (ver Capítulo 4).

Uma característica central do Romantismo foi sua rejeição das metáforas mecanicistas. A natureza era viva e orgânica, em vez de morta e mecânica. O poeta Percy Shelley (1792-1822) foi um ateu romântico, contra a religião, mas não antiespiritual; ele não tinha nenhuma dúvida sobre um poder vivo na natureza, que chamava de Alma do Universo ou Poder Autossuficiente, ou Espírito da Natureza. Ele também foi um ativista pioneiro em defesa do vegetarianismo, pois considerava os animais como seres sencientes.[40]

Também houve deístas românticos, que incluíram os principais pioneiros da teoria evolucionista. O avô de Charles Darwin, Erasmus Darwin, sugeriu que Deus proveu a vida ou a natureza com uma capacidade criadora que, a partir de então, passou a expressar-se sem a necessidade de orientação ou intervenção divinas. Em seu livro *Zoonomia*, de 1794, ele fazia uma pergunta retórica:

> Seria muita ousadia imaginar que todos os animais de sangue quente se originaram de um filamento vivo, que a grande Primeira Causa dotou de animalidade, com o poder de adquirir novas partes, capacitou com novas aptidões, dirigidas por irritações, sensações, volições e associações, o que lhes deu, então, a faculdade de se aperfeiçoarem por sua própria atividade inerente e transferirem esses avanços, geração após geração, a sua posteridade enquanto existisse o mundo![41]

Para Erasmus Darwin, os seres vivos eram capazes de autoaperfeiçoamento, e os resultados dos empenhos de mães e pais foram herdados por suas proles. Da mesma maneira, Jean-Baptiste Lamarck, em sua *Zoological Philosophy* de 1809, sugere que os animais desenvolveram novos hábitos como resposta a seu meio ambiente, e suas adaptações foram transmitidas a seus descendentes. Um poder inerente à vida produziu organismos incrivelmente complexos, fazendo-os escalar uma escada de progressos. Lamarck atribuía a origem do poder da vida ao "Autor Supremo", que criara "uma ordem das coisas que sucessivamente fazia existir tudo o que vemos".[42] Como Erasmus Darwin, ele era um deísta romântico. E o mesmo se pode dizer de Robert Chambers, que popularizou a ideia de evolução progressiva em seu *best-seller* publicado anonimamente em 1844, *Vestiges of the Natural History of Creation*. Ele argumentava que tudo na natureza se encontra em estado progressivo como resultado de uma "lei de criação" dada por Deus".[43] Sua obra era polêmica de um ponto de vista ao mesmo tempo religioso e científico, mas, como a teoria de Lamarck, era atraente para os ateus porque eliminava a necessidade de um criador divino.

Essas distintas visões de mundo podem ser esquematizadas como se mostra a seguir:

Visão de Mundo	Deus	Natureza	Evolução
Medieval Cristã	Interativo	Organismo Vivo	Não
Mecanicista Primitiva	Interativo	Máquina	Não
Deísmo Iluminista	Só o Criador	Máquina	Não
Deísmo Romântico	Só o Criador	Organismo Vivo	Sim
Ateísmo Romântico	Nenhum Deus	Organismo Vivo	Sim
Materialismo	Nenhum Deus	Máquina	Sim
Panenteísmo	Interativo	Organismo Vivo	Sim

Algumas pessoas identificam sua experiência da natureza mais-que-humana com Deus; outras a identificam com a natureza, por oposição a Deus, enquanto outras (inclusive eu) veem Deus na natureza e a natureza em Deus, uma visão de mundo chamada panenteísmo.

As deusas ocultas do materialismo

A natureza é feminina. Em latim, *natura* é um substantivo feminino que significa "nascimento". Quando personificada, a natureza é a Mãe Natureza. Muitas pessoas que têm uma imagem negativa de um Deus Pai transferem seu compromisso de fidelidade à Mãe Natureza. Em vez de se sentirem conectados a Deus Pai, sentem-se conectadas à Grande Mãe. Outros, dentre os quais me incluo, não veem necessidade de escolher entre o Pai e a Mãe. O próprio uso dessas metáforas de gênero implica que ambas são necessárias. Pai e Mãe são termos correlatos: os dois se necessitam mutuamente.

Se a natureza fosse a única fonte de toda vida, e se a vida tivesse evoluído, então teríamos de atribuir um número cada vez maior de liberdade e criatividade. Charles Darwin, neto de Erasmus, conseguiu transformar essa visão romântica do poder criativo da natureza, levando-a da poesia à teoria científica. Como os românticos, Charles Darwin via a Mãe Natureza como a fonte de todas as formas de vida. Graças a sua prodigiosa fertilidade, seus poderes de variação espontânea e seus poderes de seleção, ela pôde criar a vida sem a necessidade do "desenho inteligente" de um Deus fazedor de máquinas. Com sua honestidade habitual, ele observou: "Para ser breve, às vezes falo sobre a seleção natural como um poder inteligente. [...] Muitas vezes, também, personifiquei a palavra Natureza; porque achei difícil evitar essa ambiguidade".[44] Ele advertiu seus leitores a esquecerem as implicações desses modos de dizer.

Em vez disso, se nos lembrarmos do que a personificação da Natureza implica, iremos vê-la como a Mãe de cujo útero toda a vida provém, e para quem toda a vida retorna. Ela é prodigiosamente fértil, mas também é cruel e terrível, a devoradora de sua própria prole. Sua fertilidade impressionou Darwin de maneira profunda, mas ele fez de seu aspecto destrutivo o poder criador fundamental. A seleção natural, trabalhando por meio da morte, era "um poder incessantemente disposto a agir".[45] Na Índia, a deusa negra Kali personifica esse aspecto destrutivo da Grande Mãe.

Para os materialistas modernos, a natureza – ou matéria – é a fonte de todas as coisas: toda vida provém dela, e é para ela que toda vida retorna. Na verdade, a própria palavra "matéria", na qual o materialismo se baseia, vem do latim *materia*, da palavra para "mãe", *mater*. A natureza nos traz ao mundo, nos envolve e contém; ela provê nossa nutrição, nos dá calor e proteção, mas estamos incondicionalmente à sua mercê, pois ela é também aterrorizante, desinteressada e implacável; ela devora e destrói. O materialismo não é apenas uma teoria filosófica. Sob a superfície, é um culto inconsciente à Grande Mãe.

A retomada recente do animismo

Em uma reviravolta da espiral, alguns filósofos ateus estão, eles próprios, contestando a teoria materialista da natureza. Essa teoria pressupõe que a matéria é inconsciente e que é a única realidade – ou, em termos mais gerais, em uma variante do materialismo chamada fisicalismo,* que o mundo físico é inconsciente e a única realidade.

Partindo desses pressupostos, a existência mesma da consciência humana é quase impossível de explicar. Como pode a matéria inconsciente, no interior do cérebro, gerar consciência? Os modernos filósofos da mente chamam a existência mesma da consciência de "o problema difícil". Alguns descartam a consciência como um "epifenômeno" da ati-

---

* Teoria segundo a qual os diversos campos do conhecimento, inclusive as chamadas ciências humanas, devem elevar a física à condição de paradigma científico único, supondo que todos os aspectos da realidade, inclusive estados mentais e afetivos, somente adquirem plena compreensibilidade e concretude se analisados como realidades físicas. (N. do T.)

vidade cerebral, mais ou menos como uma sombra que nada faz. Outros chegam ao ponto de negar que a consciência existe, ou rejeitam-na como uma ilusão.[46] Por outro lado, uma minoria assume uma visão dualista tradicional, tratando a matéria e a consciência como coisas totalmente distintas, vendo a consciência como imaterial e fora do espaço e do tempo. Mas, então, eles ficam com o problema de explicar como elas se relacionam mutuamente e como interagem.

Um número crescente de filósofos, inclusive o inglês Galen Strawson[47] e o norte-americano Thomas Nagel,[48] chegaram à conclusão de que só existe uma solução para o dilema materialista-dualista, a saber, o *pampsiquismo*, a ideia de que até átomos e moléculas têm um tipo primitivo de mentalidade ou experiência. (O termo grego *pan* significa "todos", "totalidade" e *psyche* ("psique") significa "alma", "espírito", "mente".) Pampsiquismo* não significa que os átomos sejam conscientes no sentido em que somos, mas apenas que eles têm alguns aspectos de mentalidade ou experiência. Formas mais complexas da mente ou da experiência emergem em sistemas mais complexos.[49]

Esses filósofos não estão afirmando que todos os objetos materiais, como mesas e carros, têm mente, experiências ou objetivos. Mesas e carros não formam, organizam e mantêm a si próprios, assim como não têm objetivos próprios; são feitos pelas pessoas em fábricas para servir a finalidades humanas. Somente os sistemas auto-organizacionais – em outras palavras, sistemas que formam, organizam e mantêm a si próprios – têm

---

* Termo que aparecerá muitas vezes no decorrer deste livro. O pampsiquismo é uma doutrina setecentista, notabilizada especialmente por [Gottfried-Wilhelm] Leibniz (1646-1716), segundo a qual a matéria possui uma essência espiritual ou anímica. O pampsiquismo consiste em reduzir a própria matéria à alma, isto é, a propriedades ou atributos psíquicos; com isso, a matéria não é negada, mas os seus atributos fundamentais – a extensão e o movimento, por exemplo – são reduzidos à ação de forças ou atributos espirituais. O pampsiquismo é a metafísica do espiritualismo contemporâneo. (N. do T.)

propriedades ou experiências semelhantes às mentais, inclusive átomos, moléculas, cristais, células, plantas e animais. E suas perspectivas mentais não são necessariamente conscientes. Afinal, boa parte de nossa própria atividade mental é inconsciente, o que explica por que falamos de nossa "mente inconsciente".

Segundo a filosofia pampsiquista, nos sistemas auto-organizacionais formas complexas de experiências surgem de maneira espontânea. Esses sistemas são ao mesmo tempo físicos (não experienciais) e experienciais – em outras palavras, eles têm experiências.

Como afirmou Strawson: "Era uma vez... Havia uma matéria relativamente inorganizada que possuía características tanto experienciais como não experienciais. Ela se organizava em formas cada vez mais complexas, tanto experienciais como não experienciais, mediante muitos processos, inclusive a evolução por meio da seleção natural".[50]

Ao contrário da tentativa materialista habitual de explicar a consciência afirmando que ela emerge como um epifenômeno ou uma ilusão da matéria totalmente inconsciente, as propostas de Strawson e Nagel apontam para o fato de que formas mais complexas de experiência decorrem das menos complexas. Há uma diferença de grau, mas não de gênero.

O pampsiquismo não é uma ideia nova. É outra palavra para designar animismo. A maioria das pessoas costumava acreditar nele, e muitas ainda o fazem. Na Europa medieval, filósofos e teólogos admitiam, sem nenhum questionamento, que o mundo era cheio de seres animados. Plantas e animais tinham alma, e estrelas e planetas eram regidos pela inteligência. De modo confuso, porém, Strawson vê o pampsiquismo como uma versão atualizada do materialismo. Assim como Nagel, ele continua ateu e ainda acha que a matéria é a única realidade, mas ampliou a definição de matéria de modo a incluir a experiência, ou mente. Porém, esse materialismo expandido e animista logo nos leva para muito além dos domínios da velha escola materialista.

Se a natureza está viva, se o Universo se assemelha mais a um organismo do que a uma máquina, então deve haver sistemas auto-organizacionais com mentes em todos os níveis, o que inclui a Terra, o Sistema Solar e a Galáxia – e, em última análise, todo o Cosmos. O mundo mais-que-humano inclui todos os níveis de consciência.

Ao voltarmos nossa atenção da Terra para o céu, o mais importante de todos os corpos celestes é o Sol. O Sol mantém toda vida existente na Terra. Se levarmos o pampsiquismo a sério, novas perguntas surgirão de modo inevitável. O Sol está vivo? Ele tem consciência?

O Sol consciente

Tão logo pergunte se o Sol é consciente, você se dá conta de estar violando um tabu científico cuja finalidade é impedir que continuemos a levar a sério aquilo em que nossos ancestrais acreditavam. No decurso da maior parte da história humana, a maioria das pessoas acreditava que o Sol fosse consciente. Para alguns povos, como os hindus e os gregos clássicos, o Sol era um deus; para outros, como os japoneses, era uma deusa. No Norte da Europa, o Sol também era uma deusa; nas mitologias letã e lituana, era chamado de *Saulė*.

Esse segundo plano mitológico reflete-se no gênero das palavras usadas para designar o Sol. Nas línguas germânicas, ela é feminina – no alemão moderno, *die Sonne*. Na mitologia do Sul da Europa e nas línguas baseadas no latim, é masculino – no francês moderno, *le soleil*. As crianças pensam implicitamente que o sol tem consciência, e desenham-no com rosto sorridente.

Do moderno ponto de vista materialista, o fato de que pessoas de todas as partes do mundo pensassem que o Sol era vivo, divino e consciente impede que essa ideia seja levada a sério. Nada mais é que uma superstição infantil, uma projeção animista sobre objetos inanimados. O fato de as crianças pensarem assim simplesmente comprova essa concepção.

Não obstante, desde primórdios do século XX temos testemunhado um extraordinário aumento de uma adoração inconsciente do Sol, a base de uma indústria turística multibilionária. As praias banhadas de sol tornaram-se *resorts* de turismo em massa, e as pessoas que procuram esses lugares são chamadas de "adoradores do Sol". Esse aspecto da vida moderna acontece em férias, feriados e fins de semana; faz parte da vertente romântica de nosso dissenso cultural.

A doutrina de que o Sol é inconsciente adquiriu o *status* de ciência desde o século XVII. O filósofo René Descartes definiu a matéria como inconsciente. Ele separou a consciência como pertencente ao domínio do espírito, definido como imaterial. O domínio imaterial era formado por Deus, pelos anjos e pela mente humana. Tudo o mais na natureza, inclusive o Sol, as estrelas, os planetas, a Terra, todos os corpos animais e humanos, era mecânico e inconsciente. O Sol e outras estrelas eram inconscientes por definição e, de um ponto de vista científico, assim permaneceram desde então.

Porém, se o Universo é mais semelhante a um organismo do que a uma máquina, então o mesmo se pode dizer de nossa Galáxia e nosso Sol. O Sol tem padrões extremamente complexos de atividade eletromagnética em seu interior e sua superfície. Seus padrões de atividade são muito mais vastos e complexos do que a atividade eletromagnética de nosso cérebro. A maioria dos cientistas acredita que a atividade eletromagnética de nosso cérebro seja a interface entre o corpo e a mente. Da mesma maneira, os complexos padrões eletromagnéticos de atividade no interior do Sol e em seu redor poderiam ser a interface entre seu corpo e sua mente.

Talvez o Sol seja consciente, e aspectos físicos de sua atividade mental sejam mensuráveis, assim como os padrões elétricos de atividade no cérebro são mensuráveis.

Não posso provar que o Sol é consciente, mas um cético não consegue provar que ele é inconsciente. De um ponto de vista não dogmático, a consciência do Sol é uma questão em aberto.

Essa pergunta leva a muitas outras. Se o Sol é consciente, por que todas as estrelas não são? E, se as estrelas são conscientes, o que dizer das galáxias inteiras? As galáxias são sistemas eletromagnéticos complexos, com vastas correntes elétricas fluindo através do plasma dos braços galácticos, ligadas a linhas de força magnéticas de milhões de anos-luz de extensão. O centro galáctico pode ser como o cérebro da galáxia, e as estrelas como células no corpo das galáxias. Pode haver uma vasta mente galáctica, excedendo em muito a abrangência da mente mais limitada do nosso Sol, com imensas extensões de sua atividade passando através dos braços galácticos em espiral.

Em 1997, ajudei a organizar um simpósio chamado "O Sol é Consciente?" na Hazelwood House, em Devon, durante o solstício de verão.[51] Reunimos um pequeno grupo de pessoas, inclusive um cosmólogo, um físico, um especialista em mitologia, um filósofo hindu e alguns psicólogos. No dia exato do solstício de verão, 21 de junho, levantamo-nos cedo e fomos observar o nascer do Sol em Dartmoor. O tempo estava nublado e chuvoso até o amanhecer, quando o Sol surgiu por entre as nuvens e um arco-íris perfeito apareceu por trás de nós.

Se o Sol é consciente, sobre o que será que ele pensa? Que tipos de decisões ele pode tomar? Concluímos que um grupo de decisões poderia dizer respeito a seu "corpo" mais vasto, o Sistema Solar. A luz do Sol permeia o Sistema Solar, e o mesmo faz o vento solar – fluxos energéticos de partículas movendo-se para fora do Sol. As flutuações na atividade solar alteram a intensidade do vento solar; elas influenciam as Luzes do Norte e as Luzes do Sul, afetam a ionosfera e as transmissões de rádio e modulam a frequência de raios e relâmpagos. Quando explosões intensas de atividade solar se dirigem para a Terra, as gigantescas ondas de partículas carregadas podem causar períodos de interrupção de correntes elétricas e colapsos catastróficos de tecnologias eletromagnéticas. A *National Aeronautics and Space Administration* (NASA, Administração Nacional da Aeronáutica e do Espaço) emite regularmente previsões meteorológicas do espaço, o que nos permite ser avisados sobre eventos solares capazes de perturbar nossa vida na Terra.[52]

Se o Sol fosse consciente e tivesse controle sobre seu próprio corpo, ele conseguiria influenciar todo o Sistema Solar, inclusive a vida na Terra, ao escolher quando e onde disparar as erupções de sua atmosfera e as ejeções de sua massa coronal. Se quisesse, o Sol poderia causar grandes danos a nossas tecnologias mediante uma ejeção voltada diretamente para a Terra, o que causaria imensas interrupções de energia. Criamos sistemas de transmissão de energia elétrica a longa distância, como o British National Grid, que pode funcionar como antenas para essas pulsões solares. Uma explosão colossal de atividade solar poderia derreter os transformadores, o que provocaria a falha total de redes elétricas; sua reparação poderia demorar meses. O Sol também influencia a vida na Terra de maneira mais sutil, o que inclui as influências de seus ciclos de onze anos em que a atividade das manchas solares aumenta e diminui, levando os polos magnéticos do Sol a colocar-se em ordem inversa.

O Sol também poderia preocupar-se com seu próprio grupo de pares, as outras galáxias no interior de nossa galáxia, a Via Láctea. Não sabemos quase nada sobre a comunicação interestelar, ou de que maneira a galáxia inteira modifica o parâmetro das ondas estelares. Mas esse é outro domínio em que provavelmente a consciência do Sol entre em ação.

Não sabemos qual é o nível de consciência do Sol. Será que só diz respeito a seu próprio funcionamento corporal? Ou será mais semelhante a uma mente que sabe o que está acontecendo no Sistema Solar, inclusive o que nós mesmos estamos fazendo neste exato momento? Talvez o Sol possa inteirar-se diretamente do que está acontecendo na Terra mediante o uso de seu campo eletromagnético. As mudanças elétricas em nossas transmissões de rádio e TV, em nossos celulares e computadores, em nosso cérebro e em todo o nosso corpo estão todas inseridas no campo eletromagnético do Sol, o campo ambiental em que tudo na Terra acontece. Se a mente do Sol pode ter consciência do que está acontecendo em todo esse campo, o mais provável é que também tivesse conhecimento do que está acontecendo na Terra e em toda parte do Sistema Solar.

Poderemos nos comunicar com o Sol? Sem dúvida, muitas pessoas veneram essa estrela e lhe fazem oferendas e preces, ou por sua própria conta ou como um canal da luz de Deus, ou por meio de ambos.

Entre as práticas do yoga encontra-se a *surya namaskar*, uma saudação ao Sol. Pratiquei-a quase todas as manhãs durante mais de quarenta anos, o que explica, em parte, o enorme interesse que tenho pelo Sol. Outra prática solar hindu é o mantra *Gayatri*, que nunca deixo de entoar e que é também uma prece para que a divina luz do Sol ilumine sempre nossas meditações.

De um ponto de vista espiritual, a luz do Sol é a luz do Espírito, que brilha através desta e de outras estrelas. Exceto no nascente e no poente, ou quando vista através de uma barreira capaz de absorver a luz, essa luz nos ofusca e nos domina. Segundo muitos autores espiritualistas, inclusive Santo Anselmo [de Cantuária] (*c.* 1033-1109), o Sol é como Deus, e Deus é como o Sol:

> Na verdade, ó Senhor, esta é a luz inacessível em que habitas; igualmente inquestionável é o fato de que ninguém me introduzirá nela para que nela Te possa ver. [...] Meu entendimento não consegue alcançar essa radiância, pois é indubitável que habitas uma luz inacessível. Ele não a compreende e se dispõe a procurá-la, mas o olho de minha alma não suporta contemplá-la com a intensidade de espírito necessária à contemplação das coisas divinas. Ofusca-o sua radiância, supera-o sua grandeza, arrebata-o sua infinitude, ofusca-o a grandeza e amplidão de sua luz.[53]

Nossa nova situação

Estamos em uma situação sem precedentes. Com a supressão de Deus, a consciência e a finalidade do universo da ciência mecanicista foram acompanhadas por uma vasta expansão de nossa visão da natureza no espaço e no tempo, desde o fugidio aparecimento das evanescentes partículas subatômicas no Grande Colisor de Hádrons até a descoberta de trilhões de galáxias para além da nossa, em um Universo que vem evoluindo há mais de 13 bilhões de anos. Agora, com o ressurgimento do pampsiquismo, esse Universo enormemente expandido pode assumir uma nova vida e um novo significado. Nossa experiência direta da natureza não humana pode uma vez mais nos levar para além de nossos eus limitados, até uma conexão direta com o mundo mais-que-humano e a consciência mais-que-humana que a ele subjaz.

Porém, antes de partir para as galáxias distantes ou os elementos ultramicroscópicos, é melhor começar mais perto de casa.

Duas práticas para a reconexão com a natureza mais-que-humana

Um lugar para sentar-se

Nos arredores de sua casa, encontre um lugar onde você possa se sentar com calma e segurança, e onde possa ficar a sós. Se você mora perto de uma floresta, de uma campina ou à beira de um rio, encontre um lugar para se sentar em um desses lugares. Ou encontre um lugar bem perto de onde você mora, mesmo que seja o seu jardim ou um telhado. A menos que o lugar encontrado não fique nas imediações, você acabará se dando conta de que é muito difícil visitá-lo regularmente e passar algum tempo ali.

A prática é simples. Fique ali. Conheça o lugar em diferentes momentos do dia e da noite, em condições atmosféricas distintas, em diferentes estações. Tenha consciência dos quatro pontos cardeais, e do percurso do Sol no céu. Conheça as plantas que crescem ali, os animais que vivem ali e os que apenas passam por ali. Escute o vento. Ouça os pássaros e aprenda a identificá-los a partir de seus cantos.

O rastreador Jon Young diz que se uma pessoa ficar sentada em silêncio por cerca de 20 minutos, os animais ao seu redor se acostumarão com ela e deixarão de vê-la como uma fonte de perigo. Ela, então, poderá perceber os sinais de alerta desses animais, principalmente os dos pássaros. Se você estiver em um jardim, os sons dos pássaros podem alertá-lo sobre a aproximação de um gato. Na floresta, os alarmes lhe dirão quando uma pessoa ou outro animal está se movendo nos arredores, e onde exatamente eles se encontram.[54]

Ao experienciar a vida em seu lugar escolhido, você ligará sua própria vida ao mundo mais-que-humano, e não demorará a ter um maior sentimento de conexão e pertencimento.

O SOL

Saúde o Sol ao raiar do dia. Ou, se o tempo estiver nublado, vire-se para a direção em que o Sol está oculto. Se sua casa ou seu jardim não tiver uma visão em direção do leste, então agradeça a luz do dia quando ela, originária do Sol, começar a atravessar sua janela.

Durante o dia, sempre que houver uma oportunidade, fique de frente para o Sol. Não olhe diretamente para ele. Contudo, ao Sol nascente ou poente, quando sua radiância ainda não for demasiada, olhe para ele diretamente e dê graças por sua luz, pela fonte de toda luz, cuja luz brilha através dele. Peça que o divino esplendor do Sol ilumine sua meditação.

4
Relação com as Plantas

Meu pai, herborista e farmacêutico, apresentou-me a muitas espécies de plantas. Quando criança, meu primeiro trabalho foi pesar ervas e colocá-las em pacotes. Graças a meu pai, ainda menino eu sabia nomear a maioria das espécies de árvores e identificar as flores silvestres comuns.

Além disso, tive a sorte de contar não apenas com um, mas com dois jardins secretos. O primeiro remete a meus primeiros anos. Perto do centro de minha cidade natal Newark-on-Trent, em Nottinghamshire, Inglaterra, havia um grande espaço murado que continha cerca de seis jardins. Alugamos um deles, demarcado de um lado por um grande muro de pedra entre o jardim e a rua, e dos outros lados por cercas vivas altas e espessas. Dentro do jardim havia um pomar que nos dava maçãs, peras e pequenas ameixas escuras. Também tínhamos framboesas e groselheiras, um espaço para legumes e canteiros. Uma casa de veraneio giratória, de madeira, com uma varanda que girava ao ser impulsionada sobre trilhos circulares, podendo ser colocada de frente para o Sol sempre que quiséssemos. O jardim era cheio de borboletas e de canto de pássaros na primavera e no verão. E, ao contrário do jardim em volta de nossa casa, esse jardim secreto ficava muito distante das preocupações domésticas de nosso cotidiano; era outro mundo, ainda que pouco mais de alguns minutos o separassem de casa.

Eu passava muitas horas ali com meu pai e meu irmão, e, tempos depois, sem companhia nenhuma. Eu podia trabalhar no jardim, brincar, ficar olhando as plantas, observar os pássaros, ler e devanear. Em geral, sentia-me muito feliz ali. Tudo corria muito bem, até que um dia a terra precisou ser usada para a construção de um estádio para uma escola dos arredores. Os jardins foram substituídos por grama tratada e aprisionados por cercas de tela metálica.

Pouco depois, uma tia-avó morreu e nos deixou sua casa em Newark, que tinha um jardim a cerca de 91 metros dali. Outra vez, o jardim ficava atrás de um grande muro de pedras e era fechado, nos outros três lados, por tapumes e cercas vivas. Era maior do que nosso jardim anterior, mais ou menos 200 m², e tinha sua própria e poderosa calma. Havia um pomar, arbustos frutíferos, uma horta, canteiros e um grande gramado que usávamos para praticar tênis e croqué.* Eu adorava ficar nesses jardins, e também passava muitas horas nas florestas e junto aos riachos e pequenos lagos na região rural nos arredores de Newark, andando sem destino em minha bicicleta. Meus amigos e eu tínhamos uma liberdade da qual poucas crianças desfrutam atualmente.

Como costumo dizer, sempre tive uma estreita ligação com as plantas. Estudei ciências na escola, e botânica e bioquímica na Universidade de Cambridge, onde recebi o Prêmio de Botânica[1] oferecido pela Uni-

---

* Jogo de recreação que posteriormente foi transformado em esporte. Consiste em golpear bolas de madeira ou plástico através de arcos encaixados no campo de jogo, um terreno gramado no qual deve seguir um percurso predeterminado. Aparentemente, o jogo foi inventado na Irlanda por volta de 1830, sendo um derivado do golfe; *croquet*, croquete (em Portugal, toque-emboque). (N. do T.)

versidade. Passei dez anos em Cambridge fazendo pesquisas sobre o desenvolvimento das plantas. Trabalhei nas florestas tropicais na Malásia, onde ficava sediado no Departamento de Botânica da Universidade da Malásia. De 1974 a 1985, trabalhei em um instituto agrícola internacional na Índia, o Instituto Internacional de Pesquisa em Colheitas para os Trópicos Semiáridos (ICRISAT), perto de Hyderabad, onde fui fisiologista-chefe do estudo de plantas. Também sou jardineiro. Escrevi dezenas de textos acadêmico-científicos sobre plantas.[2] Neste capítulo, limitarei minha discussão desses temas a flores e árvores.

A relação com as plantas parece ser uma poderosa necessidade humana, fundamentada em milhões de anos de história evolutiva* e cultural. Na maior parte do tempo, a procura de alimentos e a manutenção das plantas pelos seres humanos é uma atividade prática e mundana, e não transcendental. Contudo, as plantas podem abrir uma janela para outro modo de ser. Sua beleza nos conecta com a riqueza e diversidade do mundo natural, lembrando-nos da criatividade da vida. Se quisermos, podemos nos convencer de que tudo isso é uma questão de mecanismos evolutivos inconscientes. A experiência direta com as formas das plantas, porém, pode nos levar da esfera do pensamento para uma conexão direta com o mundo mais-que-humano.

---

* Como há certa variação na tradução do termo *evolutionary*, e há tanto polissemia quanto sobreposição dos termos "evolutivo", "evolucionário" e "evolucionista", a melhor maneira de traduzir a palavra inglesa parece ser a seguinte (e assim foi usada aqui, quando de suas incidências): (1) "evolutivo" – adjetivo correspondente a fenômenos e processos de evolução biológica, como em "biologia evolutiva", "processos evolutivos" (considerando-se que tais processos relacionam-se à evolução como causa ou consequência), "biólogo evolutivo" (aquele que estuda a evolução), "teoria evolutiva" (aquela que explica a evolução dos seres vivos); (2) "evolucionário" – adjetivo correspondente a algo que "cause" a evolução biológica, como em "processos evolucionários" (aqueles que levam à evolução); (3) "evolucionista" – adjetivo que remete à corrente filosófica do Evolucionismo, como em "filósofo evolucionista" (– aquele que defende a teoria evolutiva), "biólogo evolucionista" (aquele que defende a teoria evolutiva; comparar com "biologia evolutiva", no item 1. (N. do T.)

As flores se desenvolveram mais ou menos 100 milhões de anos antes do aparecimento dos seres humanos. Os insetos foram os primeiros a apreciar sua beleza. Contudo, será que essa percepção da beleza surgiu em sistemas nervosos simples como uma adaptação inconsciente e mecanicista às forças da seleção natural? Ou a mente de animais e flores está explorando uma fonte de beleza que ao mesmo tempo impregna e transcende o mundo natural?

Flores

A maioria das pessoas se deleita com as flores, e durante milênios muitas culturas assumiram que deuses, deusas e Deus também se deleitavam com elas.

No Egito, as colunas de muitos templos de Luxor são encimadas por entalhes de flores de lótus. Apesar da proibição das imagens esculpidas nos Dez Mandamentos, o Templo de Salomão era decorado com entalhes que incluíam plantas e flores: "Mandou esculpir em relevo em todas as paredes da casa, ao redor, no santuário como no templo, querubins, palmas e flores abertas" (*1 Reis,* 6,29). Assim também, a proibição de imagens na arte islâmica não inclui as flores, e muitos túmulos, mesquitas e outras construções sagradas são decorados com modelos florais, inclusive o Taj Mahal.

Muitos templos budistas contêm imagens da flor de lótus e, em sua imagem mais conhecida, o Buda muitas vezes está sentado sobre uma delas. Os lótus e outras flores são levados aos templos budistas como oferendas. Os hindus oferecem flores aos deuses e deusas como parte de sua adoração nos templos. Flores são habitualmente usadas para decorar as igrejas cristãs. Nos pátios de muitas igrejas de vilarejos ingleses, um dos avisos mais proeminentes é a Flower Rota,**** mostrando quem está encarregado de levar as flores e fazer os arranjos florais para o domingo.

Em seu Sermão da Montanha, Jesus disse: "Considerai como crescem os lírios do campo; não trabalham nem fiam. Entretanto, eu vos digo que o próprio Salomão, no auge de sua glória, não se vestiu como um deles" (Mateus, 6, 28-9). Essas palavras aparecem comumente em uma série de aforismos sobre confiar em Deus para que você possa viver no presente, em vez de se preocupar com o que vai acontecer amanhã.

Muitos estudiosos concordam que Jesus está se referindo às flores silvestres em geral, e não apenas aos lírios. O traço característico das flores silvestres é que elas crescem por si próprias, espontaneamente, como já vêm fazendo há milhões de anos. Por outro lado, a maioria das flores de jardim resulta da reprodução de plantas. Elas revelam potenciais ocultos em seus ancestrais silvestres. Embora sejam quase sempre mais espetaculares do que seus progenitores, elas são produto da seleção feita pelos seres humanos, e seu cultivo requer a atividade humana. Mesmo na época de Jesus, os campos de cultivo, as figueiras e as videiras já resultavam de milhares de anos de cultivo e seleção humanos.

Uma vantagem a ser considerada em relação às flores silvestres é que elas nos levam imediatamente para fora do mundo do trabalho humano – do trabalho duro e cíclico –, enquanto as flores cultivadas não o fazem. Como jardineiro que sou, aprecio muito a beleza das flores de jardim, e dedico horas a seu cultivo. Contudo, acho mais fácil me deixar absorver pela contemplação das flores silvestres, porque, em meu jardim, me dou conta de coisas que eu deveria estar fazendo, como arrancar as ervas daninhas. Essas ervas são plantas no lugar errado, mas as flores silvestres

---

* *Rota* tem aqui o significado de "lista de coisas que precisam ser feitas e das pessoas escaladas para fazê-las"; "escala de serviço", "rodízio", (N. do T.)

estão no lugar certo; elas não me levam a pensar que eu deveria estar fazendo alguma coisa.

Admirar as flores não significa apenas ficar olhando para elas passivamente. Elas nos ajudam a aprender alguma coisa sobre sua existência. Ao começar a examiná-las, você percebe que cada espécie tem seu próprio tipo de flor. Quando o naturalista sueco Carlos Lineu* criou os fundamentos da classificação moderna das plantas no século XVIII, ele percebeu que as flores ofereciam uma maneira de organizar as plantas em famílias. Ele classificou as plantas de acordo com o que chamou de "sistema sexual", porque as flores contêm os órgãos sexuais das plantas – as anteras masculinas que produzem o pólen, e os carpelos que contêm os óvulos. Ao redor desses órgãos sexuais ficam as pétalas e as sépalas. Esse sistema parece surpreendente à primeira vista, porque agrupa plantas que parecem muito diferentes. Por exemplo, a família da ervilha e do feijão, as leguminosas ou fabáceas, contêm plantas com muitas folhas de configuração diferente, além de uma grande variedade de formatos e tamanhos. Algumas são herbáceas anuais, como o grão-de-bico; algumas são trepadeiras, como o feijão-trepador; outras são arbustos, como o guandu, e algumas são árvores, como o laburno e a acácia. Mas todas têm folhas parecidas, e todas produzem sementes em vagens.

---

* Carl Nilsson Linnaeus (também conhecido pelas formas aportuguesada Carlos Lineu, sueca Carl von Linné (após nobilitação) e latinizada Carolus Linnaeus). (Råshult, 1707 – Uppsala, 1778). (N. do T.)

> *As estruturas das flores enquadram-se em um pequeno número de categorias básicas.*
>
> Um grande grupo de plantas chamadas de monocotiledôneas, ou abreviadas como *monocots*,* inclui a relva, os bambus, as palmeiras, as orquídeas, os lírios e jacintos, as campainhas e íris. Apesar de suas formas muito distintas, suas flores seguem um padrão basicamente tríplice, com pétalas em formação de três ou múltiplos de três. Por exemplo, os lírios têm seis pétalas, três mais três.
>
> Outro grande grupo de plantas floríferas é o das dicotiledôneas (*dicots*). Em algumas famílias, as flores têm um padrão basicamente quádruplo, com pétalas em formação de quatro ou múltiplos de quatro – como a família dos repolhos, as crucíferas ou brassicáceas, o que inclui os goiveiros-amarelos, as mostardas e os repolhos. Outras famílias dicotiledôneas têm uma estrutura basicamente quíntupla, com cinco pétalas, ou de múltiplos de cinco, como a família das rosas, as rosáceas, que inclui maçãs, morangos e amoras-pretas. Em algumas famílias, as flores são compostas de muitas pequenas flores que, juntas, constituem uma metaflor, como na família das compósitas ou asteráceas, que inclui as margaridas e os girassóis.

Felizmente, os jardins botânicos facilitam a todos a identificação da variedade de formas em uma família, além de também facilitarem a verificação de suas semelhanças familiares. A maioria desses jardins tem aquilo que denominamos canteiros sistemáticos, onde plantas de

---

* Abreviação em inglês, assim como *dicots*, no parágrafo seguinte. (N. do T.)

diferentes espécies dentro da mesma família são plantadas junto – em um canteiro, membros das fabáceas, em outro, membros da família das peônias, as peoniáceas, em outro, membros da família saxífraga, as saxifragáceas, e assim por diante. Embora esses canteiros sejam cultivados, a maioria de suas plantas foi trazida de regiões agrestes e florestais. Passei muitas horas olhando para essa exuberância vegetal em meus jardins botânicos favoritos: o Royal Botanic Garden de Kew, a oeste de Londres, e os University Botanic Gardens de Cambridge e Oxford.

Como afirmou Charles Dickens em *A Origem das Espécies*:

> Se as coisas belas foram criadas unicamente para a satisfação do homem, é preciso mostrar que antes do surgimento do homem havia menos beleza na face da Terra do que a partir do momento em que ele entrou em cena. [...] As flores estão entre as mais belas produções da natureza; contudo, elas se tornaram claramente visíveis em contraste com as folhas verdes e, por conseguinte, ao mesmo tempo belas, para que os insetos pudessem vê-las com mais facilidade. Cheguei a esta conclusão ao descobrir uma regra invariável: quando uma flor é fertilizada pelo vento, ela nunca tem uma corola com cores belas e vibrantes. [...] Assim, podemos concluir que, se os insetos não tivessem se desenvolvido na Terra, nossas plantas nunca teriam sido decoradas com belas flores; na verdade, só teriam produzido flores insignificantes como as que vemos em nossos abetos, carvalhos, nogueiras e freixos, nos gramados, no espinafre, na labaça e nas urtigas, todas elas fertilizadas pela ação do vento.[3]

Sem dúvida, Darwin estava certo. Durante a maior parte de sua vasta história, as flores não tiveram nada a ver com os seres humanos. Seu surgimento ocorreu há mais de 100 milhões de anos, na era dos dinossauros. Elas devem ter-se desenvolvido porque os insetos e outros animais gostavam de olhar para elas. A beleza das flores depende dos olhos dos animais, o que significa que eles devem ter uma capacidade de apreciar cores e formas. Devem ter um senso de beleza. De que outra maneira poderíamos explicar a evolução das flores?

A evolução do senso de beleza

O senso de beleza dos animais pode muito bem ter evoluído inicialmente na relação com outros animais de sua própria espécie. A maioria das espécies demonstra pouco interesse por flores; e os membros do sexo oposto são o foco prioritário de seu interesse estético. Pensemos em um pavão. A cauda do pavão desenvolveu-se muito antes do surgimento dos seres humanos na Terra. Ela existe porque as pavoas a consideram bonitas, e porque os pavões competem por companheiras. Em outros sentidos, trata-se de uma grande desvantagem. Quando eu morava na Índia, vi um cachorro tentando pegar um pavão vezes sem conta; o pavão corria e, desajeitadamente, levantava voo, o que lhe permitiu escapar por vários dias. Mas houve um dia em que o cachorro conseguiu abocanhar um punhado de suas penas. A cauda dos pavões são uma desvantagem quando eles estão fugindo de cachorros e outros predadores potenciais, mas funcionam muito bem para atrair companheiras.

Darwin chamou esse fenômeno de seleção sexual, e explicou-o em termos utilitaristas:

> Admito de bom grado que um grande número de animais machos, como todos os nossos mais belos pássaros, alguns peixes, répteis e mamíferos, além de uma legião de borboletas de cores magníficas, tornaram-se belos pela beleza em si; mas isso veio a concretizar-se por meio da seleção sexual, isto é, pelo fato de os mais belos machos terem sido continuamente preferidos pelas

fêmeas, e não para o deleite humano. O mesmo acontece com o canto dos pássaros.[4]

Porém, embora a teoria evolucionista de Darwin possa explicar o valor da sobrevivência, ela não explica a concepção estética em si.

O que é esse senso de beleza que os humanos compartilham com muitas outras espécies animais? De onde ela vem? A resposta que o satisfizer dependerá de seu ponto de partida.

Se você for materialista, seu pressuposto será o de que o Universo é inconsciente. Não há nenhum propósito nele, nenhuma mente e nenhum apreciador da beleza, a não ser os mecanismos neurais no cérebro dos animais, algo que, no caso de abelhas e borboletas, é muito pequeno.

Isso, por sua vez, dá origem ao problema da evolução das qualidades. As respostas dos animais a cores, formas e cheiros não serão tão somente um resultado de mutações genéticas aleatórias e da seleção natural? No fim das contas, a atração aos estímulos sensoriais – ou a repulsa a eles – não será nada mais que um resultado das mutações genéticas aleatórias e da seleção natural? A resposta dos materialistas a essas perguntas é "sim".

Por outro lado, se você acreditar que a consciência é inerente à natureza, seu ponto de partida será diferente. De um ponto de vista pampsiquista, os insetos e outros animais possuem mecanismos nervosos que respondem a quaisquer estímulos, e têm mentes capazes de apreciar a beleza. Nossa própria mente compartilha uma concepção de beleza difundida no reino animal, e muitas das formas e cores que atraem os outros animais também nos atraem. As flores e muitos animais são belos pela beleza em si, como afirma Darwin. *Mas o que é a beleza em si?*

A fonte da beleza está somente na natureza, ou ela transcende a natureza? Haverá uma mente transcendental para além do tempo e do espaço? Na tradição inspirada pelo filósofo grego Platão, essa realidade última continha a fonte arquetípica da verdade, bondade e beleza. Na natureza, toda beleza derivava dessa mente transcendental, a fonte última de todas as formas. Na teologia cristã, essa mente transcendental é a mente de Deus. Segundo a catequese católico-romana, "as múltiplas perfeições das criaturas – sua verdade, sua beleza, sua bondade – refletem, todas, a infinita perfeição de Deus".[5]

Não só no catolicismo romano, mas na maioria das tradições religiosas (talvez em todas), as mentes animal e humana são, em última análise, derivadas da consciência que subjaz ao Universo e está presente em toda a natureza. Em última instância, a mente de um inseto deriva da fonte de toda consciência, e o mesmo se pode dizer de nossa mente, no caminho muito distinto que cada uma optou por seguir. Toda natureza é um reflexo da mente criativa que subjaz a todas as coisas. Essa é uma concepção cristã tradicional, uma concepção muçulmana tradicional e uma concepção hindu tradicional.[6] Todas as qualidades que vivenciamos – cores, como o verde, e cheiros, como o de lavanda – estão presentes na mente de Deus. Participamos da experiência divina das qualidades.

Santo Anselmo, teólogo, místico e arcebispo de Cantuária de 1093 a 1109, pensava em Deus como "aquilo que supera tudo de maior que se possa imaginar". Deus contém todas as possibilidades concebíveis. Um Deus que não conseguisse sentir o perfume de uma rosa seria menos que um Deus que conseguisse senti-lo. Deus inclui o perfume das rosas, e todas as cores e todas as formas, e todas as outras qualidades vivenciadas pelos seres humanos e outros animais. Todas as qualidades encontram-se na mente divina.[7]

Segundo esse modo de pensar, a mente animal, que inclui a mente dos insetos, é o substrato da beleza das flores, e sua mente participa do ser divino. Este é o motivo pelo qual elas ajudam a trazer à existência a beleza das flores. Sua mente e sua percepção da beleza participam da natureza divina como a fonte última da Verdade, da Beleza e do Bem. Deus não é como um engenheiro que cria um mundo separado e mecânico, como alguns teólogos mecanicistas sugeriram. Deus está dentro do mundo natural, em cada parte dele; e o mundo natural está em Deus e participa de seu ser e sua consciência.

Quando Jesus sugeriu que "olhai os lírios dos campos", ele nos convidou a viver na divina presença por meio das flores silvestres. Por meio delas, podemos vivenciar diretamente Deus na natureza e a natureza em Deus.

Bosques sagrados e parques nacionais

Muito antes de as pessoas cultivarem jardins, os bosques sagrados conservavam alguma coisa das qualidades primordiais do paraíso. Eles ainda sobrevivem em muitas partes do mundo. Quando a terra vinha sendo desimpedida para os assentamentos ou a agricultura, algumas áreas foram deixadas intocadas e protegidas como santuários para as espécies e os *habitats* selvagens, e também para espíritos, deuses e deusas. Na Índia, há ainda milhares de bosques sagrados, geralmente cercados por templos ou santuários. Alguns deles parecem ser tão antigos quanto a Civilização do Vale do Rio Indo (3300-1700 a.C.).* Outros, em áreas tribais, datam

---

* A grande civilização do rio Indo, uma das primeiras do mundo, situava-se no Punjab e foi descoberta na segunda metade do século XIX. Na década de 1920, descobriram-se uma série de túmulos que conduziram à escavação de duas cidades em ruínas. Esses imensos e importantes centros, com uma extensão de mais de 5 km de diâmetro em seu momento de maior esplendor, eram Mohenjo-Daro, no Sind, e Harappa, no Punjab ocidental. O conhecimento dessas civilizações não é muito completo, e um dos motivos desse desconhecimento certamente é o fato de que até hoje ninguém conseguiu decifrar, de forma convincente, a escrita do Indo. O registro arqueológico não nos permite estabelecer quem foram os fundadores da Civilização do Vale do Rio Indo, que atualmente se localiza no Paquistão moderno. (N. do T.)

da época das primeiras colonizações na área.[8] Muitos desses bosques são ricos em flora e fauna e, em alguns casos, estão entre os últimos refúgios das espécies ameaçadas de extinção. Também há muitos desses bosques na Europa. Em alguns casos, igrejas foram construídas em seu interior.

Na Terra Santa, bosques sagrados, que em geral ficam no topo de colinas, tinham santuários "sombreados pela espessa vegetação de árvores veneráveis" onde, por muitas gerações depois que os israelitas haviam se estabelecido na Palestina, as pessoas recorreram à oferta de sacrifícios, e ali, sob a sombra de antigos carvalhos ou terebintos [uma forma de pistacheiro], suas devoções religiosas eram conduzidas por profetas e reis piedosos, não apenas sem delitos, mas com um convencimento interior da divina aprovação e bênção, como afirma James Frazer em seu fascinante livro *Folk-Lore in the Old Testament* [O Folclore no Antigo Testamento].[9] Essa veneração ainda prosseguiu depois da construção do templo em Jerusalém no século X a.C. contudo, por volta do século VII a.C., os profetas hebreus já vinham denunciando a veneração nesses bosques, e tentando centralizar a religião judaica no templo da cidade.

Na Europa, a gruta sagrada que mais aprecio é o santuário da Sainte-Baume, no Sul da França. Do lado de uma grande colina há uma caverna profunda, onde acredita-se que Santa Maria Madalena passou os últimos trinta anos de sua vida. Ao lado da caverna há um pequeno mosteiro, e dentro da caverna há uma fonte, o relicário da santa, e um altar. Ao redor dessa gruta há uma antiga floresta decídua, com faias, carvalhos e outras espécies criando um microclima húmido, fresco, musgoso, muito diferente da vegetação da Provença que a cerca, seca, atrofiada e raquítica. Essa gruta sagrada deve antedatar em muito seu papel de santuário cristão, mas o fato de ela ter sido cristianizada garantiu sua preservação, e ela ainda é um extraordinário lugar para as peregrinações.

A forma mínima de uma gruta sagrada é uma árvore. Na Índia, muitos vilarejos e templos contêm árvores sagradas, geralmente um pipal (*Ficus religiosa*), também conhecido como Árvore *Bodhi*, a Árvore sob a qual o Buda se tornou iluminado, ou uma bânia (*Ficus benghalensis*),* outra espécie de figo, que é a árvore nacional da Índia. No Japão, as cerejeiras são o foco do *hanami*,** ou apreciação das flores, quando começam a florescer.

Na Terra Santa, as árvores sagradas incluíam os carvalhos e terebintos. A primeira aparição registrada de Deus a Abraão aconteceu em um carvalho ou terebinto oracular em Shechem, onde Abraão construiu um altar (*Gênesis* 12,6-9). Mais tarde, Abraão viveu ao lado dos carvalhos ou terebintos de Mamre, onde construiu outro altar (*Gênesis* 13,18), e foi sob essas árvores que Deus lhe apareceu e prometeu que sua esposa Sara, já idosa, lhe daria um filho (*Gênesis* 18,1-10). As religiões abraâmicas têm raízes nas grutas sagradas.

Na Grã-Bretanha, os carvalhos foram outrora uma das árvores sagradas da religião druídica pré-cristã, e muitos carvalhos antigos ainda são reverenciados. As árvores de vida mais longa na Grã-Bretanha são os teixos, também sagrados nos tempos druidas, e as mais veneráveis dessas árvores são encontradas em adros e cemitérios de antigas igrejas. No vilarejo de Compton Dundon, em Somerset, o grande teixo tem aproximadamente 1.700 anos de idade. A própria igreja tem cerca de 750 anos, o que significa que o teixo já tinha quase mil anos quando a igreja foi construída a seu lado.

---

* Figueira-de-bengala. (N. do T.)

** O *hanami*, ou a apreciação dessas flores, acontece no Japão logo após o inverno, entre o final de março e o início de abril, quando a primavera começa no Hemisfério Norte. Uma das principais atividades é o tradicional piquenique sob as cerejeiras em flor. (N. do T.)

Os templos gregos mais antigos foram feitos de madeira, e as colunas eram troncos de árvores. Mais tarde, quando os pilares passaram a ser feitos de pedras, os capitéis – os arremates superiores das colunas coríntias – eram esculpidos tendo por modelo a representação de folhas. As colunas romanas, bizantinas e góticas eram quase sempre encimadas por entalhes de folhagem, lembrando-nos das origens das colunas como troncos de árvores. E, como em muitas catedrais góticas, não só as colunas e a construção das abóbadas que as encimam evocam as grutas sagradas, assim também, ocultos entre os entalhes, encontram-se misteriosos Homens Verdes, com rostos feitos de folhagem cujas folhas lhes saem pela boca, dando-lhes o aspecto de espíritos da vegetação.[10] A metáfora tinha uma dupla função: bosques sagrados como catedrais e catedrais como bosques sagrados.

Embora a América do Norte tenha sido dessacralizada pelos colonizadores protestantes, por volta do século XIX uma minoria cada vez mais influente defendia a preservação de lugares longe dos aglomerados urbanos como reservas naturais. Os bosques sagrados foram reinventados. Henry David Thoreau (1817-1862), que já mencionei antes, escreveu em seu livro *Walden* sobre suas experiências estreitas com as florestas e a vida selvagem que cercavam o lago Pond, em Massachusetts. Ele estava convencido de que "precisamos da energia e do vigor da vida selvagem". Quando um vilarejo perto de Concord começou a crescer, e à medida que as florestas circundantes começaram a ser derrubadas para ceder espaço a terras agrícolas, ele previu a necessidade de conservação: "Cada cidade deve ter um parque ou, melhor dizendo, uma floresta primitiva, de 202 ou 404 hectares, da qual nem mesmo um pequeno galho seria cortado para servir de combustível; em síntese, uma posse comum para todo o sempre, dedicada à instrução e recreação".

Essa ideia foi ignorada em seu tempo de vida, mas ele ajudou a inspirar o movimento ambientalista nos Estados Unidos, e deu uma dimensão religiosa a suas experiências ao ar livre: "Minha profissão é estar sempre alerta para encontrar Deus na Natureza, conhecer seus esconderijos, assistir a todos os oratórios, as óperas da natureza".[11]

John Muir (1838-1914) foi discípulo de Thoreau, e chegou a pensar na natureza intocada como reveladora da mente de Deus. Ele fazia uma profunda distinção entre natureza e civilização, e pensava que "a natureza selvagem é superior".[12] Muir tornou-se um ativista radical em sua luta pela preservação dos lugares agrestes. Ele é cofundador do Sierra Club e lutou com sucesso para estabelecer o primeiro parque nacional, o Yosemite, em 1890, e o Sequoia National Park e outras áreas selvagens. Na verdade, foi o pioneiro do sistema de Parques Nacionais dos Estados Unidos, e muitos parques levam seu nome, como Muir Woods e Muir Beach, na Califórnia. A Trilha John Muir, um trajeto de 337 quilômetros na Cordilheira Serra Nevada, na Califórnia, atravessa vários parques nacionais, e quase toda ela se encontra no interior de regiões consideradas selvagens.

Tanto Thoreau quanto Muir compararam explicitamente os lugares selvagens que tanto admiravam às estruturas religiosas. Em seu *Journal*, Thoreau descreveu "as serenas e um tanto sombrias naves laterais de uma catedral silvestre", e Muir pensou no Parque Nacional Yosemite como "uma catedral natural". Na verdade, uma das montanhas é chamada de Pico da Catedral, e Muir a descreveu como "um templo majestoso, adornado com flechas de torres e pináculos, no estilo regular das catedrais."[13] Para Muir, as paisagens montanhosas eram o melhor trabalho de Deus: "O próprio Deus parece estar sempre realizando seu melhor trabalho aqui, trabalhando como um homem em um arroubo de entusiasmo".[14]

Os parques nacionais foram uma nova versão dos bosques sagrados em uma escala sem precedentes, e Muir de fato pensou neles como santuários reconsagrados. O Parque Yosemite era um paraíso que até fazia com que a perda do Éden parecesse insignificante.[15] Nos dias de hoje há muitos parques nacionais e locais em todo o território norte-americano e em muitos outros países. Alguns deles são estudados com afinco pelos ecologistas, e são lugares nos quais interesses espirituais, estéticos e científicos se sobrepõem. Alguns são muito grandes, outros pequenos. Na Inglaterra, algumas das menores áreas de conservação são oficialmente designadas como Lugares de Interesse Científico Especial, dos quais existem mais de 4.500.[16] Alguns são geológicos, destinados a preservar características geológicas específicas, mas a maioria é de natureza biológica, alguns destinados a preservar os *habitats* de grupos específicos de animais, como tritões, libélulas ou pássaros, além de outros para conservar os ecossistemas vegetais que, de outra forma, poderiam ser destruídos pelo desenvolvimento da agricultura, como os pântanos, os prados calcários e os córregos das florestas.

Portanto, os bosques sagrados ainda persistem no moderno mundo secular como parques nacionais e locais, santuários de vida selvagem, reservas naturais e lugares de interesse científico. Muitos de nós recorremos a eles em busca de inspiração e revigoramento espiritual.

Não precisamos, porém, recorrer a campos, florestas e matas para encontrar árvores. Há muitas delas nos jardins e parques urbanos, e muitas pessoas (inclusive eu) gostam de perambular por esses lugares. As árvores em geral são mais velhas do que nós, e sua presença põe nossa vida em uma perspectiva que desconhecemos em nossas interações humanos-com-humanos. As árvores são literalmente maiores do que nós. Elas agem como uma ponte entre o céu e a Terra, lançam raízes na superfície da crosta terrestre, conectadas com a vida fértil do solo e interconectadas com outras plantas por meio da fecundidade da rede fúngica de micorriza,* com seus ramos lançando-se aos céus e a luz solar, sensível a cada lufada de vento, um lar para os pássaros e insetos e muitos outros organismos vivos. As árvores nos conectam diretamente com a vida da natureza mais-que-humana.

Duas práticas com plantas

FLORES

Essa prática requer um conjunto pequeno e barato de implementos e ferramentas, uma lente manual, ou lupa. O melhor tipo é também o mais barato, e dá uma ampliação de 10 vezes (x10).

Para olhar através da lente, coloque-a à altura de um de seus olhos, de modo que ela fique a apenas 1,30 cm do olho. O objeto para o qual você está olhando ficará a mais ou menos 2,54 cm da lente no outro lado. Você tem que observar de perto. Um jeito fácil de praticar isso consiste em olhar para a pele dos seus braços, onde verá os poros e pelos com muito mais detalhes do que jamais os viu antes, a menos que você tenha muita experiência com o uso de lentes manuais.

Essa prática implica ver flores a partir do ponto de vista de uma abelha. As abelhas conseguem ver flores a distância, e são atraídas por elas, algumas mais do que outras. Elas aterrissam na flor e rastejam para dentro dela. Ao fazer isso, entram em uma paisagem cromática envolvente. Se você usar sua lente para imergir na flor, estará entrando em novos domínios de experiência a partir do ponto de vista de uma abelha.

---

* Micorrizas são associações entre fungos e raízes de plantas superiores. Essas associações geralmente são mutualistas, uma vez que o fungo adquire uma fonte constante de açúcares a partir das plantas, e estas obtêm água e sais minerais do solo através das hifas do fungo. Hifas são unidades estruturais vegetativas da maioria dos fungos, que possuem aparência filamentosa. (N. do T.)

Esse processo funciona melhor com flores que têm túneis pelos quais as abelhas passam, como a capuchinha e a dedaleira.

Uma Árvore

Escolha uma árvore específica, de preferência uma que fique perto de sua casa, para que você possa visitá-la com frequência e observá-la em diferentes momentos do dia e da noite, e em diferentes estações do ano. Se for uma árvore florífera, faça o possível para passar mais tempo com ela quando ela estiver florida, em seu momento de maior glória. Quando houver tempo para isso, sente-se sob a árvore e ouça o vento passando por entre suas folhas. Imagine suas raízes espalhando-se na terra, pelo menos tão distantes do tronco quanto os galhos, e talvez chegando ainda mais longe. Seu sistema de raízes liga-se a redes fúngicas simbióticas de micorriza, que a planta alimenta com açúcares e que, por sua vez, absorvem minerais do solo e os passam para a planta. As raízes fazem a água subir pelo tronco, que cresce até sua altura máxima, e suas folhas se abrem para a luz do sol. Na verdade, trata-se de um conector das esferas do céu e da terra. Se você abraçar o tronco, poderá ter consciência da seiva subindo pela madeira e dos açúcares descendo pela casca para alimentar as raízes – um fluxo bidirecional. Esse é um fluxo que reflete as polaridades fundamentais da árvore, das raízes e dos brotos, e do claro e do escuro. A seiva flui para cima desde o escuro das raízes até as folhas e flores, na direção da luz. Os açúcares fluem para baixo a partir das folhas, para alimentar as raízes.

Se você fizer uma pergunta à árvore, poderá receber uma resposta – não na forma de uma voz, mas naquilo que você vê, sente ou escuta. Se você estiver zangado ou aborrecido, poderá pedir à árvore que transforme suas emoções, absorvendo sua raiva, preocupação ou tristeza. Acima de tudo, se você criar um relacionamento com uma forma de vida que é maior e mais antiga do que você, e que pode continuar viva até muito depois de sua morte, ela o ajudará a pôr sua vida e seus problemas em uma perspectiva mais ampla.

Apêndice ao Capítulo 4

Hortas em família

O Paraíso, um lugar de harmonia atemporal, era um jardim. Nas religiões abraâmicas, era o Jardim do Éden. Os seres humanos viveram em harmonia com Deus, com as plantas e os animais que os cercavam, até caírem em desgraça.

Os jardins ainda são imagens ou reflexos do Paraíso, tentativas de recriar alguma coisa desse mundo perdido de bondade e beleza, especialmente nas cidades. Belos jardins, tanto públicos como privados, trazem alegria a muitos milhões de pessoas.

Em um nível mais modesto, a jardinagem é uma das maneiras mais frequentes de relacionar-se com o mundo não humano, o que vem acontecendo cada vez mais. Em 2014, nos Estados Unidos, 35% dos lares estavam cultivando alimentos em casa, ou em uma horta comunitária.[17] No Reino Unido, a jardinagem é a atividade ao ar livre mais popular, envolvendo cerca de 50% da população.[18] Além disso, muitas pessoas mantêm plantas caseiras, mesmo que não tenham um jardim. E muitas compram flores em vasos para enfeitar suas casas.

Na Inglaterra, jardins de diversos tamanhos são geralmente acoplados às casas. Além disso, muitos têm hortas a alguma distância de suas casas, em forma de loteamento. Eles também são muito funcionais, e não têm absolutamente nada de secretos.

Tive a grande sorte de conviver com jardins secretos com árvores frutíferas quando era criança, e por anos pensei nisso como algo impossível no mundo moderno. A terra urbana capaz de ser trabalhada é caríssima, e as terras cultiváveis em geral mudam de mãos o tempo todo e em variadas extensões. Hoje, porém, penso que a horta familiar não é apenas possível, mas pode vir a se tornar amplamente vantajosa e acessível.

Examine essa situação do ponto de vista de um proprietário de terras. Imagine que você tem sua própria terra cultivável perto de um vilarejo ou uma cidade, e que essa terra é exclusivamente delimitada para a atividade agrícola. Imagine que você pegue apenas uma pequena área e a divida em mais ou menos cinco espaços para hortas ou pomares, cada um com cerca de um quinto da área. Uma medida de 720 m^2 seria grande o bastante para conter um pomar, uma horta e áreas gramíneas, assim como canteiros de flores. Um espaço desses poderia ter uma forma mais ou menos retangular de 24 x 30 metros. Seria cercado por sebes e provido por trilhas de acesso, um estacionamento para carros e bicicletas e, talvez, uma área comunitária para piqueniques com um braseiro a lenha para churrascos.

Quanto custariam essas hortas familiares? Em 2016, as terras agrícolas, na Inglaterra, custavam até £9,000 o *hectare*. Para simplificar a matemática, suponha que o valor desse hectare seja £10,000. Quando dividido por cinco, o custo da terra de cada horta seria de mais ou menos £2,000. Adicione o custo da colocação dos caminhos e sebes, a criação de espaços comunitários, talvez a instalação de bombas manuais ou ligações com um abastecimento de água – digamos, cerca de *£3,000* por horta. Portanto, cada uma dessas hortas familiares teria um custo de aproximadamente £5,000. Por quanto poderiam ser vendidas? Imagino que por não menos de *£15,000*. Talvez muito mais, se houver baixa oferta e alta demanda. Em outras palavras, é possível que esse projeto se tornasse lucrativo do ponto de vista financeiro,* e não exigiria subsídios.

Agricultores ou proprietários de terras que já possuem terras perto de pequenas cidades talvez relutassem em vender; ao contrário, poderiam querer alugar ou arrendar suas terras. Quanto eles poderiam ganhar se alugassem? Imagino que, por cada horta, pelo menos *£20* por semana, ou, mais ou menos £1,000 por ano. E, dependendo da oferta e demanda, os níveis médios do aluguel de terra agrícola arável são hoje

---

* No Brasil, também já existem hortas comunitárias há muito tempo. As primeiras surgiram na cidade paulista de Birigui (noroeste do estado) na década de 1980, como alternativas para o problema dos terrenos abandonados. Os habitantes adotaram essa ideia e, dos anos 1980 até os dias de hoje, passaram a cuidar desses terrenos visando a definir o padrão de qualidade das hortaliças que atenderiam às necessidades e preferências do consumidor final. O planejamento dessas hortas, porém, está muito longe de terminar por aí. Felizmente, temos uma grande variedade de *sites* em que se mostram as etapas para seu planejamento e sua implantação, sejam elas rurais e/ou urbanas. Em termos básicos, o planejamento começa pela pesquisa de mercado para definir a quantidade e o padrão de qualidade das hortaliças que vão atender às necessidades e preferências do futuro consumidor. Também é imprescindível comparar entre os vários orçamentos. Com suas dimensões continentais, o Brasil requer uma enorme quantidade de pesquisas antes da implantação definitiva dos projetos, dentre os quais citaremos apenas alguns: a realização de um levantamento topográfico, do custo com a água para irrigação, dos preços dos hectares, dos lugares, das pesquisas de mercado etc. A ideia multiplicou-se pelo país, e dela temos exemplos notáveis em todos os estados e regiões, dentre os quais Mogi das Cruzes (SP), Rondonópolis (sul de Mato Grosso), Palmas (TO), Goiânia etc., em uma lista que ultrapassaria várias centenas. Na pioneira Birigui, onde há mais de 100 hortas comunitárias, o projeto também chegou ao universo escolar, em um exemplo que se espalhou por todo o Brasil. Quando bem pensados e implementados, todos esses projetos conseguiram promover a conscientização e a capacitação dos moradores, incentivando a produção de alimentos sem agrotóxicos, uma alimentação saudável e o seu aproveitamento integral pela própria comunidade. Também gerou oportunidades de ocupação e rendas, além da integração e organização em comunidade, a educação ambiental e o aumento na qualidade de vida. (N. do T.)

de £100 por *hectare* por ano. Um hectare alugado como cinco hortas resultaria em pelo menos £5,000 por ano, cinquenta vezes mais.

Sem dúvida, seria necessário providenciar disposições legais que oferecessem aos donos das hortas condições de impedir que seus vizinhos usassem o espaço como moradia, depósito de ferro-velho ou lugar onde fizessem muita desordem, confusão e barulho. Poderia haver uma associação de proprietários de hortas comunitárias, considerando as partes comuns, como trilhas, estacionamentos, abastecimento de água e espaço para churrascos coletivos. Em outras palavras, o complexo da horta familiar poderia ser gerido da mesma maneira que muitos condomínios de apartamentos.

Na Rússia da era soviética, milhões de pessoas tinham (e até hoje têm) *dachas* fora da cidade, onde passavam os fins de semana e os verões, e onde usavam seus jardins para cultivar frutas e legumes, além de criar galinhas. A área de uma *dacha* típica é de aproximadamente 600 m², um pouco menor do que a horta acima proposta.

A horta comunitária seria diferente das *dachas* no sentido de que esses terrenos não podem e não devem ser usados como residências, pois, sem essa proibição, eles logo se transformariam em conjuntos habitacionais.

O esquema da horta não deve colocar maiores dificuldades para autorizações de planejamento, uma vez que esse esquema não implica a construção de casas ou outras estruturas para servirem de moradia. A terra agrícola se transformaria em terra hortícola e, em ambos os casos, dedicada ao cultivo de plantas.

Imagine o que aconteceria se um projeto experimental mostrasse ser um sucesso. A demanda por hortas comunitárias aumentaria rapidamente. Haveria um forte incentivo para se investir nelas. E muitas famílias, por fim, teriam hortas onde seus filhos poderiam brincar, onde poderiam plantar suas frutas e legumes e desfrutar de um oásis de tranquilidade. A biodiversidade seria muito maior, pois as hortas com cercas vivas, árvores frutíferas, canteiros de flores e pomares contêm muito mais tipos de plantas e animais do que monoculturas. Tudo isso é possível, viável e desejável.

5
Rituais e a Presença do Passado

Todas as sociedades humanas têm rituais. Rituais e sacramentos religiosos, rituais nacionais, festivais sazonais e ritos de passagem e de iniciação, como os rituais que constituem um conjunto de atos e práticas próprios de nascimentos, casamentos e mortes. Em geral, esses rituais são centrados na comunidade e seguem um padrão tradicional e formal. Os rituais implicam uma espécie de continuidade, uma lembrança transmitida de gerações passadas à geração atual mediante a prática de determinado rito. Teremos aí uma mera questão de herança cultural e o respeito cego a precedentes, ou será esse um processo muito mais profundo?

Neste capítulo, discutirei uma série de práticas rituais. Em seguida, mostrarei como elas são iluminadas pela hipótese de ressonância mórfica, a ideia de que a memória é inerente à natureza. Segundo essa hipótese, todos os organismos, inclusive o humano, recorrem a uma memória coletiva e, por sua vez, dão-lhe uma contribuição.

Origens, mitos e rituais

Em muitas sociedades, pressupõe-se a existência de um tipo de memória nos mitos em que a sociedade se baseia. Mitos são histórias de origens. Eles dizem respeito aos feitos de deuses, heróis e seres sobre-humanos. Eles propõem que a razão pela qual as coisas são como são está no fato de elas serem como eram. O presente repete o passado. Essa repetição remonta inevitavelmente à primeira vez em que alguma coisa aconteceu.

Em nossa era moderna, caracterizada pela tecnologia, habituamo-nos às mudanças rápidas, e hoje pessoas de todas as culturas estão conscientes dessas mudanças, desde o advento dos *smartphones*. Todos sabem que fazem parte de um novo mundo, um mundo que seus ancestrais não chegaram a conhecer. Praticamente todos os governos do mundo estão comprometidos com o desenvolvimento econômico por meio da ciência e tecnologia. A ideologia do progresso é uma ortodoxia moderna onipresente. Essa ideologia, porém, não existia nas sociedades tradicionais. O presente repetia o passado. Mesmo nas sociedades modernas, os rituais são conservadores e seguem formas estabelecidas.

Ted Strehlow (1908-1978), um antropólogo australiano que passou muitos anos entre os aborígenes de Aranda, no Norte da Austrália, resumiu os princípios básicos da seguinte maneira:

> Os *gurras* ancestrais caçam, matam e comem ratazanas, que também são diariamente caçadas por seus filhos. Os comedores de gusanos e vermes passam todos os dias de sua vida procurando esse tipo de alimento nas raízes de várias árvores, sobretudo nas da acácia. [...] O ancestral da *ragia* (ameixeira-brava) vive das bagas dessa árvore, que ele colhe continuamente e as coloca em um recipiente de madeira. O ancestral do camarão-de-água--doce está sempre construindo novos diques nos cursos d'água

em movimento; e passa o tempo todo concentrado em fisgar com sua lança os peixes que por ali passam. Se os mitos reunidos no Norte de Aranda forem abordados de modo coletivo, encontrar-se-á uma narrativa completa e muito minuciosa de todas as ocupações que ainda são praticadas na Austrália Central.[1]

Essa ideia do passado como um modelo atemporal é alheia ao pensamento moderno, mas a atitude mítica predominava nas sociedades tradicionais do mundo todo. Os mitos contavam histórias de origens que aconteceram em outro tempo, o "tempo dos sonhos", mas que ainda são encenadas no presente. Cada técnica, cada regra ou costume era seguido porque "nos foram ensinados pelos ancestrais".[2]

O objetivo de muitos rituais consiste em conectar os participantes com o acontecimento original que o ritual comemora, e também ligá-los com todos aqueles que observaram o costume no passado. Os rituais atravessam os tempos, trazendo o passado para o presente.

Em todas as culturas, acredita-se que a eficácia dos rituais depende da adaptação aos padrões transmitidos pelos ancestrais às tradições seguintes. Os rituais são tradicionais por sua própria natureza. Gestos e ações devem ser praticados da maneira certa; e as formas rituais da língua devem ser preservadas mesmo quando ela não estiver mais em uso corrente. Por exemplo, a liturgia da Igreja Copta no Egito é professada na língua extinta do Egito antigo, os rituais da Igreja Ortodoxa Russa são professados no eslavo antigo, e os rituais bramanistas da Índia são feitos em sânscrito.

Rituais de lembrança

Nos rituais de lembrança, os participantes presentes estão ligados ao momento criador primal que o costume celebra, e – uma vez mais – a todos aqueles que participaram desse ritual antes deles. A celebração da Páscoa judaica rememora a Santa Ceia original uma noite antes de os judeus, agora livres da escravidão, terem iniciado no Egito a viagem que, depois da travessia do deserto, os faria chegar à Terra Prometida. Naquela noite, depois de uma série de nove terríveis calamidades, na décima e última imprecação sobre o Egito, os primogênitos e o gado desse país foram destruídos, enquanto o povo judeu foi ignorado, porque em cada casa eles haviam sacrificado um carneiro ou um bode, e borrifado seu sangue nos batentes das portas de suas casas. Eles cozinharam e comeram o animal oferecido em sacrifício com ervas amargas, e o fizeram com pressa, preparando-se para a partida na manhã seguinte. Ao participar desse ritual e ouvir a história que o acompanha, os participantes atuais afirmam sua identidade como judeus e sua conexão com todo o povo judeu que participou dessa tradição no passado que remonta à primeira Páscoa. Eles também estão conectados com todos aqueles que virão depois deles.

Da mesma maneira, a Sagrada Comunhão Cristã conecta os participantes com a Última Ceia original de Jesus com seus discípulos, ela própria uma ceia pascal, e com todos aqueles que participaram desde então. Essa é a base da doutrina da Comunhão dos Santos. O momento sagrado da Missa conecta-se com as inúmeras Missas que a precederam, e a de agora, por sua vez, estará conectada com as Missas que a seguirão. Nas palavras de Mircea Eliade, um historiador da religião:

"[A Missa] também pode ser vista como uma continuação de todas as Missas que ocorreram desde o momento de sua concepção inicial até o momento presente. [...] A verdade que se aplica ao tempo no culto cristão é uma verdade igualmente presente no tempo em todas as religiões, na magia, no mito e na lenda. Um ritual não repete simplesmente aquele que veio antes dele (sendo ele mesmo a repetição de um arquétipo), mas está ligado a ele e lhe dá continuidade."[3]

A lembrança está no âmago do conjunto da liturgia e do ritual judaicos. Quando Jesus disse, na Última Ceia: "Fazei isto em memória de mim" (*Lucas*, 22, 19), ele estava exprimindo uma afirmação totalmente judaica. Como afirmou o teólogo Matthew Fox: "A essência da religião e a essência do ritual consistem em ter uma lembrança saudável. Contudo, não se trata apenas de lembrar acontecimentos humanos como a Páscoa, o Êxodo e a libertação humana. Também diz respeito a ter lembrança de fatos da criação – a lua nova, o equinócio, o solstício, as estações do ano".[4] Esses rituais religiosos contêm um elemento de lembrança e de reencenação da Criação.

Os princípios de lembrança e esperança futura aplicam-se também a muitos rituais seculares e nacionais. Por exemplo, o Dia de Ação de Graças nos Estados Unidos evoca a lembrança do festival de ação de graças dos colonizadores peregrinos da Nova Inglaterra, depois de sua primeira colheita em 1621. Essas datas festivas seguiam a tradição dos dias de Ação de Graças estabelecidos na Inglaterra pelos Reformadores Protestantes, para substituir um número muito grande de festivais religiosos da Igreja Católica Romana.

Muitos outros países comemoram os dias em que ocorreram fatos históricos decisivos, ou celebram o aniversário de cada estado. Na França, o Dia da Bastilha, em 14 de julho, comemora a tomada dessa fortaleza e prisão em Paris nesse dia de 1789, que se tornou um momento decisivo na Revolução Francesa. Na Índia, o Dia da Independência em 15 de agosto comemora a independência do país do Império Britânico em 1947. O Dia da Independência no México, em 16 de setembro, é celebrado com fogos de artifício, festas e música, para lembrar o "grito de independência" dado por Miguel Hidalgo naquele dia, que ajudou a deflagrar uma revolta contra os espanhóis. Na União Soviética, 9 de novembro comemorava a Revolução de 1917, que estabeleceu o primeiro governo comunista na Rússia. Na Rússia pós-soviética, o Dia da Vitória, 9 de maio, rememora a vitória contra a Alemanha Nazista em 1945. Esses rituais seculares de cada país, como os rituais religiosos e tribais, definem a identidade dos que deles participaram, e conectam os participantes com aqueles que já se foram deste mundo e aqueles que ainda estão por vir.

Iniciações e ritos de passagem

Os rituais de iniciação dizem respeito à transposição de fronteiras, como aquelas entre o fim da adolescência e início da idade adulta, ou entre a condição de solteiro e a de casado. São ritos de passagem. O mesmo se pode dizer sobre os rituais associados à transposição de fronteiras no espaço e no tempo, de um país para outro, ou de um ano para outro. Assim também são os rituais de nascimento e morte.

Em um estudo de um amplo espectro de ritos de passagem em diferentes culturas, o antropólogo Arnold van Gennep mostrou que geralmente eles têm três fases.[5] Na primeira, o estado inicial é eliminado. Nos ritos de maturidade, o estado de adolescência é suprimido; em muitos costumes funerários, a pessoa que morreu está livre das responsabilidades da vida: ele ou ela não tem mais os deveres de uma pessoa viva, e não precisa mais desempenhar os papéis sociais costumeiros. O indivíduo é separado de seu estado inicial e permanece em transição.

O estado limítrofe é perigoso e ambíguo. Nos ritos de maturidade, esse estado pode ser simbolizado pelo envio do iniciando a um local de vegetação menor e menos densa, ou a uma floresta distante da vida normal, ou pela submissão a perigosas provações e experiências penosas. Por fim, um ritual de integração termina essa fase e enfatiza a integração da pessoa em seu novo estado. Esses rituais têm muita semelhança entre as diferentes culturas. Banhar o corpo, raspar a cabeça, fazer a circuncisão e outras mutilações do corpo indicam diferenciação, distinção, afastamento, assim como a travessia de rios e outros obstáculos ou a permanência solitária na selva. Participar da cerimônia de unção, comer e usar roupas novas indicam integração.[6]

Os rituais de iniciação levam uma pessoa a transpor limites sociais ou religiosos e, ao mesmo tempo, definem esses limites e os tornam manifestos. O povo gisu de Uganda diz que os meninos são iniciados para se tornarem homens, de modo que não continuem a ser meninos não iniciados. Esses rituais não são apenas uma maneira de marcar maturidade biológica, uma vez que são praticados em meninos em diferentes estágios de maturidade; eles dizem respeito a questões de natureza intercultural. A iniciação define as categorias que elas pressupõem.

Nos ritos de passagem tradicionais para os meninos de alguns grupos nativos americanos, os iniciados passam o tempo sozinhos em regiões desérticas, sem comida, água ou abrigo, quase sempre enfrentando perigos ou sofrimentos físicos. Nesse estado de separação, eles anseiam por sinais, sonhos ou visões que possam ajudá-los e a sua comunidade quando retornarem, já agora homens. Em geral, esses ritos de passagem são chamados de "busca de visões", atualmente várias organizações orientam pessoas do mundo ocidental moderno em uma busca de visões moldadas nessas práticas tradicionais.[7]

Inclusive, muitas práticas seculares refletem características dos ritos de iniciação, como a aplicação de testes e a concessão de certificados escolares ou acadêmicos; passar nos exames e tornar-se universitário em cerimônias de graduação; ser admitido em organizações profissionais depois da aprovação nos testes profissionais; a patente de oficial do Exército depois de seu treinamento militar etc.

Eu estava na primeira faixa etária que, depois da Segunda Guerra Mundial, não havia sido recrutada para prestar o Serviço Nacional* nas Forças Armadas do Reino Unido. Para muitos dos jovens mais velhos do que eu, o fato de estar nas Forças Armadas era um rito de passagem. Quando fui para Cambridge, mais ou menos metade dos universitários do meu ano havia concluído seu Serviço Nacional, e muitos haviam estado em combate ou servido em lugares extremamente perigosos – na Malásia, na República do Quênia ou em Chipre. Correram o risco de perder a vida, não simbólica, porém literalmente. Na maioria das sociedades modernas não há mais ritos de passagem em que jovens se veem frente a frente com a morte. Esses ritos, porém, não param de ser reinventados. As gangues em geral obrigam seus novos membros a enfrentar ritos de passagem perigosos, envolvendo julgamentos por provações.

Um dos motivos pelos quais os jovens das sociedades modernas usam drogas psicodélicas está no fato de elas servirem de rito de passagem. As *bad trips*** podem ser aterradoras, e algumas drogas induzem seus usuários a uma experiência de quase morte (EQM), principalmente a dimetiltriptamina (DMT),[8] uma das substâncias psicodélicas mais in-

---

* Sistema pelo qual alguns jovens, sobretudo do sexo masculino, são legalmente recrutados a passar um período de tempo a serviço das Forças Armadas. Na Inglaterra, o Serviço Nacional foi abolido em 1962. (N. do T.)

** "Viagem errada", "má viagem", gíria para descrever uma experiência psicológica extremamente desagradável. *Bad trip* nunca encontrou uma boa tradução em português, motivo pelo qual sempre foi usada no original inglês. Uma *bad trip* muitas vezes resulta da ingestão de drogas psicodélicas, em particular o ácido lisérgico (LSD). Quando ocorre, provoca muitas outras reações possíveis: um estado de pânico, a ampliação dos medos inconscientes, o medo de enlouquecer ou de não mais voltar ao normal, uma depressão profunda, tendência suicida, a sensação de que tudo é muito ameaçador etc. (N. do T.)

tensas. Essas iniciações, porém, são quase sempre não guiadas, ao contrário dos ritos de passagem tradicionais, e podem ser perigosas e desorientadoras sem um ritual de reintegração. Nas sociedades tradicionais, os meninos que tiveram um rito de passagem do fim da adolescência para a idade adulta em geral são bem acolhidos no círculo dos homens iniciados. Da mesma maneira, as meninas que se submeteram a um rito de passagem associado à sua entrada na maturidade sexual são bem acolhidas no círculo das mulheres. O mesmo ainda acontece nos ritos de passagem religiosos, como a cerimônia de crisma cristã e, no judaísmo, o *bar mitzvah* para os jovens que completam 13 anos, ou o *bat mitzvah* para as jovens que completam 12 anos.

Porém, as pessoas que tomam drogas psicodélicas e passam por uma experiência transformadora dificilmente serão bem acolhidas ou reintegradas nos segmentos mais amplos da sociedade, uma vez que as drogas são ilegais na maioria dos países e muitas pessoas as desaprovam. Contudo, existem hoje vários grupos religiosos, como a Igreja do Santo Daime no Brasil, uma igreja cristã psicodélica na qual a ingestão de uma beberagem que produz efeitos alucinógenos – neste caso, a *ayahuasca* – acontece durante um ritual, e os participantes são guiados e auxiliados por orientadores mais velhos e experientes. (Pretendo discutir o papel espiritual do psicodelismo em uma sequência deste livro.)

Experiências de quase morte e afogamento ritual

Muitas pessoas já tiveram uma experiência de quase morte de modo espontâneo; na verdade, isso ocorre com muito mais frequência, graças à ressuscitação coronariana e à medicina moderna. Muitos que teriam morrido no passado, estão vivos até hoje. Fizeram-se muitas pesquisas sobre a EQM, e há muitos livros sobre este assunto, inclusive o *best-seller*

Proof of Heaven: A Neurosurgeon's Journey into the Afterlife, de Eben Alexander, no qual o autor descreve sua própria EQM enquanto esteve em coma devido a uma meningite.

Nem todas as pessoas que quase morrem têm uma EQM; apenas uma minoria passa por essa experiência, cerca de 12 a 40%; mas isso ainda significa que muitos milhões de pessoas passaram por ela. E, ainda que a maioria das EQM seja extremamente prazerosa, para uma minoria as coisas não são bem assim. Alguns consideram o mesmo tipo de experiências como EQMs positivas, mas resistem a elas e sentem-se impotentes, irritados ou com medo. Outras pessoas sentem-se totalmente sozinhas em um vazio; e outras se veem em cenários devastadores, junto com outros espíritos humanos em total desespero.[9]

Muitas EQM positivas têm características essenciais em comum. Em geral, começam com as pessoas que se veem em tal situação flutuando acima do próprio corpo, observando seu corpo físico a partir de cima, vendo-se a si mesmas deitadas, sob os cuidados de enfermeiras e médicos. Quase sempre seguem por um túnel em cujo final brilha uma luz, e sentem-se acolhidas por uma presença amorosa. Podem encontrar membros já falecidos de suas famílias, ou seres de luz. Algumas têm algo como a experiência de uma retrospectiva de suas vidas, quando imagens luminosas, breves e intensas, vão passando por elas como uma sucessão de fotogramas. Muitas descrevem essa experiência como enlevo e arrebatamento místico. Mas, então, como se trata de uma experiência de *quase* morte, e não de uma experiência de morte, elas são trazidas de volta a seus corpos físicos. Algumas dizem que morreram e renasceram.[10]

As EQM muitas vezes provocam mudanças positivas, inclusive menos medo da morte e mais atitudes espirituais e afetuosas. As pessoas que vivenciaram essas mudanças quase sempre dizem que sua EQM foi a experiência mais profunda e relevante de suas vidas.[11]

Embora todos concordem que as EQM acontecem, sua interpretação é radicalmente contestada no mundo acadêmico. Para os materialistas, é inconcebível que a consciência possa separar-se do cérebro, e a vida consciente depois da morte física é impossível, nada além de uma superstição. Por conseguinte, as EQM devem ser alucinações produzidas pelas atividades desesperadas do cérebro moribundo, sofrendo pela falta de oxigênio. Contudo, algumas pessoas tiveram EQM enquanto seu cérebro estava sendo monitorado em salas de operações, e não demonstraram nenhuma atividade elétrica aparente; elas estavam "mais para lá do que para cá".[12] Não obstante, os materialistas afirmam que pelo simples fato de terem tido essas EQM, deve ter havido atividade cerebral para dar origem a elas, ainda que essa atividade seja indetectável.

Não temos aqui uma disputa realmente verdadeira sobre fatos empíricos, mas sim uma questão de sistemas de crenças. Para um materialista inveterado, nenhuma quantidade de provas jamais mostrará que a experiência consciente é separável do cérebro, pois ela irá contrapor-se à filosofia materialista. Por sua vez, os adeptos de crenças religiosas costumam ser muito receptivos a essas evidências.

Alguns ritos de passagem tradicionais podem muito bem incluir as EQM, e a pesquisa atual sobre esse fenômeno pode lançar muita luz sobre esses rituais. Por exemplo, o fenômeno EQM permite-nos reinterpretar uma prática essencial de iniciação descrita no Novo Testamento e praticada nos primórdios da Igreja: o batismo por imersão total. O precursor do ministrador desse sacramento foi São João Batista.

E se João Batista fosse um afogador? Ele batizava as pessoas imergindo-as no rio Jordão, o que fez, inclusive, com o próprio Jesus. E se

João Batista mantivesse as pessoas imersas por tempo suficiente para que elas tivessem uma EQM por afogamento? Ao se recuperarem dessa experiência de quase afogamento, muitas delas diriam que haviam morrido e ressuscitado; que tinham visto a luz; e que tinham perdido o medo da morte. Tudo isso teria sido uma maneira barata, simples, rápida e eficaz de induzir alguém a uma experiência de morte e renascimento transformadora. Imagino que as pessoas devidamente preparadas se alinhavam às margens do rio Jordão, e que João batizaria uma depois da outra, com auxiliares que as ajudassem a se recuperar. Talvez ele tenha perdido algumas. Mas isso foi antes da aprovação das Leis de Saúde e Segurança, e dos litígios de responsabilidade civil.

Tudo que o Novo Testamento afirma sobre a experiência do batismo faz sentido se, durante o batismo, as pessoas estivessem tendo uma EQM. A alternativa consiste em argumentar que essa experiência de morte e renascimento fosse simbólica. Contudo, para ser simbólica, ela precisaria ser simbólica de uma experiência de quase morte por afogamento. Por que fazer alguma coisa simbólica quando as pessoas poderiam experimentar a coisa real?

Os cristãos primitivos praticavam o batismo adulto segundo a tradição de São João Batista, mas o batismo de crianças já estava amplamente difundido por volta do século II d.C., e, no século III, era uma prática corrente, embora os adultos ainda pudessem ser batizados quando água lhes fosse vertida três vezes sobre a cabeça, como acontece ainda hoje.

Um aspecto surpreendente da Reforma Protestante foi uma retomada do batismo por imersão total. Na prática religiosa corrente na Inglaterra e Alemanha do século XVI, grupos de reformadores radicais restabeleceram o batismo de adultos por imersão total. Eles eram chamados de anabatistas: o prefixo grego *ana* significa "outra vez" ou "de volta a". O movimento anabatista primitivo deu origem a um grande número de igrejas e comunidades religiosas que incluíam os menonitas e as Igrejas Batistas modernas, que ainda praticam o batismo de adolescentes e adultos por imersão total.

Desconfio que, nos séculos XVI e XVII, os anabatistas redescobriram a EQM por meio do afogamento. De todas as denominações cristãs, ainda hoje as que mais falam sobre a experiência de morte e renascimento – nascer de novo – são as batistas. Talvez alguns batistas modernos não tenham EQM por conta da preocupação moderna com saúde e segurança, mas nos séculos passados a importância de uma experiência direta com a morte e o renascimento podem ter superado o medo de ir longe demais.

Uma perversão grotesca desse ritual de morte e renascimento é o uso do *waterboarding* (afogamento simulado) pelos serviços de inteligência dos Estados Unidos. É uma forma de tortura pela água em que a vítima é presa a um pedaço de madeira em declive, a um ângulo de mais ou menos 10 a 20 graus, com o rosto para cima e os pés mais altos do que a cabeça. O rosto da vítima é coberto por um pedaço de pano sobre o qual se verte água, provocando ânsia de vômito e uma sensação de afogamento.

Por ironia, essa forma de tortura foi inventada pela Inquisição Espanhola no século XVI, para lidar com os anabatistas, que eram perseguidos como hereges tanto pelos católicos-romanos quanto pela corrente principal do Protestantismo. Os anabatistas acreditavam no batismo adulto, uma vez que eles rejeitavam os valores do batismo infantil. Em 1527, o Rei Fernando [II de Aragão], da Espanha, declarou que a morte por afogamento, que ele chamava de "terceiro batismo", era a resposta ideal ao Anabatismo.[13] Como explicou William Schweiker em um artigo recente publicado em um periódico teológico:

> Na Inquisição, a prática não era de afogamento propriamente dito, mas de uma ameaça de afogamento e, em termos simbólicos, podemos dizer, da ameaça do batismo. O objetivo da *tortura del agua* ou a *toca** tinham por finalidade, como o afogamento simulado, forçar a vítima a ingerir água vertida sobre um pano enfiado na boca, levando-a a ter uma sensação de afogamento. [...] Tratava-se, como podemos afirmar com absoluta certeza, de uma pavorosa inversão do melhor espírito da fé e do simbolismo cristão. Isso sugere questões. [...] Será o afogamento simulado uma espécie de conversão forçada no contexto de uma ação política e, portanto, ainda mais poderosa como instrumento nas mãos do Estado, para que ele demonizasse seus inimigos? Ou será isso um avanço qualitativo do demoníaco dentro da ação política e militar, uma vez que um rito religioso está sendo subvertido com fins imorais? Essas questões ficam tão escondidas no discurso público que sua importância plena dificilmente será reconhecida, inclusive pelos cristãos devotos.[14]

Sigmund Freud poderia ter dado a isso o nome de "o retorno do recalcado". Em seu livro *Moisés e o Monoteísmo*, ele escreveu: "O esquecido não foi apagado, apenas 'reprimido'". O que foi reprimido não "entra na consciência de maneira uniforme e inalterada; deve ter sido sempre exposto a distorções".[15]

---

* Essa *toca* era introduzida na boca da vítima, numa tentativa de fazê-la chegar à traqueia; posteriormente, vertia-se água sobre esse tecido que, ao encharcar-se, provocava no réu uma sensação de afogamento e movimentos convulsivos do estômago, visando a devolver toda a água que se acumulara em seu estômago. Era comum que, para facilitar esse jorro, o carrasco saltasse muitas vezes, e com todo seu peso, sobre o estômago do torturado. Quando quase não havia mais água, reiniciava-se todo o processo. (N. do T.)

Essas distorções não devem nos deixar cegos perante o fato de que as experiências de quase morte são transformadoras para a maioria das pessoas que as vivenciam. Seu valor é extremamente positivo.

Segundo os relatos bíblicos, uma iniciação por meio de um afogamento ritual estava na raiz da própria experiência que Jesus tivera de Deus como pai amantíssimo. Seu batismo por João Batista despertou-o para seu relacionamento direto com Deus. Segundo o *Evangelho de São Marcos* 1,10-1: "Logo ao sair da água, viu os céus rasgarem-se e o Espírito descendo como pomba sobre ele. Então, foi ouvida uma voz dos céus: 'Tu és o meu Filho amado, em ti me comprazo'".

Sacrifício ritual

Até há pouco tempo, algumas sociedades tradicionais praticavam o sacrifício humano, que hoje foi banido pela lei de todo o planeta. Mas ainda acontece, e atualmente é chamado de assassinato ritual. Em 2006, em Khurja, cidade no estado indiano de Uttar Pradesh, na Índia, a cerca de 85 quilômetros de Nova Delhi, segundo a polícia local, havia dezenas de sacrifícios de crianças oferecidos à deusa Kali.[16] Em 2008, um comandante revoltoso da guerra civil da Libéria, admitiu ter participado de sacrifícios humanos como parte de cerimônias tradicionais cujo objetivo era assegurar a vitória na batalha. Ele disse que os sacrifícios "incluíram a morte de uma criança inocente, cujo coração foi arrancado e dividido em pedaços para que todos pudessem comer um pedaço".[17]

Em muitos casos, o sacrifício animal é explicitamente reconhecido como um substituto do sacrifício humano, como na história do Antigo Testamento sobre Abraão e seu filho Isaque. Por acreditar que Deus lhe pedia para sacrificar o filho, Abraão estava prestes a fazê-lo quando foi detido por um anjo de Deus, e ele então sacrificou uma ovelha (*Gênesis*, 22, 2-8).

Na história da Páscoa Judaica, quando Deus estava prestes a lançar a última e mais terrível de suas dez pragas contra os egípcios, matando todos os primogênitos, tanto os dos homens quanto os dos animais (*Êxodo*, 11, 4-6), o povo judeu ficou impune porque agira conforme Moisés o havia orientado: cada família sacrificara um cordeiro e borrifara ou esfregara seu sangue em ambas as ombreiras e na verga da porta de suas casas. O sacrifício do cordeiro funcionou como um substituto da morte dos judeus e dos animais que haviam sido os primeiros a nascer. O povo judeu também realizava uma cerimônia em que todos os pecados da comunidade eram lançados sobre um bode, que em seguida era enviado ao deserto para ali morrer, levando consigo todos os pecados. Foi esse o bode expiatório original (*Levítico*, 16, 8).

De uma perspectiva secular moderna, a ideia de que uma pessoa ou um animal devam ser sacrificados para que outros possam se salvar não faz o menor sentido. Do ponto de vista evolucionista, porém, trata-se de um padrão profundamente arraigado. Quando predadores como o leão atacam uma manada de animais, eles identificam um membro do grupo que parece ser vulnerável por ser jovem, velho ou aleijado, e o matam. Depois, quando seu apetite já foi satisfeito, os outros membros da manada relaxam; estão a salvo por mais algum tempo. A morte de um membro do grupo salvou os outros.[18] O mesmo tema subjaz a histórias de dragões que ameaçam comunidades inteiras, e que só podem ser apaziguados se uma criança – em geral uma virgem – lhes for oferecida como vítima. A criança morre por todos os outros, cuja vida é salva por meio de sua morte.

Em seu livro *Blood Rites*, Barbara Ehrenreich afirma de forma convincente que, durante a maior parte da história humana, estivemos sempre muito longe de nos tornarmos caçadores; nossa alimentação básica eram animais mortos e material vegetal. Vivíamos o tempo todo com medo da predação:

> Os seres humanos e, antes deles, os hominídeos, não podiam ser sempre os predadores autoconfiantes representados nos dioramas dos grandes museus. A savana pela qual nossos ancestrais hominídeos vagavam (ou, o que é mais provável, se arrastavam penosamente), era habitada não apenas por ungulados comestíveis, mas por uma legião de predadores mortais que incluíam tanto uma variedade de tigre-de-dentes-de-sabre quanto os ancestrais dos leões, leopardos e guepardos. Antes, e bem depois de iniciada a era do homem-caçador, teria existido o período do homem-caçado.[19]

Walter Burket, um historiador da religião, imaginou em que termos o contexto ou a "situação real, não ritualizada", terá dado origem aos rituais sacrificiais:

> um grupo cercado por predadores: homens caçados por lobos, ou símios diante de leopardos. [...] Em geral, a salvação só poderá vir de uma maneira: um membro do grupo deverá tornar-se presa dos carnívoros famintos, deixando o resto do grupo a salvo por algum tempo. O mais provável é que a vítima seja um intruso, um inválido ou um animal jovem.[20]

Até os dias de hoje, primatas como os chimpanzés são muitas vezes vítimas de predadores. Em um estudo recente de uma população de chimpanzés da floresta, a predação por leopardos foi a causa principal da morte, e os leões também foram matadores significativos. Bandos de babuínos que vivem nas savanas são com frequência atacados, e alguns perdem um quarto de seus membros para a predação todos os anos.[21] Ao caminharem pela savana, colocam-se em marcha por ordem defensiva, com os jovens machos na periferia. Um babuíno doente que caiu e ficou para trás empenha-se tanto em unir-se ao grupo que logo chega à exaustão e não demora a tornar-se vítima de um predador. Às vezes, os jovens machos literalmente se sacrificam para defender o grupo; em decorrência disso, uma grande proporção deles morre antes de ter alcançado a maturidade.[22]

Esses fatos não são simplesmente episódios da vida dos animais selvagens, ou modos arcaicos de pensamento nas sociedades primitivas. Eles estão vivos e firmes nos dias de hoje. Cada soldado, marinheiro ou membro de uma tripulação aérea é uma vítima potencial, preparada para morrer a fim de salvar outros membros de seu país. No século XX, foi o que aconteceu com pelo menos 20 milhões de jovens na Primeira e na Segunda Guerras Mundiais. E hoje, muitos membros das Forças Armadas, de grupos insurgentes, de combatentes pela liberdade,* de jihadistas** e homens e mulheres-bomba dão a vida pelos outros, naquilo que constitui o sacrifício supremo de sua existência. São heróis e mártires

---

* *(Freedom fighters)*. Pessoas que participam de um movimento de resistência contra um sistema político ou social opressivo para alcançar objetivos políticos, recorrendo a métodos violentos cuja finalidade específica é a derrubada de um governo e a tomada do poder. (N. do T.)

** *Jihad* (de onde provém jihadista) é um termo religioso islâmico que quase sempre remete a um tipo de luta interior em busca da concretização de um objetivo espiritual. Literalmente, a palavra significa "luta". *Jihad* é um conceito importante no Islã, aparecendo dezenas de vezes no Alcorão, em geral no sentido de luta interior de um crente para tornar-se um bom muçulmano e cumprir com seus deveres religiosos essenciais. Na cultura e na mídia ocidentais, e entre alguns grupos de muçulmanos, *jihad* é mais comumente usado para significar "guerra santa", ou um violento combate contra os obstáculos à fé muçulmana ou aos inimigos da ordem islâmica. (N. do T.)

para as pessoas que estão tentando salvar. A retórica do sacrifício ajuda a prover uma motivação para os riscos que correm, e também pelo modo como suas mortes são reconhecidas e apreciadas pelos grupos em nome dos quais estão lutando.

Para muitas pessoas de mentalidade secular, o aspecto mais desconcertante do cristianismo é sua representação de Jesus salvando os outros por meio de sua morte na cruz. E, de fato, ela não tem nenhum sentido sem toda a tradição histórica do sacrifício, e da história judaica em particular. Como Jesus pode assemelhar-se a um cordeiro sacrifical e tirar os pecados? Ele é como o cordeiro sacrifical da Páscoa, e também guarda semelhanças com o bode expiatório. O ritual judaico anual de descarregar os pecados da comunidade em um bode expiatório literal, e conduzi-lo à morte no deserto era um componente desse imaginário cristão. Na missa, pouco depois da consagração do pão e do vinho como o corpo e o sangue de Jesus, o *Agnus Dei* é cantado ou recitado:

> Ó cordeiro de Deus, que tirai os pecados do mundo, tende piedade de nós.
> Ó cordeiro de Deus, que tirai os pecados do mundo, tende piedade de nós.
> Ó cordeiro de Deus, que tirai os pecados do mundo, tende piedade de nós.

A morte sacrifical de Jesus só faz sentido no contexto do sacrifício animal que é encontrado em muitas religiões, inclusive na religião judaica, que forneceu o contexto histórico para a interpretação cristã da morte de Jesus. Um carneiro substituiria o sacrifício humano na história de Abraão e Isaque; e a morte de cordeiros machos protegeria os primogênitos judeus na Páscoa. A morte de cordeiros machos substituiria o sacrifício de primogênitos humanos. Jesus, porém, inverteu esse processo.

O sacrifício de um primogênito humano substituiria os cordeiros e as cabras, pondo fim ao sacrifício animal.

O sacrifício animal continua a existir no judaísmo e no Islã. Os judeus ainda matam cordeiros na Páscoa, e os muçulmanos sacrificam vacas, ovelhas, carneiros ou camelos em Eid al-Adha,* também conhecido como Bakr-Eid, a celebração do sacrifício de Abraão de um carneiro em vez de seu filho Isaque. Por outro lado, para os cristãos, a crucificação de Jesus invertia e punha fim a esse processo. O sacrifício animal foi substituído por um sacrifício humano pleno e derradeiro, o sacrifício de Jesus na cruz.

O sacrifício no altar da ciência

Embora a ideia de sacrifício substitutivo pareça não ter sentido a partir de um ponto de vista moderno, secular, hoje ele acontece em uma escala sem precedentes. Esse sacrifício não é feito em público, como os sacrifícios religiosos tradicionais, mas a portas fechadas em laboratórios científicos. Somente nos Estados Unidos, cerca de 25 milhões de animais vertebrados são mortos todos os anos em pesquisas biomédicas, sobretudo camundongos, ratos, pássaros, peixes-zebra, coelhos, porquinhos-da-índia, e rãs, com menores números de cães, gatos, macacos e chimpanzés.[23] Eles são sacrificados no altar da ciência, para o bem da humanidade. Na verdade, o termo técnico para a matança desses animais é

---

* "Festa do Sacrifício", a mais importante do calendário muçulmano, que celebra a devoção de Abraão (Ibrahim, na tradição muçulmana) a Deus em uma passagem contada tanto na Bíblia quanto no Alcorão: a do sacrifício de seu filho em um altar. Esse filho (Isaque para os judeus e cristãos, Ismael para os muçulmanos) não é sacrificado porque Deus ordena ao Arcanjo Gabriel que envie um carneiro para substituir o filho de Abraão/Ibrahim no momento exato em que o sacrifício seria consumado. Como lembrança desse evento, que é narrado pelas três religiões abraâmicas, os muçulmanos são convidados a reproduzir o sacrifício do carneiro durante o festival de Eid al-Adha, que tem a duração de quatro dias. (N. do T.)

"sacrifício". Uma pesquisa no Google Scholar, em busca de publicações científicas a partir do enunciado "ratos são sacrificados", traz cerca de 68 mil resultados; no caso de "camundongos foram sacrificados", esse número sobe para 108 mil.[24]

Para os estudantes de biologia, sacrificar seus primeiros animais é um tipo de rito de passagem, assim como dissecar um corpo humano é um rito de passagem para os estudantes de medicina. O sacrifício e a dissecação precisam dissociar-se dos sentimentos e emoções humanos normais; supõe-se que os iniciados adotem uma *persona* de distanciamento científico. Uma jovem cientista, Alison Christy, refletiu sobre suas experiências em um *blog* de grande expressividade e eloquência:

A primeira vez que trabalhei com roedores eu era uma estudante do ensino médio que participava de um projeto de pesquisa em neurociência na Universidade do Sul do Alabama. Para obter uma clara histologia cerebral, tínhamos de aspergir os animais com solução salina. Isso significa que injetávamos no rato – um animal grande e branco – algum tipo de anestésico, e ficávamos observando-o correr em círculos dentro de um tubo plástico, até que se tornasse meio atrapalhado e esquisito e, por fim, ficasse imóvel. Então nós o colocávamos sobre uma placa e perfurávamos suas patas com pinos, mais ou menos como se ele estivesse sendo crucificado. Passávamos um fio sobre os dentes frontais para manter a cabeça do rato para trás. Com tesouras minúsculas e brilhantes perfurávamos sua pele, levando a tesourinha diretamente para a caixa torácica. Dentro dela ainda pulsava o coração vermelho-escuro. O sangue começa a coagular no cérebro assim que um animal morre. Para obter fragmentos limpos do cérebro, precisamos fazer o sangue sair enquanto o animal ainda está vivo. [...] para forçar a saída do sangue de um animal com uma solução salina, inserimos uma agulha no ventrículo esquerdo do coração que ainda pulsa e cortamos o átrio direito do coração com as tesouras. Depois, pressionamos nossa solução para fora. [...] Rapidamente, o fígado fica branco e as patas, o nariz e a cauda empalidecem. O animal está totalmente exangue. O cérebro estará livre de sangue contaminado.[25]

Como assinalou Christy, a maioria dos pesquisadores habitua-se a procedimentos desse tipo. Ela observou que a mesma coisa acontecia com os estudantes de medicina, que aos poucos se habituavam a dissecar cadáveres. No começo, todos ficavam silenciosos e sérios, e alguns até desmaiavam ou vomitavam. "Uma semana depois, porém, já os víamos conversando e rindo com seus colegas de laboratório enquanto enfiavam os dedos nos vasos sanguíneos do coração. Meses depois, já dissecavam um rosto sem qualquer hesitação. [...] Comportavam-se como pessoas totalmente diferentes daquelas que só há poucos meses haviam entrado em um laboratório."

Os humanistas seculares rejeitam a ideia de que os seres humanos podem ser salvos por Deus, em vez de confiar na ciência e na razão humanas. Muitos veem os próprios cientistas no papel de salvadores, pessoas que libertam a humanidade da ignorância e do sofrimento. Mas o velho arquétipo do sacrifício nunca desapareceu; a própria ciência se ocupa dele. Tampouco foram banidos os velhos temores de destruição por eventos cataclísmicos, eliminando-se deuses e deusas do mundo secular. Ao lado das ameaças à sobrevivência humana criadas pela mudança climática e pela destruição ambiental, vivemos à sombra de gigantescos arsenais de armamentos nucleares capazes de deflagrar o derradeiro holocausto.

Em seu sentido original, a palavra holocausto (do grego *holókauston, os, on*, pelo latim tardio *holocaustum*) designava o sacrifício de um animal totalmente queimado pelo fogo. Porém, embora no mundo antigo um número relativamente pequeno de animais fosse queimado em altares como oferendas, um moderno holocausto científico por meio de armas de destruição em massa eliminaria milhões de pessoas de uma só vez, além de uma quantidade incontável de animais. Sacrificados para o que ou para quem? Nem para Deus nem para a Mãe Terra, mas como uma ostentação do poder humano. Em termos coletivos, somos potencialmente mais vingativos e aterrorizantes do que quaisquer dos deuses ou deusas vingativos dos mitos e lendas. Nosso potencial para atos de destruição é muito mais vasto. E os relatos de destruição divina foram seguramente relegados ao passado. Por sua vez, o holocausto científico espreita-nos de modo perigoso em um futuro desconhecido, e não sabemos se será ou não possível evitá-lo.

Rituais coletivos e individuais

Todas as religiões têm atos coletivos de veneração e Ação de Graças, sobretudo nos dias santos e nas festividades religiosas. Todas as religiões têm cerimônias para casamento, morte e atribuição de nomes aos bebês. Os humanistas seculares reconhecem a necessidade dessas cerimônias e criaram seus próprios rituais.

Muitas pessoas praticam rituais em seu grupo familiar, como, por exemplo, dar graças antes das refeições. Algumas praticam rituais individualmente, fazendo preces e meditação, e por meio do yoga, do *chi kung*, do *tai chi* [*chuan*] e outras disciplinas espirituais.

A vida cotidiana contém muitos aspectos rituais mais ou menos inconscientes, como o aperto de mãos. A convenção determina que esse cumprimento seja feito com a mão direita, não com a esquerda. As esculturas em pedra da antiga Grécia mostram que esse costume remonta pelo menos ao século V a.C. O aperto de mãos pode ter começado como um gesto de paz, demonstrando que a mão direita não portava nenhuma arma. No mundo moderno, faz parte de um breve ritual de saudação ou despedida, de fazer acordos ou dirigir cumprimentos a alguém.

Muitas pessoas abençoam-se em situações de despedida, o que fazem mesmo quando não têm consciência de seu gesto. A palavra *goodbye* ["adeus"]* é uma forma alterada e reduzida da bendição: "Deus esteja contigo". *Farewell*, originalmente *fare thee well*, também é uma bendição. *Adieu*, uma forma francesa de despedida ("adeus"), significa literalmente à dieu (*to God*), com o significado implícito de "Eu o recomendo a Deus". Em espanhol, *adiós* tem o mesmo significado. Outros termos ritualizados de partida contêm uma prece implícita que visa à preservação até um novo encontro: "até mais ver" – em francês, *au revoir*; em alemão, *auf Widersehen*; em italiano, *arrivederci*.

Os rituais são uma parte da vida de todas as pessoas. Não podemos viver sem eles. Mas podemos escolher os rituais de que participamos, bem como o espírito com que o faremos. Eles podem ser monótonos e habituais. Ou podem ser estimulantes, inspiradores e espiritualmente recompensadores.

---

* Uma contração da locução *God be with you* (ou *ye*); a substituição de *God* por *good* talvez se deva à associação com fórmulas de partida, como *good day, good night* etc. O inglês tem uma série progressiva de breves contrações: *Godby, Godby'e, Godbwye, God b'w'y, God bwy yee, God buy you, God be wi' you* ["*God be with ye*"]. (N. do T.)

Ressonância mórfica

Por que a crença na eficácia dos rituais depende tanto de sua semelhança com o modo como foram praticados anteriormente?

Nossa maneira de entender os rituais depende de nossos pressupostos sobre a essência da natureza. As atividades ritualísticas são associadas a ideias profundamente arraigadas sobre como a mente e a natureza funcionam. Elas fazem muito mais sentido se a natureza, as sociedades e a mente contiverem uma espécie de memória, e menos sentido caso isso não aconteça.

Na ciência, o pressuposto habitual é que os princípios ordenadores básicos da natureza, as chamadas leis naturais, são fixas.[26] Elas já estavam presentes e plenamente formadas, como um Código Napoleônico cósmico, no momento da ocorrência do *Big Bang*, a Grande Explosão, quando nosso Universo passou a existir. Estrelas, átomos, moléculas, cristais e organismos vivos têm seus comportamentos característicos porque são regidos por essas leis eternas, que são as mesmas em todos os tempos e todos os lugares.

Esse pressuposto foi baseado na teologia dos séculos XVI e XVII, quando os fundadores da ciência moderna – Copérnico, Kepler, Galileu, Descartes, Boyle, Newton e outros – imaginaram que a natureza era regida pelo *logos*, a eterna mente de Deus. As eternas leis matemáticas da natureza eram ideias existentes na mente atemporal de Deus. Esse é o motivo pelo qual eram invisíveis e imateriais, ainda que presentes por toda parte. Elas compartilhavam a natureza imutável, onipresente e onipotente de Deus.[27]

As leis eternas faziam sentido no contexto de uma visão de mundo e de uma teologia não evolucionárias. Hoje, porém, nossa cosmologia é radicalmente evolucionária, e muitos cientistas rejeitam a ideia de uma mente imaterial e onipresente que sustenta as leis da natureza. Não obstante, as leis eternas continuam a ser o pressuposto científico-padrão porque, para um grande número de cientistas, não há alternativa. Contudo, desde o início do século XX, alguns filósofos e cientistas sugeriram que as leis da natureza poderiam evoluir, assim como acontece com as leis humanas. Ou, para usar uma metáfora menos antropomórfica, as chamadas leis da natureza podem ser mais semelhantes a hábitos. A memória pode ser inerente à natureza. Estrelas, átomos, moléculas, cristais e organismos vivos podem ter o comportamento que conhecemos porque seus antecessores agiram da mesma forma. Cada espécie biológica pode ter uma memória coletiva que cada pessoa usa e para a qual contribui. Os instintos podem ser como hábitos da espécie. Uma jovem aranha com teia em espiral sabe como fiar sua teia sem que lhe tenham ensinado a fazê-lo, pois herdou a memória de tecer em espiral de incontáveis aranhas que a antecederam.

Minha hipótese é que a memória-hábito natural atua por um processo que chamo de ressonância mórfica, o qual implica a influência de uma sobreposição de organismos semelhantes no espaço e no tempo. Padrões semelhantes de atividade ou vibração captam o que ocorreu em padrões semelhantes anteriores.[28] Quanto mais frequente tiver sido um padrão de atividade, mais provável é que ele venha a ocorrer novamente, se as outras variáveis não se alterarem. Quanto maior a repetição, mais profunda se torna a consolidação dos hábitos. Quando os hábitos estão muito arraigados, como o comportamento dos átomos de hidrogênio ou das moléculas de nitrogênio, eles parecem ser imutáveis, como se fossem regidos por leis eternas. Se considerarmos apenas os fenômenos de existência muito remota no tempo, torna-se impossível saber qual é a diferença entre leis eternas e hábitos há muito estabelecidos, porque, em ambos os casos, os mesmos fenômenos ocorrem de modo muito semelhante, em uma repetição sem fim. A diferença entre essas duas interpretações torna-se experimentalmente observável quando examinamos novos fenômenos, aqueles que nunca ocorreram antes.

Por exemplo, quando os químicos fazem um novo composto químico e o cristalizam, de acordo com a teoria da lei eterna, ele deve cristalizar-se da mesma maneira na primeira, na milionésima e na bilionésima ocasiões, porque as leis relevantes da teoria quântica, do eletromagnetismo, da termodinâmica etc. são sempre e em toda parte as mesmas. Por outro lado, se os hábitos se consolidarem na natureza, a substância pode encontrar muita dificuldade para cristalizar-se, uma vez que ainda não existe um hábito que leve à formação desse tipo de cristal. Contudo, quanto mais rápido esses cristais forem formados, mais fácil será sua formação em todo o mundo, como um novo hábito que se consolida.

Pela ressonância mórfica, na segunda vez em que os cristais forem criados, eles devem se formar mais rápido devido a uma influência dos primeiros cristais, se as outras variáveis não se alterarem; na terceira vez, mais rápido ainda, devido à influência do primeiro e do segundo cristais; na quarta vez, com velocidade ainda maior, devido à ressonância mórfica do primeiro, segundo e terceiro cristais, e assim por diante. Por fim, essa memória cumulativa levará à sua cristalização seguindo uma consolidação mais profunda do hábito, e o índice de cristalização atingirá seu limite máximo.

O que acontece, de fato? Na verdade, sabe-se bem que, quanto maior for a frequência da criação dos cristais, mais prontamente eles tendem a se formar em outra parte. A turanose, um tipo de açúcar, foi considerada como um líquido por décadas, antes de ser cristalizada pela primeira vez na década de 1920. Daí em diante, formou cristais no mundo inteiro.[29] Revisando casos como esse, o químico norte-americano C.

P. Saylor comentou que era "como se as sementes da cristalização, como a poeira, tivessem sido levadas pelo vento por todos os cantos da terra".[30]

Não há dúvida de que pequenos fragmentos de cristais anteriores podem funcionar como "sementes" ou "núcleos" que facilitam o processo de cristalização a partir de uma solução supersaturada. Esse é o motivo pelo qual os químicos supõem que a difusão de novos processos de cristalização depende da transferência de sementes de um laboratório para outro, como uma espécie de infecção. Assim, a formação de novos tipos de cristais oferece um modo de testar a hipótese da ressonância mórfica.[31] Índices cada vez mais rápidos de cristalização ainda deveriam ser observáveis, mesmo que os químicos visitantes fossem mantidos fora do laboratório e as partículas de poeira fossem eliminadas do ar.

A hipótese também se aplica ao comportamento. Se os ratos de Londres desenvolverem uma nova aptidão, os ratos do mundo inteiro deveriam ser capazes de aprendê-la com maior rapidez, simplesmente porque os ratos a aprenderam lá. Quanto mais aprenderem, mais fácil ela deveria seguir novos percursos. Já dispomos de evidências de experimentos com ratos de laboratório que apontam para a ocorrência desse efeito extraordinário.[32] Da mesma maneira, deveria ser mais fácil para as pessoas aprenderem o que outras já aprenderam, e há evidências científicas de que isso também acontece.[33]

A chave da ressonância mórfica é a semelhança. Seu efeito habitual consiste em reforçar semelhanças que levem ao desenvolvimento e acúmulo de hábitos. Por outro lado, os rituais implicam o oposto desse processo. Nos rituais, os padrões de atividade são deliberada e conscientemente praticados do mesmo modo que já o foram antes. Nos hábitos, os padrões anteriores são repetidos de maneira inconsciente; nos rituais, sua repetição é consciente. Nos hábitos, a presença do passado é inconsciente; nos rituais, é consciente.

Por meio da ressonância mórfica, os rituais trazem o passado para o presente. Quanto maior for a semelhança entre os rituais do presente e do passado, mais forte será a conexão ressonante.[34] Portanto, a ressonância mórfica oferece uma explicação natural para a qualidade repetitiva dos rituais encontrados em todas as partes do mundo, e ilumina o modo como os rituais conectam os participantes atuais com aqueles que os executaram antes, exatamente na primeira vez em que foram praticados.

Os rituais, porém, não dizem respeito apenas à conexão ao longo do tempo; dizem respeito à abertura para a esfera espiritual no presente, assim como as pessoas se mostraram receptivas a essa esfera no passado. Repetir as mesmas ações ajudará a pôr em prática o mesmo tipo de conexão espiritual. Os norte-americanos que comemoram o feriado do Dia de Ação de Graças estão agradecendo a Deus no presente, assim como estabelecendo uma ligação com gerações anteriores de seus compatriotas que fizeram o mesmo tipo de agradecimento.

Duas maneiras de participar dos rituais

RITUAIS DE SAUDAÇÃO E DE DESPEDIDA

Podemos nos tornar mais conscientes de nossos rituais de saudação e de despedida. Quando damos apertos de mãos, podemos ver aí um gesto de paz. Quando beijamos ou abraçamos alguém, podemos nos conscientizar de que essa conexão física tem antigas raízes biológicas e sociais. Os grandes símios, como os bonobos, se beijam com frequência, e cães e gatos gostam de se lamber e aconchegar uns aos outros como expressões de intimidade e confiança. Alguns animais trocam alimentos, passando-os de boca em boca, como fazem os lobos adultos com seus filhotes; em algumas culturas, as mães passam comida mastigada diretamente para a boca de seus bebês. Os beijos, por certo, podem ser eróticos, mas, em muitas culturas, já há muito tempo eles desempenham um papel social muito difundido, para saudar e despedir, o que também se verifica entre persas, egípcios, judeus, gregos e romanos.[35] Os cristãos primitivos trocavam o "beijo de paz" e, nos serviços religiosos atuais dos católicos-romanos e dos anglicanos, os membros da congregação trocam um "sinal de paz", um beijo, abraço ou aperto de mãos, como parte da liturgia da comunhão.

A expressão de intenções pacíficas é explícita em muitas formas de cumprimento, como na saudação muçulmana *assalaamu alaikum*, ("que a paz esteja contigo") e na parecida saudação judaica *shalom aleichem*, com o mesmo sentido da anterior. Para os hindus, dizer *namaste* ou *namaskar*, significando "inclino-me perante vós", junto com *anjali mudra*, o gesto de juntar as mãos, pode significar "inclino-me perante o que há de divino em vós". Em todos os casos, esses rituais podem ser tratados como meras convenções, mas eles assumem um novo poder e significado quando nos tornamos mais conscientes de seus conceitos mais profundos.

Assim também, os rituais de despedida podem assumir um sentido e um poder bem maiores quando reconhecemos a benção que está implícita ou explícita neles, como em *goodbye, adieu, adiós* e *God bless you.**

---

* Deus te abençoe. Termo usado para designar a oração católica da Liturgia das Horas, sobretudo quando feita ao final da tarde por padres e religiosos e cantadas nas festividades mais solenes, muitas vezes com acompanhamento instrumental. Em algumas datas festivas, são cantados dois serviços das Vésperas com Coral. Cada uma começa com o versículo e responsório *Deus in Adjutorium*, seguido, de acordo com a utilização romana, de cinco salmos escolhidos conforme o dia ou a festividade. A música de Vésperas difundiu-se durante a Idade Média, provavelmente à medida que aumentou o número de procissões. A partir do século XIX, tornou-se muito rara entre os compositores eruditos a composição de música para a Liturgia das Horas, particularmente a oração da tarde. (N. do T.)

Ofício religioso vespertino*

Essa oração da tarde é um serviço da Igreja Anglicana tradicionalmente executado ao entardecer, em que música sacra coral é apresentada, salmos são entoados e poemas e preces antigas são declamados. Em geral, nos dias de semana dura cerca de 45 minutos, e mais ou menos uma hora aos domingos, pois nesse dia há também um sermão. Os coros de catedrais, as abadias, igrejas e capelas cantam e recitam Vésperas desde a época da Rainha Elizabeth II, no século XVI. Esse é um dos maiores tesouros culturais e religiosos da Igreja Anglicana, em seu belo inglês quinhentista e na riqueza de seus arranjos musicais. Grandes músicos elisabetanos, como Thomas Tallis e William Byrd, criaram uma sofisticada música polifônica para esse serviço, e novos arranjos musicais foram compostos desde então.

Essas horas de ofício divino acontecem em centenas de igrejas e catedrais a cada entardecer de domingo na Grã-Bretanha, mas também na Irlanda, nos Estados Unidos, no Canadá, na Austrália, na Nova Zelân-

---

* Conforme a estação do ano, a apresentação das Vésperas com Coral variava entre a décima hora (16h00) e a décima segunda (18h00), mas posteriormente deixou de ser apresentada no fim da tarde e foi transferida para depois do crepúsculo vespertino. Na realidade, não acontecia mais à noite, mas, sim, antes do fim do dia. Portanto, as apresentações passaram a prescindir de luzes artificiais como antes, quando todos os archotes ficavam acesos. Antes dessa época, essa sinaxe vespertina (assembleia de cristãos nos primeiros tempos do cristianismo) era celebrada com todos os archotes iluminados. O serviço de Vésperas (o primeiro serviço do dia litúrgico) tinha o objetivo de nos lembrar da época do Antigo Testamento, da criação do mundo, dos primeiros seres humanos caídos em pecado, de sua expulsão do Paraíso, de seu arrependimento e orações por sua salvação, da esperança da humanidade, de acordo com a promessa de Deus, do envio de um Salvador e, por último, da concretização dessa promessa. *Evensong* é um termo especificamente inglês. É a liturgia que se tornou a mais anglicana de todas e o mais precioso baluarte da tradição. A palavra *Evensong* aparece documentada pela primeira vez pelo *Old English Dictionary* no Anglo-Saxão dos Cânones de Ælfrico (*c.* 1000) como æfen-sang. Até a Reforma, esse termo inglês foi usado para descrever o Ofício das Vésperas, o sétimo do grupo de oito ofícios diários realizados um pouco antes do pôr do sol. (N. do T.)

dia e em outras partes do mundo de fala inglesa. Em muitas catedrais, abadias e capelas de universidades, também ocorrem em dias de semana, quando coros muito bem ensaiados produzem música de extraordinária beleza, ecoando por todos aqueles grandiosos espaços sagrados. Esse serviço realiza-se com frequência à luz de velas, e é seguido por música de órgão. Nas catedrais e mosteiros católicos-romanos há um serviço noturno semelhante, as chamadas Vésperas Corais.

Esses serviços contemplativos, tranquilos e propícios à paz encontram-se gratuitamente ao alcance de todos. Se você for cristão ou vier de alguma formação cristã, boa parte da linguagem fará eco à sua própria experiência, e àquela de sua tradição ancestral. Se você for ateu ou agnóstico, é provável que considere o Ofício Religioso Vespertino inspirador e edificante. E, caso tenha como base uma tradição religiosa diferente, esse serviço lhe dará uma amostra da tradição inglesa e lhe proporcionará um fácil acesso à participação nela. As pessoas de todas e nenhuma crença são bem-vindas. No caso da Grã-Bretanha e da Irlanda, o site www.choralevensong.org fornece informações sobre onde encontrar Ofícios Religiosos Vespertinos e Vésperas Corais e quando eles acontecerão, além de também informar detalhes dos corais e das músicas que serão cantadas.

Estar presente a um Ofício Religioso Vespertino ou a uma apresentação de Vésperas Corais constitui uma maneira simples de participar de um ritual de origens remotas, que nos transmite uma forte sensação de continuidade no decurso do tempo e pode abençoar todos os presentes.

6
Canto, Cantochão e o Poder da Música

Sou ligado à música desde o dia em que nasci. Contudo, não reivindico nenhum mérito especial por isso. Quase todos os seres humanos, ao longo de toda a história humana, tiveram uma forte ligação com a música. Em todas as sociedades tradicionais, o canto e a dança fazem parte da vida coletiva do grupo. A música desempenha um papel em todas as tradições religiosas. Mesmo nas sociedades seculares modernas, a música está presente na maioria dos lares através do rádio, da televisão e dos sistemas de som, marcando presença também em muitos espaços públicos, ainda que apenas como música ambiente em *shopping centers*, hotéis e espaços afins.

Minha mãe tocava piano, meu pai era flautista e meu avô paterno era organista da igreja e mestre de coro, como um de seus filhos, o irmão mais novo de meu pai. Com apenas 5 anos, comecei a aprender piano, e aos 15 já estava me iniciando no órgão. Eu cantava e entoava salmos no coral de minha escola anglicana de educação infantil e, depois, em minha escola anglicana fundamental. Em Cambridge, quando ainda não havia me graduado, eu cantava no coro madrigal. Naquela época eu era ateu e não comparecia regularmente aos serviços religiosos. Mesmo assim, gostava de ir às Vésperas com Coral. Também tocava o órgão da escola.

Enquanto isso, quando eu ainda não havia me formado. Nas férias, ficava com um amigo que morava perto de Liverpool, onde vimos os Beatles pela primeira vez no Cavern Club, pouco antes de eles se tornarem ídolos mundiais. Para mim, eles criaram uma nova dimensão musical. Os Rolling Stones vieram pouco depois.

Na época em que trabalhei e morei na Índia, em Hyderabad, era comum ouvir, nos santuários e sacrários dos vilarejos e nos templos, grupos de hindus cantando *bhajans*, canções devocionais às deusas e deuses, e música em estado de exaltação nos santuários sufis. Também morei em um *ashram* cristão em Tamil Nadu, onde cantava e entoava salmos cinco vezes por dia.

Conheci minha esposa Jill Purce na Índia, em 1982. Na época, Jill preparava e ministrava *workshops* sobre cantochão e curas pelo som, o que faz ainda hoje. Ela é pioneira da retomada da apresentação de cantochões e salmos em grupo, baseados em muitas tradições culturais, inclusive no canto difônico* mongol e tuvano. Em seus *workshops*, ela transmite uma experiência direta e poderosa dos princípios fundamentais do cantochão, compartilhados pelas tradições de todas as partes do mundo.[1]

Todos nós temos nossas preferências musicais, e elas são diferentes. Como diz o neurologista Oliver Sacks: "Sobre a imensa maioria de

---

* Também conhecido como "canto dos harmônicos", o canto difônico é aquele em que uma única pessoa produz dois ou mais sons ao mesmo tempo. O sinônimo "canto dos harmônicos" é assim chamado devido ao fato de uma só pessoa ressaltar os harmônicos da própria voz ao manipular os espaços da cavidade bucal, produzindo sons provenientes das partes mais profundas da garganta. Essa experiência conduz a novos planos de escuta e de emissão vocal. (N. do T.)

nós, a música exerce um grande poder, quer a busquemos fora de nós, quer pensemos em nós como seres particularmente 'musicais'". Essa predileção pela música mostra-se na infância, é evidente e central em cada cultura, e provavelmente remonta ao passado mais longínquo de nossa espécie. Essa "musicofilia" é um dado inconteste da natureza humana.[2]

Neste capítulo, discutirei as origens evolucionárias de cantar, entoar salmos e dançar, em seguida, falarei sobre seus efeitos sobre o bem-estar das pessoas, a fisiologia dos participantes e a coesão dos grupos. Depois, examino a música no contexto da física e da consciência, e finalizo questionando o porquê da maioria das culturas pressupor que deuses, deusas, anjos, espíritos e Deus gostam de música. Será que tal fato constitui simplesmente uma projeção humana? Ou será um vislumbre na natureza da realidade última?

A evolução do canto e da música

As canções não deixam fósseis, de modo que não temos evidências concretas das atividades vocais de nossos ancestrais cuja origem se perde no tempo. Contudo, podemos aprender muitas coisas se examinarmos outras espécies animais e fósseis arqueológicos, e se compararmos as tradições musicais humanas.

Charles Darwin foi o primeiro a pensar sobre a evolução da música. Em seu livro *A Origem do Homem e a Seleção Sexual*, ele discutiu "a capacidade e o amor pelo canto e pela música" em um grande número de animais. Darwin assinalou que algumas espécies de insetos e aranhas produzem sons rítmicos, geralmente esfregando uma na outra duas estruturas especiais em suas pernas. Na maioria das espécies, só os machos produzem esses sons. Ele achou que sua função principal era "chamar ou atrair o sexo oposto". Em algumas espécies de peixes, os machos produzem sons no período de reprodução. Os vertebrados que respiram ar atmosférico têm um órgão tubular para absorver e expelir o ar; devido a isso, eles têm o potencial de produzir sons mediante a modificação do fluxo de ar através de um órgão vibratório. Nos anfíbios, mais especificamente nas rãs e nos sapos, os machos coaxam e cantam durante a época de acasalamento, às vezes em coro. Alguns répteis produzem sons, como fazem muitas espécies de pássaros.

Como afirmou Darwin: "Só a tartaruga-macho produz um som, e isso só acontece durante o período de acasalamento. Os jacarés-machos rugem ou berram durante esse mesmo período. Todos sabem quanto os pássaros usam seus órgãos vocais como meio de cortejo; e, da mesma maneira, algumas espécies produzem o que se poderia chamar de música instrumental".[3] Um exemplo é o som de tambores produzido mecanicamente pela narceja por meio da vibração das penas externas de sua cauda quando elas mergulham no ar como parte de seu comportamento de cortejo. E os pica-paus martelam a madeira em vez de cantar a fim de atrair companheiras, dando bicadas rápidas em objetos ressoantes, de modo a criar um padrão sonoro característico. Darwin também chamou a atenção para espécies de mamíferos que produzem sons musicais, inclusive camundongos e gibões cantantes.

Algumas espécies não apenas produzem seus próprios sons, como também parecem sentir uma atração pela música. Por quê? Darwin não tinha resposta:

> Porém, se também perguntarmos por que os tons musicais em certa ordem e certo ritmo dão prazer ao homem e a outros animais, o máximo que podemos oferecer em termos de resposta será a atração exercida por certos gostos e cheiros. O fato de que eles realmente dão algum tipo de prazer aos animais pode ser in-

ferido a partir do fato de que são produzidos durante o período de galanteio por muitos insetos, aranhas, peixes, anfíbios e pássaros; porque, a menos que as fêmeas fossem capazes de apreciar esses sons e se sentissem excitadas ou seduzidas por eles, os esforços perseverantes dos machos e as estruturas complexas que só eles possuem seriam inúteis; e nisso é impossível acreditar.[4]

Na maioria das espécies animais, só os machos cantam. Contudo, em algumas espécies de macacos e símios, mais notavelmente nos gibões, os dois sexos cantam. E o mesmo acontece com os humanos masculinos e femininos.

Darwin achava que a música era de origem muito antiga, o que ajudaria a explicar sua presença em todas as culturas humanas. Ele assinalava que as flautas feitas de ossos e chifres de renas haviam sido encontradas em cavernas, ao lado de ferramentas de sílex e dos restos mortais de animais extintos, sugerindo que tinham sido feitas e usadas muito tempo atrás. A recente datação por radiocarbono de apitos e flautas em cavernas da França e da Alemanha mostrou que os mais antigos desses instrumentos tinham sido feitos há cerca de 40 mil anos, pouco depois de nossa espécie, o *Homo sapiens*, ter chegado à Europa.[5] Para Ian Cross, um moderno pesquisador da evolução da música, a sofisticação da forma desses instrumentos sugere que "provavelmente a música tinha importância considerável para um povo que há pouco viera habitar um meio novo e ameaçador em potencial."[6] A música pode ter ajudado esses novos colonizadores da Europa em sua adaptação a esse mundo desconhecido e incerto, promovendo a formação de laços afetivos e uma maior coesão grupal. E o uso de instrumentos musicais provavelmente surgiu muito depois do desenvolvimento do canto e da dança.

Darwin também chamou a atenção para a importância da música para induzir emoções. Ele assinalou que, na oratória, os elementos musicais são usados para estimular sentimentos no público. "Até os macacos expressam sentimentos fortes em tons diferentes – raiva e impaciência pelo tom mais baixo, o medo e a dor por notas altas."[7] Ele também afirmou que a longa história evolutiva das reações à música ajudaria a explicar seus efeitos sobre as emoções:

> Podemos presumir que os tons e ritmos musicais eram usados por nossos antepassados durante a época de acasalamento, quando animais de todos os tipos ficam excitados não só pelo amor, mas pelas fortes paixões de ciúmes, brigas e triunfos. Com base no princípio profundamente assentado das associações herdadas, nesse caso é provável que os tons musicais evocassem vaga e indefinidamente as fortes emoções de uma época já quase perdida nos recessos do tempo.

Nesse contexto, como observou Darwin, é sem dúvida muito importante que "o amor ainda seja o tema mais comum de nossas canções".[8]

Darwin também sugeriu que a evolução do canto e da linguagem tinha ligações estreitas. Ele achava que o canto viera primeiro, e que a fala evoluíra da música. A esse respeito, ele antecipou grande parte do pensamento evolutivo moderno sobre a origem da linguagem humana. Contudo, em vez de a música preceder a linguagem, o musicólogo Steven Brown propôs que ambas surgiram de um sistema comunicativo comum, a "musilíngua". Quando se apartaram, a linguagem tornou-se mais importante para a comunicação exata, e a música passou a desempenhar um papel predominantemente social, para dar conta das ligações afetivas e da unidade do grupo.[9]

Conexão social

As evidências fósseis sugerem que a capacidade de produzir sons proto-musicais já poderia ter evoluído há cerca de um milhão e oitocentos mil anos no *Homo ergaster* e no *Homo erectus*, que andavam eretos e tinham dimensões cerebrais de aproximadamente 1.000cm^3, não muito menos que a média moderna de 1.400 cm^3. O peito em forma de barril e as capacidades vocais favorecidas, junto com canais auditivos semelhantes aos encontrados nos humanos modernos, sugerem que os sons de vozes já eram de grande importância para a vida social. Cerca de setecentos mil anos atrás, com o surgimento do *Homo heidelbergensis*, um aparelho vocal totalmente moderno surgiu, juntamente com ouvidos com capacidade máxima de perceber as variações dos sons da fala e do canto.[10]

Ninguém sabe quando as sociedades humanas descobriram pela primeira vez o poder do movimento e da produção de sons sincronizados. Os primatas não humanos não têm a capacidade de cantar junto com uma batida forte, embora os chimpanzés e bonobos às vezes tenham breves surtos de chamamentos sincronizados.[11] Assim que os proto-humanos desenvolveram essa capacidade, o canto e a dança provavelmente surgiram juntos. Através da coordenação de seus sons e movimentos, eles descobriram um poder por meio do qual o todo era mais do que a soma das partes. Essa atividade sincronizada viria a ter enormes efeitos sobre os membros do próprio grupo, e também sobre outras espécies. Os predadores ficariam impressionados com uma exibição do poder do grupo unido.[12]

Mesmo hoje, nos Estados Unidos e no Canadá, ensina-se aos caminhantes que porventura se depararem com ursos, pumas e outros predadores perigosos em suas excursões, que tentem se mostrar maiores do que são, levantando e agitando os braços ao mesmo tempo que fazem um barulho infernal. Se isso funciona com uma pessoa, deve funcionar bem mais para dez pessoas batendo os pés no chão, agitando os braços e cantando em sincronia. É provável que também tenha impressionado outros grupos humanos. Muitas sociedades tribais usavam cantos de guerra, o que ainda existe, de forma mais moderada, nos cantos das torcidas de futebol, como no *haka* ou canto de guerra maori, executado pela seleção de rúgbi da Nova Zelândia antes do início de uma partida.

Os seres humanos têm uma história muito longa de conexão social* mútua. Mesmo nas cidades modernas, essa tendência se manifesta de modo espontâneo e inconsciente. Quando pessoas estão caminhando e cantando juntas, elas com frequência entram em conexão umas com as outras e, sem pensar no que estão fazendo, ajustam seus passos.[13] Nossa tendência natural a caminhar em passos ou movimentos específicos em uníssono com os demais é formalizada na marcha militar. Quando as tropas marcham, elas se movem com mais coesão e eficiência do que se simplesmente andassem a esmo, em grupos aleatórios. Esse princípio teve um importante papel na disciplina militar 2 mil anos atrás, no Exército Romano, e os exércitos modernos ainda fazem demonstrações impressionantes de poder grupal, marchando em colunas de soldados acompanhados pelo rufar de tambores e música marcial.

As formas mais difundidas de conexão social mútua ocorrem através do cantochão, do canto e da dança. As pessoas respiram ao mesmo tempo, produzem sons em conjunto e movimentam-se em sincronia.

---

* A palavra *entrainment*, aqui traduzida como "conexão social", se refere à relação cronobiológica, física e comportamental de um indivíduo com seu meio ambiente. Especificamente, isso se refere à adaptação física e mental ao fuso horário em que ele vive. Isso inclui o fuso horário humano (24 horas), que o condiciona à hora de dormir e acordar, ao momento em que deve comer etc. Viajar perturba essa conexão, e demora alguns dias para o corpo se adaptar à nova região e redefinir o ritmo circadiano do corpo. Conexão musical interpessoal é o que acontece quando as pessoas se reúnem para a prática de atividades que envolvem a música – concertos, bailes, rituais religiosos etc. (N. do T.)

Elas atingem uma relação ressonante e rítmica com os outros membros do grupo. Mesmo quando não estão cantando e dançando ao som da música, mas limitam-se a ficar sentadas, à maneira de um público, podemos dizer que, apesar de sua não participação, elas estão se conectando socialmente, uma vez que mexem o corpo para com ele acompanhar a pulsação básica subjacente à música.

Embora seja inquestionável que Darwin estivesse certo sobre o papel competitivo da música no período de galanteio, ele negligenciou o papel cooperativo da música nas sociedades humanas, que hoje é o tema dominante nas discussões sobre a evolução musical.[14] Nas sociedades tradicionais, a música é basicamente participativa. Todos participam, seja cantando ou dançando, ou de ambas maneiras. Por meio da participação musical, as pessoas assumem uma identidade de grupo, quando então vivenciam e exprimem emoções em conjunto.[15] Na maioria das culturas, a música é um componente fundamental de rituais, incluindo os ritos de passagem, casamentos, ritos funerários e festivais sazonais.[16] Além de ajudar a manter a coesão de grupo, a música também contribui para expressá-la.

Da perspectiva evolutiva, portanto, a música talvez tenha emergido tanto do contexto de galanteio quanto da competição sexual, como sugeriu Darwin, além de ser uma expressão da solidariedade de grupo, de sua conexão e união. Ao participarem das mesmas canções, danças e cantos, em geral as pessoas se sentem parte de um todo maior. Nas danças tradicionais, elas estão conectadas a todos os que executaram essas mesmas danças antes delas, cantaram as mesmas canções e entoaram os mesmos cânticos.[17] Segundo a hipótese da ressonância mórfica (discutida no Capítulo 5), elas fazem eco a pessoas com as quais dançaram e cantaram em tempos remotos e que, ao fazê-lo, trazem o passado para o presente.

Entoar cânticos

Todos os estudiosos da evolução da música concordam que a música vocal precedeu a música instrumental, assim como acontece em nossa própria vida. Muitas mães cantam para seus bebês ou conversam com eles em uma voz de acalanto, às vezes chamada de "maternês", e muitas crianças ainda bem pequenas aprendem a cantar cantigas de ninar. Se elas aprenderem a tocar instrumentos musicais, isso geralmente só será feito depois que já tiverem aprendido a cantar.

Na essência, o acalanto difere do canto por ser mais repetitivo. Uma frase curta pode ser repetidamente cantada como uma melodia simples, como na entoação de mantras hindus e budistas. Ou, então, uma melodia simples pode ser cantada repetidamente, com palavras diferentes, como na entoação de preces e salmos nas liturgias das Igrejas Ortodoxa Oriental, Católica Romana e Anglicana. Nos cânticos, ao contrário do que acontece nas canções, em geral não há um padrão rítmico fixo; eles costumam seguir o ritmo das palavras.

Boa parte do que sei sobre o cântico e o cantochão provém de minha esposa, Jill Purce,[18] que, como não me canso de dizer, vem fazendo *workshops* sobre a voz e ensinando a entoação de cânticos e cantochão há mais de quarenta anos. Ela foi pioneira em uma modalidade de ensino que consiste em experimentar o poder da voz que é comum a todas as tradições espirituais. Em seus *workshops*, ela mostra como o cantochão, sobretudo na entoação do canto dos salmos, coloca grupos de pessoas em uma ressonância literalmente mútua. Ao entoar mantras, o grupo inteiro pode entrar em uma espécie de ressonância com aqueles que entoaram os mesmos cantos anteriormente (ver discussão a seguir. Aqui estão alguns dos princípios básicos do que ela ensina sobre vogais e mantras.

Vogais

Comparados com a fala, o canto e a simples entoação de um som musical implicam um prolongamento dos sons vocálicos. As vogais são produzidas com a boca aberta e um fluxo contínuo de ar, que vem dos pulmões. As consoantes interrompem esse fluxo de ar. Para articulá-las, bloqueia-se a saída do ar (*p, b, t, d, k, g*), desvia-se o ar para o nariz (*n, m*) ou cria-se um obstáculo para a passagem do ar (*f, v, s, z*).

Mesmo quando emitimos o som das vogais na mesma nota, cada vogal soa de uma maneira diferente. Isso acontece porque elas têm diferentes padrões de harmonias e sobretons, produzidos de acordo com o formato da garganta e da boca de cada pessoa, e porque são moduladas pela posição da língua. Os sons vocálicos criam padrões específicos de vibração, também no interior de outras partes do corpo.

Você mesmo pode fazer essa experiência. Bloqueie os ouvidos com a ponta dos dedos. Depois, tente entoar, na mesma nota, as vogais *i* (de piscina), *e* (como em m*e*tro), *a* (como em m*a*r), *o* (como em p*o*ça) e *u* (como em b*u*sca). Quanto mais eficaz for o bloqueio dos seus ouvidos, mais você sentirá as vibrações internas, produzidas em partes diferentes do seu corpo. Ao fazer esse exercício, você descobrirá, por exemplo, que o som de *a* se localiza basicamente no seu peito; e o som do *i*, na sua cabeça, fazendo seu crânio vibrar – e seu cérebro vibrar dentro dele. As consoantes *m* e *n* também têm efeitos vibratórios que você pode sentir ao bloquear seus ouvidos e produzir os sons *mm* e *nn*.

Mantras

Os mantras são sons sagrados, geralmente em línguas antigas, como o sânscrito. Há certos sons, ou séries particulares de sons, para doenças específicas ou outras circunstâncias, algumas para entrar em um estado de clareza e vazio, outras para entrar em sintonia com uma linhagem de mestres.[19]

Cânticos semelhantes aos mantras são usados em muitas tradições, inclusive entre os místicos sufis do Islã, onde as formas dos cânticos combinam-se com um movimento rítmico do corpo e uma respiração rítmica que podem ajudar a fazer com que os cantores entrem em um estado de exaltação mística ou de puro êxtase.[20] Por meio do canto comunitário, da respiração e produção dos mesmos sons, as pessoas podem entrar em sincronia umas com as outras.[21]

Alguns mantras são exotéricos, amplamente conhecidos e uma parte essencial da prece regular e da prática ritual. Outros são esotéricos, transmitidos em particular de mestre a discípulo.

O mantra mais conhecido e essencial na tradição hindu é ॐ, *Om* ou *Aum*. Os sons são desdobrados mais ou menos assim: *aa-oo-mm*. Você pode explorar seus efeitos físicos imediatos ao obstruir seus ouvidos e entoá-lo em uma única nota. Ao fazer isso, sinto que o som *aa* vibra basicamente em meu peito. Se eu então subir para o som *oo* por meio de um breve ó, as vibrações ascendem para a garganta e, depois, quando passo para o som *oo*, elas soam na parte inferior de minha cabeça, e o som do *mm* produz vibrações que se espalham a partir do meu nariz.

O mantra essencial nas tradições cristã, judaica e islâmica é *Amen* (Amém, em português), muito semelhante ao *Om*. Contudo, embora seja soletrado *Amén* na transliteração latina, sua pronúncia original na tradição judaica, nas Igrejas Ortodoxas do Oriente e no Islã é *Ameen*. (Em algumas versões do Novo Testamento grego, vem escrito como Αμήν, onde a segunda sílaba, ή, (*eeta*), é um *e* longo, por oposição a έ, (ípsilon), e um *e* breve. O latim tem apenas uma letra para *e*.)

A forma grega original, Αμήν, é mais poderosa quando expressa em forma de mantra do que a transliteração latina. Tente pôr em prática as duas versões. Quando o faço, na forma latina, as vogais *aa* e *eh* estão no meu peito, e a vibração passa para minha região nasal no *m* e no *n*. Entoar *aa-mee-nn* à maneira de um salmo tem um efeito muito diferente. Depois da vibração nasal de *mm*, o som de *ee* ressoa com a parte externa de meu crânio antes que o centro ressonante se reoriente para a região nasal nos *nn*.

Os mantras exotéricos são muito conhecidos e usados, mas os mantras esotéricos são mais especializados e passaram por muitas gerações, de mestre a discípulo, que os transmitiram oralmente. Os tibetanos percorriam grandes distâncias para a transmissão de um mantra de determinado mestre. Quando as pessoas usam esses mantras, nas tradições hindu e tibetana, elas acreditam – como costumo dizer – que estão entrando em sintonia com toda uma linhagem de mestres. Isso as conecta com as realizações desses mestres, com seus estados de conexão espiritual com a consciência última.

Esse é um ponto em que o entendimento tradicional dos mantras e minhas ideias sobre ressonância mórfica convergem. Quando as pessoas estão entoando um mantra em grupo, elas estão, simultaneamente, criando uma resposta emocional de pelo menos três maneiras distintas: primeira, com ressonâncias físicas dentro de seus tratos vocais e ossos, como vimos antes; segunda, através da conexão social que os membros do grupo põem em prática uns com os outros, entoando os mesmos sons em sincronia com uma marcação de compasso compartilhada; terceira, por meio da ressonância mórfica entre os que cantam no presente e os que cantaram o mesmo mantra no passado, em sintonia ao longo dos vários períodos de tempo.[22]

Efeitos do cantar em conjunto

Uma vantagem do canto repetitivo, ou de cantar canções simples em uníssono, é que todos podem participar, mesmo quando pensam que não têm uma voz boa ou que são desafinados. Sem dúvida, essa experiência de conexão e unidade é uma razão fundamental para o uso do cantochão e do canto em praticamente todas as sociedades, comunidades e religiões tradicionais. E talvez seja um dos grandes motivos pelos quais, no mundo moderno, tantas pessoas participam de coros religiosos ou comunitários. São atividades voluntárias, e ninguém participaria a menos que trouxessem algum benefício. E, de fato, as descobertas científicas sobre os participantes de cantochões constataram que, para a maioria deles, cantar junto fazia com que se sentissem melhor e contribuía para o aumento de seu bem-estar mental e emocional.[23]

Essas impressões subjetivas também são acompanhadas por mudanças fisiológicas mensuráveis. Amostras de saliva colhidas de participantes antes e depois de cantar mostraram aumentos significativos da imunoglobulina A (s-IgA), indicando uma maior atividade do sistema imunológico.[24] Essa forma de imunoglobulina é secretada externamente nos fluidos corporais, o que inclui o muco nos tratos brônquico, genital e digestório, constituindo uma primeira linha de defesa contra as infecções microbianas. Em um estudo com um coro clássico, os níveis da s-IgA aumentaram, chegando a uma média de 150% durante os ensaios e 240% durante a execução.[25]

Estudos com residentes de asilos que cantavam juntos mostraram reduções significativas em mensurações padronizadas de estresse e depressão, quando comparados com aqueles que não cantavam. Em um estudo de um ano de duração, idosos independentes que cantavam em um coro comunitário mostraram avanços significativos em sua saúde física e mental.[26] Em pacientes com demência, tanto cantar como ouvir música aliviavam alguns de seus sintomas mais perturbadores, entre eles, depressão e comportamento agressivo e agitado.[27]

Depois de uma ampla verificação das pesquisas sobre os efeitos do canto coral, um grupo de pesquisadores resumiu suas conclusões da seguinte maneira:

- O canto coral produz felicidade e levanta o ânimo, neutralizando sentimentos de tristeza e depressão.
- Cantar implica concentração dirigida, o que reduz as preocupações.
- Cantar implica um profundo controle da respiração, o que se contrapõe à ansiedade.
- O canto coral resulta em uma sensação de apoio social e amizade, o que atenua os sentimentos de isolamento e de solidão.
- O canto coral implica educação e aprendizagem, o que mantém a mente ativa e combate o declínio das funções cognitivas.
- O canto coral implica o compromisso regular de comparecer aos ensaios, motivando as pessoas a não ficar fisicamente inativas.

Os efeitos benéficos da música, que hoje são inquestionáveis, constituem a base de uma modalidade terapêutica, a musicoterapia, que pode ser usada para ajudar adultos ou crianças com transtornos do comportamento ou transtornos emocionais; também é de grande utilidade no controle da dor, no relaxamento e em muitos outros contextos, inclusive na terapia para gestantes e seus bebês ainda não nascidos.[29]

A partir do terceiro mês de gestação, o feto consegue ouvir sons e reagir à música no útero, como demonstram seus movimentos por meio da ultrassonografia. E os bebês e as crianças por volta de 1 ano de idade muitas vezes se acalmam quando ouvem música, razão pela qual as mães, em muitas culturas, sempre cantaram canções de ninar para eles.

Não é de se estranhar que a música estimulante tenha efeitos fisiológicos estimulantes, e que tenda a aumentar a frequência cardíaca, a frequência respiratória e a pressão arterial, em parte por meio da ativação da liberação de adrenalina; a música lenta é associada à diminuição dessas mensurações. Essas mudanças fisiológicas são controladas por atividades no interior do tronco encefálico, a parte do cérebro que se liga à medula espinhal, por meio da qual os nervos motores e sensoriais passam da parte principal do cérebro para o resto do corpo. O ritmo musical afeta a ativação das células neurais no tronco encefálico, colocando-as em sincronia com a música.[30] Uma sincronização semelhante ocorre no cerebelo, que se ocupa da coordenação dos movimentos e do equilíbrio.[31] Tanto o tronco encefálico como o cerebelo são partes evolutivamente antigas do cérebro, dentro do chamado cérebro reptiliano.

Os efeitos de diferentes tipos de sons podem estar associados a antigos instintos evolutivos:

A música comumente classificada como "estimulante" imita sons da natureza, como os sinais de alarme de muitas espécies, que sinalizam acontecimentos potencialmente importantes (por exemplo, sons ruidosos com um súbito início e um breve padrão repetitivo). Curiosamente, o afeto positivo e a antecipação de recompensa também já foram associados à alta frequência, a breves padrões de chamamento. Isso, por sua vez, acentua o sistema nervoso simpático (batimento cardíaco, condutividade da pele e respiração). Por outro lado, a música "relaxante" imita sons naturais reconfortantes, como as vocalizações maternas, o ronronar e o arrulhar (sons suaves de baixa frequência, cuja amplitude vai sendo gradualmente aumentada), que atenuam o sistema nervoso simpático.[32]

Embora os ritmos sejam primordialmente ligados ao tronco encefálico e ao cerebelo, as melodias são basicamente processadas no hemisfério direito do córtex cerebral, o lado oposto do cérebro em relação às áreas de processamento básico da linguagem.[33] E não surpreende, pois, que a música prazerosa também ative regiões do cérebro (no sistema mesolímbico) que tem ligações com a estimulação e a experiência do prazer.[34]

Outro efeito da música que tem raízes na história do antigo sistema evolutivo é seu efeito nos níveis do hormônio oxitocina, o chamado "hormônio do amor", que é encontrado em muitos invertebrados e em todos os vertebrados, onde é produzido no cérebro e secretado pela glândula pituitária. (Em termos químicos, a oxitocina é um peptídeo formado por uma cadeia de nove aminoácidos.) Esse hormônio participa do comportamento reprodutivo e da postura de ovos, inclusive das minhocas, bem como do período de galanteio e atividade sexual de rãs e sapos, répteis e pássaros, nos quais estimula o comportamento que leva à formação de laços afetivos.[35] O mesmo se pode dizer dos mamíferos, o que inclui os ratos cantores e os *hamsters*.[36]

Da mesma maneira, nos seres humanos a oxitocina desempenha um papel na formação de laços afetivos, na atividade sexual e durante o parto. Nas mães que amamentam, a liberação de oxitocina na corrente sanguínea é parte do reflexo de gotejamento ou vazamento de leite, que geralmente acontece quando a mãe ouve seu bebê chorar. Os níveis de oxitocina no cérebro não podem ser mensurados de forma direta, mas sua concentração no sangue aumenta nos bebês que ouvem suas mães cantando para eles em "maternês". Em outros estudos, os níveis de oxitocina aumentavam quando as pessoas cantavam[37] e, depois de uma cirurgia, os pacientes hospitalizados que ouviam música relaxante ficavam mais descontraídos e apresentavam níveis de oxitocina mais altos do que aqueles que não tinham ouvido música.[38] A oxitocina favorece o comportamento confiante e reduz o medo e a ansiedade.

Privação musical

Como acabamos de ver, a música tem muitos efeitos positivos sobre a saúde, o bem-estar, a formação de laços afetivos e a coesão grupal. A consequência natural é que a falta de música tem efeitos negativos sobre a saúde, o bem-estar, o vínculo social e a coesão do grupo.

Em seu livro *Dancing in the Streets: A History of Collective Joy*, Barbara Ehrenreich afirma que a privação musical está ligada ao aumento da incidência de depressão nas sociedades seculares modernas, onde poucas pessoas cantam juntas.[39]

Em muitas sociedades tribais e de caçadores-coletores, praticamente todas as pessoas se reúnem para cantar e dançar. Porém, à medida que as sociedades agrícolas modernas se desenvolveram, com o crescimento das cidades e das hierarquias sociais, houve um conflito entre danças extasiadas e a preservação da ordem social. As pessoas em estado de êxtase têm menor percepção do meio circundante e das coerções sociais vigentes. Elas ficam mais abertas a estados alterados de consciência, que podem incluir uma percepção de conectividade espiritual e uma grande alegria. Nas sociedades hierárquicas, a preservação da dignidade e autoridade dos que ocupam o topo da pirâmide social entra em conflito com sua participação em danças com os que lhes são socialmente inferiores. Em algumas sociedades, as festas têm aliviado essa tensão ao permitirem uma inversão da ordem social, como no festival das Saturnais na Roma

Antiga, em 17 de dezembro, quando os servos se tornavam senhores, e vice-versa.

Eu mesmo vivi essa inversão de papéis quando morei na Índia. Enquanto trabalhei no Instituto Internacional de Pesquisa em Colheitas para os Trópicos Semiáridos (ICRISAT), perto de Hyderabad, morei no anexo de um palácio em péssimo estado de conservação. O palácio pertencia a um jovem rajá cuja família fazia parte da nobreza tradicional do estado de Hyderabad. O rajá e sua esposa, a rani, eram hindus devotos e, em geral, levavam uma vida tranquila. Na véspera do festival de *Holi*,* um pouco antes do equinócio da primavera, eles me convidaram para me juntar a eles ao redor da fogueira que seria acesa no **átrio** do palácio.

Durante meu primeiro ano na Índia, eu não tinha nenhuma ideia do que esperar, e fiquei maravilhado com o que aconteceu. Quando dei por mim, estava no meio de um grupo que incluía todos os serviçais e suas famílias. A dança ao redor da fogueira era desenfreada. O jovem *mali*, ou jardineiro, um rapaz muito animado, fazia as vezes de chefe e insultava o rajá a plenos pulmões, dirigindo-se a ele de maneira bastante desrespeitosa e petulante, no meio de gargalhadas gerais. Na manhã seguinte, a rani ofereceu-me um copo de uma "beberagem *holi* especial", que mais tarde descobri ser um *bhang*, uma decocção de folha seca da maconha. Todos embriagados e com o espírito totalmente festivo, corríamos de um lado para o outro, esguichando água colorida uns nos ou-

---

* *Holi* é um festival de primavera que também é chamado de "festival das cores" ou "festival do amor". Depois de ficar conhecido no sul da Ásia, o festival se difundiu por países da Europa e dos Estados Unidos. As pessoas se reúnem para cantar e dançar e, na manhã seguinte, tem início um festival de cores e brincadeiras, com os participantes brincando, colorindo-se e perseguindo uns aos outros com balões cheios de água multicolorida. Tudo isso acontece nas ruas e parques, fora dos templos; alguns grupos levam tambores, outros tocam instrumentos musicais mais refinados, e todos vão de um lugar para outro, cantando, gritando e dançando. (N. do T.)

tros. Repetindo o que já afirmei, não havia nenhuma distinção de classe ou casta. Todos se divertiam. No dia seguinte, a vida normal retomava seu curso, mas tudo ficava muito diferente.

No Antigo Testamento, a dança é celebrada nos salmos e, sem dúvida, era normal nas festas de casamento e outras celebrações, mas havia um conflito inevitável com a hierarquia e a dignidade. O rei Davi participou quase nu de uma festa nas ruas de Jerusalém (*2 Samuel*, 6, 14), mas sua esposa Mical desaprovou severamente seu comportamento, dizendo-lhe que ele havia "desonrado a si mesmo ao desnudar-se aos olhos das servas de seus servos, descobrindo-se sem pudor, como qualquer um do povo desavergonhadamente o teria feito!" (*2 Samuel*, 6, 20). E os profetas hebreus desaprovavam as danças extasiadas que os judeus compartilhavam com os outros habitantes da Palestina. O conjunto dos profetas condenava suas danças nos bosques sagrados, dedicadas às deusas dos cananeus, que podiam facilmente transformar-se em orgias.[40]

Na antiga Grécia, havia um conflito semelhante entre os rituais extáticos associados a Dionísio, o deus do vinho, e as forças da disciplina militar – um conflito claramente mostrado na peça *As Bacantes*, de Eurípides. O rei guerreiro Penteu tentou ser enérgico com as **mênades**, deusas campestres que seguiam Dionísio. No fim, porém, ele não conseguiu resistir; disfarçou-se com roupas femininas e entrou na dança, só para encontrar uma morte terrível quando foi dilacerado membro a membro por sua própria mãe.

Na Roma Imperial também não se presumia que pessoas ricas e importantes se entregassem publicamente à permissividade de danças imorais. Ainda assim, o culto dionisíaco a Baco (o deus romano equivalente a Dionísio) tornou-se cada vez mais popular, até que passou a ser visto como uma ameaça. Foi duramente reprimido em 186 a.C., quando cerca de 7 mil homens e mulheres foram presos por terem participado de ritos báquicos, e a maioria foi executada.[41] Os antigos deuses e deusas só eram acessíveis por meio de danças e do **êxtase** ritualmente induzido. Por sua vez, os deuses mais recentes do céu, como Yahweh e Zeus, falavam através dos profetas e padres.

Com a chegada de Jesus, a situação mudou novamente. Jesus tinha um aspecto dionisíaco, e é celebrado com vinho na Sagrada Comunhão. Seu primeiro milagre foi a transformação de quase setecentos litros de água em vinho em uma festa de casamento, depois que só restava muito pouco da bebida original (*Evangelho Segundo São João*, 1: 1,2). Nas reuniões dos cristãos primitivos geralmente havia festejos, bebidas e, talvez, danças,[42] e uma tensão entre a alegria das celebrações e a desconfiança contra o comportamento desordeiro é algo que acompanha toda a história cristã.

Na Idade Média, festas e carnavais eram amplamente tolerados pela Igreja Católica Romana. Na Reforma Protestante, porém, essas celebrações populares foram denunciadas por alguns dos Reformadores, em particular pelos calvinistas. No século VII, os puritanos ingleses tentaram proibir totalmente as danças, e proibiram os *maypoles*,* que eram o ponto de convergência das danças em cidades e vilarejos. Contudo, assim como houve ganhos, também houve perdas. Antes da Reforma, as congregações eclesiásticas desempenhavam um papel de pouca importância no culto, mas depois, sobretudo na Alemanha luterana, elas foram encorajadas a cantar. E o próprio Lutero gostava de dançar.

---

* Poste de madeira ("Mastro de Maio") alto e enfeitado em seu topo com uma guirlanda de flores da qual pendem longas fitas vermelhas e brancas, ou multicoloridas, usado para celebrar o dia 1º de maio (Festa da Primavera). Cada membro escolhe uma fita de sua cor preferida e todos começam a girar em movimento durante o qual as fitas vão sendo trançadas. Em muitos outros países, esse é o Dia do Trabalho. (N. do T.)

Embora a depressão talvez já existisse no mundo antigo, Ehrenreich assinala que, a partir do século XVII, ela se tornou uma característica cada vez mais predominante na cultura europeia. A melancolia estava em ascensão, sobretudo nos países protestantes. Uma nova ênfase na autonomia do eu trouxe uma maior consciência da liberdade individual, mas também era um fator de isolamento. Ao lado da desagregação social vivenciada por muitas pessoas em decorrência da mudança de vilarejos para cidades, esse novo individualismo foi acompanhado por um aumento significativo e contínuo da ansiedade e da depressão.

No século XIX e nos primórdios do século XX, exploradores e missionários europeus ficavam muitas vezes chocados com as danças extasiadas dos povos nativos, sobretudo quando eles entravam em transe, às vezes espumando pela boca, sem sentir dor, tendo visões e acreditando-se estar possuídos por espíritos ou divindades. Na introdução de um livro sobre danças tribais publicado em 1926, o autor, W. D. Hambly, teve que pedir a seus leitores que fossem compreensivos com o tema:

> O estudante da música e da dança primitivas deve cultivar o hábito da largueza de espírito e da consideração para com as raças atrasadas. [...] A música e a dança praticadas desregradamente ao redor de fogueiras em uma floresta tropical já provocou, e não poucas vezes, a censura e a repulsa de visitantes europeus, que só souberam ver aquilo que é grotesco e sensual.[44]

Os ocidentais educados tinham suas próprias danças discretas e comedidas, embora seus compatriotas menos educados também dançassem alucinadamente no Carnaval e em outras festividades.

No Caribe e nas Américas, no início do século XIX, a produção musical por escravos de ascendência africana não era apenas emocionalmente perturbadora para alguns proprietários de escravos brancos, mas também ameaçadora do ponto de vista político. Revoltas irromperam com frequência em épocas de festas ou celebrações, inclusive durante o Natal, quando as danças davam aos povos oprimidos uma maior sensação de solidariedade, comunidade e cooperação. Essa perspectiva histórica é **uma das razões pelas quais a revolução do** *rock'n'roll*, que começou no final da década de 1950, teve um efeito tão profundo sobre a sociedade. Houve um retorno do recalcado.[*] O som produzido por músicos brancos a partir de Elvis Presley inspirava-se na música afro-americana, ela própria com profundas raízes na música negra religiosa. Artistas negros das décadas de 1950 e 1960, como Ray Charles, Little Richard e Aretha Franklin, reconheciam sua evidente dívida para com a música negra religiosa, e muitos deles cantavam tanto canções religiosas como seculares.

A revolução do *rock'n'roll* transmitiu algo de uma percepção afro--americana do ritmo a povos de descendência europeia. E, a partir da década de 1960, graças a festivais musicais como o Glastonbury Festival na Inglaterra, houve um retorno de alguma coisa da antiga intuição carnavalesca. Contudo, a despeito do fato de esses acontecimentos serem seculares, e não religiosos, há uma grande diferença das formas de celebração mais antigas. As pessoas dançam em festivais, clubes e festas, mas a maioria não canta nem produz, ela mesma, a música cujo padrão rítmico é o que as induz a dançar. Elas são consumidoras, e não criadoras. Se o fato de ouvir música sozinho fosse suficiente para acabar com a depressão, não haveria o imenso contingente de pessoas deprimidas nas

---

[*] O retorno do recalcado (ou do reprimido) é o processo pelo qual elementos reprimidos (uma ideia ou conjunto de ideias) que haviam sido recalcados para a esfera do inconsciente, tendem a reaparecer, na consciência ou no comportamento, de maneira mais ou menos irreconhecível. Segundo a psicanálise, nesse retorno à consciência o passado se apresenta de maneira deformada ou distorcida – como *o recalcado*, os *lapsos, sonhos, atos falhos* etc. (N. do T.)

últimas décadas, uma vez que a música se tornou onipresente graças ao rádio, às gravações, à música ambiente, às trilhas sonoras, aos leitores de CDs e DVDs portáteis e à internet. Porém, os índices de depressão aumentaram, em vez de regredir.[45]

Os que frequentam igrejas ainda cantam juntos, assim como o fazem os membros dos coros. Contudo, a maioria da população europeia e, atualmente, também grande parte da norte-americana, não canta em igrejas nem em coros. Isso talvez ajude a explicar a popularidade dos karaokês, que oferecem a tantas pessoas a possibilidade de voltar a cantar. É provável que qualquer tipo de canto seja melhor do que canto nenhum. Ainda assim, cantar com um propósito espiritual talvez seja mais eficaz do que cantar com objetivos que, por nada terem a ver com a religiosidade, são próprios do mundo – em outras palavras, são tão somente temporais e mundanos –, pois o canto espiritualizado pode levar a um sentido de conexão não apenas com outras pessoas, mas também com a consciência mais-do-que-humana, extrapolando a esfera do humano para alcançar os domínios do divino. Essa foi, pelo menos, a experiência da cantora negra de gospel, Mahalia Jackson, que afirmou: "Eu canto a música de Deus porque ela faz com que eu me sinta livre e me dá esperança. No caso do *blues*, quando a canção termina você ainda sente *the blues*".[46]*

---

* Quando um falante da língua inglesa pensa, escreve ou fala em *the blues*, o que lhe vai pela mente é "má sorte", "traição", "arrependimento" etc. O mesmo acontece quando ele perde o emprego, quando é abandonado por seu amor, quando seu cachorro morre e tantas outras coisas do gênero. Nesse caso, esses sentimentos são conhecidos pelo termo genérico *the blues*, em que *blues* costuma ser precedido pelo artigo definido *the*. Da mesma maneira que a música popular negra norte-americana que surgiu na década de 1940, o *blues* (não necessariamente antecedido por *the*) também descreve um estado de espírito caracteristicamente melancólico; suas letras em geral tratam de todos os tipos de revezes pessoais, mas a música vai muito além da autopiedade, uma vez que também diz respeito à superação da má sorte. É visceral, catártica, liberadora de emoções ou tensões reprimidas e profundamente emocional. (N. do T.)

Deusas, deuses e espíritos musicais

Deusas, deuses, anjos, espíritos e Deus amam a música. Seus devotos cantam para eles, entoam-lhes cânticos, invocam-nos através da música, louvam-nos por meio de Salmos e hinos, e os próprios anjos **são seres** musicais, como em um famoso cântico de Natal: "Cantem, coros dos anjos, cantem em exultação!".

Os antigos gregos achavam que as deusas e as musas inspiravam as artes. Na mitologia grega, esse é o motivo pelo qual a música é chamada de música. Orfeu, o lendário músico e arquétipo dos cantores inspirados, era filho de uma musa. Da mesma maneira na Índia, acredita-se que a música seja inspirada por uma deusa, Saraswati, que costuma ser representada tocando uma *vina*, um instrumento de corda. No Sul da Índia, os concertos de música indiana clássica geralmente começam pela invocação dessa deusa.

Judeus, cristãos e muçulmanos acreditam, todos, que Deus ama a música. Todas as três tradições reconhecem os Salmos como canções sagradas e, no Alcorão (Sura* 4:163), Deus é identificado como sua fonte: "[...] e a Davi demos os salmos". Muitos dos Salmos dizem respeito à criação musical, em alguns casos por humanos, mas também por não humanos, como no Salmo 98, 5-9): "Celebrai com júbilo ao Senhor, todos os confins da terra; regozijai-vos e cantai louvores. Cantai com harpa louvores ao Senhor, com harpa e voz de canto; com a tuba e ao som de buzinas, exultai perante o Senhor, que é rei. Ruja o mar e sua plenitude, o mundo e os que nele habitam. Os rios batam palmas, e juntos cantem de júbilo os montes, na presença do Senhor, porque ele vem julgar a terra; julgará o mundo com justiça e os povos, com equidade".

---

* Do árabe سورة *sūrah*. Nome dado a cada capítulo do Alcorão (há 114 suras no livro sagrado da religião islâmica). (N. do T.)

Nada menos que três dos Salmos (96, 98 e 149) começam com as palavras "Cantai ao Senhor um cântico novo". A tradição musical das igrejas do Ocidente, tanto católicas-romanas quanto protestante, desde o século XVI até nossos dias tem produzido uma impressionante variedade de novas canções, algumas delas de grande beleza. E Deus não aprecia somente novas canções, mas também, em outras tradições religiosas, antigas canções, cânticos tradicionais e formas musicais recitativas e monódicas, geralmente com ausência de ritmo.

Por que os seres espirituais gostam de música? Os humanistas ateus e seculares têm uma resposta pronta. Seres espirituais não podem gostar de música porque simplesmente não existem. Os seres humanos gostam de música e, por esse motivo, projetam essa atividade humana em deuses, deusas e anjos imaginários. Na música sacra e no cantochão, os humanos não estão se conectando com formas superiores de consciência, mas apenas com ocorrências eletroquímicas em seus cérebros.

Por outro lado, a maior parte das tradições religiosas – quando não todas – admite, sem questionar, que a realidade última do Universo é vibratória ou sônica e, ao mesmo tempo, consciente. Em várias narrativas hindus, o Universo foi formado por sons primais, acima de tudo pelo mantra *Om*. Na tradição judaico-cristã, Deus cria pela fala. A Palavra de Deus, ou logos, para usar um termo grego, é a segunda pessoa da Santíssima Trindade Cristã. Deus, o Pai, é o Criador da Palavra. O Espírito Santo é o sopro vital que possibilita a emissão vocal da palavra.

No "Mito de Er" de Platão, que se encontra no fim de *A República*, ele descreve a jornada da alma através dos círculos giratórios dos céus, que conduzem os planetas, com cada nível planetário emitindo sua própria nota, criando uma harmonia cósmica.[47] O poeta romano Marco Túlio Cícero (106-43 a.C.) também escreveu um livro chamado *Da*

República, em parte inspirado em Platão, que também incluía uma jornada celeste chamada "O Sonho de Cipião", em que o avô já falecido de Cipião era quem o guiava. Ele visitou o lugar onde almas que já partiam vivem na Via Láctea, permitindo-lhe ter uma visão das esferas planetárias como se as visse de um ponto exterior, exatamente como o faria um astronauta dotado de grande poder; para ele, a Terra ocupava uma posição central no Universo, circundada pela Lua e pelas esferas dos ouros planetas, e ele ouvia um "clamoroso e agradável som" causado pelo movimento das próprias esferas. Seu avô explicava que "Os homens de grande saber, imitando essa harmonia com seus instrumentos de cordas e seu canto, haviam obtido uma volta a essa região, como acontecera com aqueles dotados de habilidades excepcionais que haviam estudado as questões de natureza divina, inclusive na vida terrena. Os ouvidos dos mortais estão repletos desse som, mas eles são incapazes de ouvi-lo".[48]

Sem dúvida, hoje temos uma cosmologia muito diferente, e a Terra deixou de estar em seu centro. Os estudos de Johannes Kepler (1571-1630) sobre os movimentos dos planetas mostraram que eles se movem ao redor do Sol, e que o fazem não em círculos, mas em elipses. Em 1619, ele fez um relato das canções dos planetas que descreviam sua verdadeira música como polifônica, e não como uma escala estática de notas, como nas visões anteriores da harmonia das esferas. À medida que os planetas se moviam em suas órbitas elípticas, eles aceleravam e desaceleravam, criando um entrelaçamento de tons. Sugestivamente, Kepler publicou suas descobertas em um livro chamado *Harmonices Mundi* (*A Harmonia do Mundo*).

Ainda se verifica, sem dúvida, que os planetas têm órbitas elípticas de determinados períodos ou frequências, e que o Sol também tem um movimento orbital no interior da galáxia, como o fazem as outras estrelas. Essas frequências são demasiado lentas para serem registradas como tons pelo ouvido humano, mas, se houvesse uma mente galáctica, ela poderia ouvir perfeitamente bem os ritmos repetitivos de todos esses movimentos celestes como tons ou qualidades, como uma espécie de música planetária, estelar e galáctica.

No segundo plano de todas essas teorias musicais do cosmos estavam os ensinamentos seminais da escola de Pitágoras, na antiga Grécia. Os pitagóricos acreditavam que números, correlações e proporções subjaziam à totalidade do cosmos. Eles também mostraram que a música lançava uma ponte entre quantidade e qualidade, entre matemática – aspectos mensuráveis da música – e experiência subjetiva. Os intervalos musicais podiam ser, ao mesmo tempo, ouvidos de modo consciente e expressos em termos matemáticos. Por exemplo, se uma flauta for duas vezes mais longa que outra, a nota que ela fizer soar será uma oitava mais baixa. Se ela tiver metade do tamanho, a nota será uma oitava mais alta. O mesmo se pode dizer da extensão das cordas nesse tipo de instrumento (desde que a espessura e a tensão se mantenham constantes). Esses princípios também se aplicam a nossas pregas vocais, que são semelhantes a cordas.[49]

A ciência contemporânea segue os mesmos princípios, mas nos fornece mais detalhes sobre a relação de quantidade e qualidade. Se você executar uma batida/ritmo uma vez por segundo, ouviremos uma série de batidas que podemos contar. Porém, quando as batidas se tornarem cada vez mais rápidas, cerca de vinte batidas por segundo (20 Hertz ou Hz, para abreviar), não conseguiremos mais contá-las; em vez disso, porém, ouviremos notas graves – mais qualidades do que quantidades. Quando a frequência aumenta, as notas ficam cada vez mais agudas. Em uma escala de aproximadamente 20 a 20.000 Hz, ouvimos vibrações como tons, como qualidades. Contudo, elas também são mensuráveis quantitativamente como frequências. No sistema de sintonização convencional, a nota Lá acima de Dó médio é definida com uma frequência de 440 Hz. A nota Lá uma oitava abaixo tem uma frequência de 220 Hz; Lá uma oitava acima, 880 Hz.

A mecânica quântica ampliou esses princípios pitagóricos às partículas fundamentais da matéria, que não são de natureza sólida, mas sim de padrões vibratórios, como é a luz. Átomos, moléculas e cristais são, todos, estruturas vibratórias. De fato, tudo na natureza é rítmico e vibratório, inclusive nossa própria fisiologia, com nossas ondas cerebrais, nossos batimentos cardíacos, padrões de respiração, ciclos diários de vigília e sono, ciclos menstruais das mulheres e ciclos anuais para todos nós.

Para os pampsiquistas, é bem provável que haja muitas formas de mente ou consciência na natureza, cada uma das quais vivencia qualidades e sentimentos em seu próprio nível. E se padrões de ondas em muitos níveis distintos adquirem consciência, desde o mínimo possível, nas partículas subatômicas, até o máximo possível, nos aglomerados de galáxias e, na verdade, na totalidade do cosmos? E se a qualidade, como o som, por exemplo, e a quantidade, como as frequências e as amplitudes, caminharem juntas em todos os níveis de complexidade mental – e não apenas na mente dos animais? E se toda a natureza puder ser vivenciada em forma de música?

O sufi e músico indiano Hazrat Inayat Khan (1882-1927) expressou essa possibilidade da seguinte maneira:

> Do modo como a conhecemos em nossa linguagem do dia a dia, a música nada mais é que uma miniatura: aquela que nossa inteligência apreendeu daquela música ou harmonia do todo do Universo que nos cerca. A harmonia do Universo é o plano de fundo da pequena imagem que chamamos de *música*. Nossa percepção da música e nossa atração por ela mostram que a mú-

sica está nos recessos profundos de nosso ser. A música está por detrás do funcionamento da totalidade do Universo. A música não é apenas a grande finalidade da vida, mas a vida em si mesma.[50]

Algum aspecto do mesmo *insight* subjaz à primeira parte de *O Silmarillion*, de J. R. R. Tolkien, o autor de *O Senhor dos Anéis*, que relata o mito da criação do Universo Eä, que contém a Terra-Média. A história começa com a criação de seres semelhantes a anjos:

> Havia Eru, o Uno, que em Arda é chamado de Ilúvatar. Ele criou primeiro os Ainur, os Sacros, gerados por seu pensamento e estavam com ele antes da criação de tudo o mais. E falou com eles, propondo-lhes temas musicais; e cantaram em sua presença, e ele se alegrou. Por muito tempo, porém, eles cantaram cada um por si mesmo, ou apenas alguns cantaram juntos, enquanto os outros escutavam; pois cada um compreendia apenas aquela parte da mente de Ilúvatar da qual havia procedido e, no entendimento de seus irmãos, evoluíam lentamente. Contudo, de tanto escutar, adquiriram uma compreensão mais profunda, tornando-se mais uníssonos e harmoniosos.[51]

O imaginário poético de Tolkien por meio da música nos ajuda a aprofundar nossa imaginação. A música cósmica está muito além de nossa gama normal de experiências, mas os mitos de criação e os contadores de histórias e poetas nos ajudam a ter um vislumbre de algo como um mundo consciente, muito além de nossa mente limitada, embora nossa ligação com ele se dê por meio da experiência compartilhada da música.

Para os que acreditam que a consciência só existe no interior do cérebro, a apreciação da música deve ser ligada a esse órgão; tudo o mais é inconsciente; a grande maioria do mundo não humano é surda a nossos cânticos e canções, ou seja, à música como um todo. Por outro lado, se todo o cosmos for consciente e contiver muitos níveis de consciência em seu interior, isso significará que a música pode nos ligar a mentes musicais de muito maior amplitude do que a nossa e, em última análise, à origem da própria vida.

Duas práticas musicais

CANTAR

Adquira a prática de cantar com outras pessoas. A maneira mais fácil de fazer isso é unir-se a um coro ou coral[52] comunitário ou a um coral de igreja, ou simplesmente frequentar uma igreja aos domingos. Na maioria delas, você poderá cantar hinos e salmos em um serviço matinal ou noturno. É o que eu faço, esteja onde estiver. É muito mais simples do que tentar reunir um grupo de amigos para cantar. Se você fica pouco à vontade em um serviço cristão, tente a Assembleia de Domingo* ou algum outro grupo secular que se reúne e canta regularmente. Se você é judeu, vá a uma sinagoga em que o canto oferece a oportunidade de participação individual. Se você é hindu, vá a um *bhajan*** ou a outro grupo onde as pessoas cantam juntas.

---

* A Assembleia de Domingo é uma comunidade secular que usa estruturas, práticas e rituais religiosos para oferecer aos ateus ou pessoas não religiosas em geral um espaço onde possam se reunir. Criada em 2013 pelos humoristas Sanderson Jones e Pippa Evans, atualmente já conta com mais de 70 comunidades em todo o mundo. Desde o começo adotou o ponto de vista de que o que importa são os valores compartilhados, e não os dogmas. Em uma manhã de domingo, centenas de pessoas se reúnem para meditar, cantar e ouvir poesia e trechos em prosa. A qualquer momento, uma banda começa a tocar canções dos Beatles, dos Rolling Stones, Jerry Lee Lewis etc. E, em vez do tradicional sermão das igrejas, o que se ouve, por exemplo, é uma palestra de Jessica Hill, psicóloga experimental e neurocientista, sobre a biologia de identificação de gênero e de orientação sexual. A missão da Assembleia de Domingo é ajudar todos a viver com o máximo de plenitude possível. (N. do T.)

** Local onde se fazem orações e rituais plenos de significado e conteúdo devocio-

ENTOAR CÂNTICOS

Pedi à minha esposa Jill um resumo de práticas simples, que todos nós podemos tentar. Eis aqui suas sugestões:

> Em sua maior parte, as práticas espirituais são caminhos que nos permitem estar no momento presente, estar aqui e agora. Só podemos cantar no presente, e, se ouvirmos o som no momento em que o produzimos, criaremos um circuito de atenção. Isso permite que nos integremos a duração sequenciada do aqui, onde a alegria deve ser encontrada. Quando as pessoas dizem que estão desencantadas, tomo essas palavras em sentido literal e digo-lhes que o remédio para o desencanto está em cantar. Encantar-se significa tornar e ser tornado mágico por meio do som.
>
> Todas as tradições têm sons sagrados que são repetidos como mediações para nos resgatar de nosso exílio das ilusões do passado e futuro, de nosso infinito círculo de aflições e ansiedades, e trazer-nos de volta ao agora. No Oriente, esses sons sagrados são incontáveis mantras, o mais conhecido talvez seja *Om*, enquanto no Ocidente – no judaísmo, cristianismo e islamismo – o mantra entoado e falado por muitos foi, e continua sendo, *Amém*; na verdade, alguns especulam que ambos possam ter uma origem comum.
>
> Sugiro que você exercite a seguinte prática.
>
> Feche os olhos e concentre-se em sua respiração; deixe que cada inspiração traga luz para seu corpo e, a cada expiração, libere as tensões e relaxe. A cada expiração, deixe cada problema esvair-se; a cada inspiração, sinta o que lhe vai por dentro até que tudo em você seja plena luz. Então continue, mas agora introduza o som, comece a cantarolar e deixe que o som seja como

---

nal. Um *bhajan* não tem formas prescritas nem regras estabelecidas. Sua forma é livre, geralmente lírica e baseada em *ragas* melódicas (modos melódicos da música clássica indiana). (N. do T.)

um raio de luz, explorando os mais profundos recessos de seu ser. O mais importante é que você ouça, mantendo o foco no som que está produzindo, de modo que nada impeça sua audição. À medida que continuar, comece a mudar a forma de sua boca, explorando diferentes sons vocálicos, fazendo movimentos giratórios com a língua até que o som que estiver ouvindo comece a modular-se e transformar-se.

Escolha qualquer mantra pelo qual você se sinta atraído e sente-se calmamente enquanto o entoa. Uma sugestão é entoar o mantra *Ah*, o mantra tibetano do espaço primordial e, ao mesmo tempo, ouvir a si mesmo, o que lhe permitirá integrar-se ao som que está produzindo. Aos poucos, deixe que o som se torne mais tranquilo até que você esteja presente, ouvindo a ausência de som. A dádiva do som é o silêncio.

7

Peregrinações e Lugares Sagrados

Milhares de espécies animais são migratórias. Geralmente, elas têm duas moradias, viajando de uma para outra durante um ciclo anual. As andorinhas chegam à Inglaterra na primavera, em geral retornando exatamente ao mesmo lugar em que nidificaram no ano anterior. No outono, elas voam para a África do Sul. Fazem a viagem inversa na primavera seguinte. Suas moradias são como dois polos entre os quais elas se movem. No Ártico, a andorinha-do-mar, uma pequena ave marinha, move-se literalmente entre dois polos em sua migração anual do Ártico, onde procria, ao Antártico, de onde volta novamente para o Ártico.

Essas migrações são propositais. Os animais migram para lugares que lhes oferecem condições ideais para procriação, e depois migram para lugares onde possam encontrar alimento e calor, enquanto ainda é inverno em seus locais de procriação.

Contudo, alguns animais fazem jornadas migratórias sem qualquer propósito biológico óbvio. O peixe-rei do rio Mtentu, na África Ocidental, faz jornadas anuais à nascente do rio, onde nada em círculos em sentido horário durante uma semana, antes de seu retorno. Eles nem procriam nem caçam em seu destino, e sua migração anual tem sido comparada a uma peregrinação.[1] Alguns grupos de chimpanzés levam pedras para o topo de certas árvores em seus territórios, onde jogam todas para o chão. O resultado é um monte de pedras ao pé da árvore, de modo bem parecido aos montes de pedras que os homens erigem como monumentos funerários ou marcos.[2]

Durante a maior parte da história humana, a grande maioria da humanidade foi migratória. Nossos ancestrais eram caçadores-coletores. Caçar e coletar significava movimentar-se para encontrar carne de caça e plantas comestíveis; havia ciclos intencionais de movimento nessas jornadas. Os povos tradicionais seguem caminhos migratórios, como os pastores das renas da Sibéria ainda o fazem em nossos dias.[3] Os aborígenes australianos viajaram por esses caminhos, ou *Song Lines*,* cantando a história dos lugares à medida que viajavam, com as canções indicando os pontos de água e os marcos divisórios.

Na América do Norte, as sociedades coletoras-caçadoras também faziam linhas delimitadoras para mostrar, em seus territórios, onde ficavam as fontes de recursos naturais, e também para mostrar os lugares apresentados nas canções e narrativas. Seus rituais ligavam-se a lugares sagrados específicos. O povo *paiute-shoshone* da Califórnia acreditava que determinada fonte de água quente indicava o lugar de sua criação, e que era um local de cura. O povo ameríndio *chumach* ajudava os mortos

---

* Na cultura aborígene, essas histórias ancestrais e sagradas são transmitidas como grandes ciclos de canções. As pessoas podem se especializar em capítulos ou seções de uma *songline* que relata toda a história da criação associada a uma específica extensão de terreno. Os habitantes das terras vizinhas terão os capítulos seguintes do que aconteceu com os ancestrais quando passaram por suas partes do país. As *songlines* podem ser entendidas, portanto, como "pistas cantadas": um caminho na terra (às vezes no céu) que assinala a trajetória seguida por um aborígene ancestral durante o Sonho (*Dreaming*). A filosofia aborígene é conhecida como "O Sonho", e se baseia na inter-relação de todas as pessoas e todas as coisas. (N. do T.)

em sua jornada, enterrando feixes de medicamentos no topo do monte de Santa Lucia. Uma das lendas *sioux* contava como uma mulher se recusou a levantar acampamento e seguir a trilha migratória da tribo por ciúme da nova esposa de seu marido. Ela então ficou para trás e se transformou em uma rocha fixada verticalmente no solo, num lugar hoje conhecido como *Standing Rock*.[4]

Da migração à peregrinação moderna

Há cerca de doze mil anos, teve início a Revolução Neolítica. As pessoas começaram a semear terras próprias para o plantio. Desde então, uma crescente proporção da humanidade passou a levar vidas estáveis em vilarejos, depois em pequenas e/ou grandes cidades. Para todas essas pessoas, e atualmente para todos nós, que vivemos em vilarejos, pequenas e grandes cidades, esse modelo imemorial de movimento contínuo chegou ao fim.

Quando a agricultura e a vida estável começaram, os pastores de ovelhas, gado, iaques e camelos continuaram a levar uma existência migratória, deslocando seus rebanhos e manadas em busca de água fresca e campos verdejantes. No verão, iam para terras mais altas e, no inverno, procuravam as mais baixas. Segundo o relato bíblico, quando Adão e Eva foram expulsos do Jardim do Éden, um de seus filhos, Caim, tornou-se agricultor, e o outro, Abel, tornou-se pastor. Como Abel, os patriarcas do Antigo Testamento – Abraão, Isaque e Jacó – foram pastores que circundavam as aldeias das pessoas estabelecidas. Nesse estágio, a humanidade era representada como meio estável e meio itinerante.

Antes do desenvolvimento da agricultura e da vida assentada, os lugares sagrados eram associados a festividades sazonais, quando as pessoas se mudavam de um lugar para outro.

A sacralidade dos santuários locais estendia-se às estradas que levavam a eles e às que os intermediavam, em caminhos ascendentes. Para as pessoas estabelecidas, o antigo hábito de viajar para os lugares sagrados persistiu e, em alguns casos, o movimento migratório do grupo foi substituído pelo ritual de viagens sagradas na forma de procissões religiosas.[5]

Com o desenvolvimento das cidades, as peregrinações se voltavam cada vez mais para templos construídos pelo homem. As cidades do mundo antigo eram sacralizadas – e justificadas – pela presença de templos, como no antigo Egito e na Suméria. No verão, todas as grandes cidades-Estado tinham um templo em seu centro. As civilizações menos urbanas, como a Inglaterra, construíram grandes centros cerimoniais, como os círculos de pedra de Avebury e Stonehenge, que foram erguidos há mais de quatro mil anos, mais ou menos na mesma época em que também o foram as pirâmides do Egito. Essas grandes estruturas devem ter sido lugares para os quais as populações convergiam para as festividades sazonais, fazendo viagens que já configuravam um protótipo das peregrinações.

Em *A República*, Platão aconselha os que se estabelecem em um novo país a primeiro descobrir os santuários e lugares sagrados das divindades locais, e então a reconsagrá-los aos princípios correspondentes na religião dos colonizadores, com festividades nos dias apropriados.[6] Na época de Platão, muitas religiões já haviam adotado esse princípio, e muitas o fizeram de imediato, inclusive as Igrejas Ortodoxa e Católica.

Moisés e Josué libertaram o povo judeu da escravidão no Egito, levando-o para a Terra Prometida – isto é, a Canaã ou à Palestina. Quando se estabeleceram ali, em um primeiro momento prestaram homenagem a uma série de lugares sagrados que haviam sido venerados muito antes de sua chegada, como Shiloh, um santuário da Idade do Bronze consagrado aos cananeus, onde Josué armou a tenda sagrada. O povo judeu também tinha seus locais de culto em bosques sagrados no topo das montanhas, e venerava a pedra sagrada em Betel, onde Jacó teve sua visão dos anjos que desciam do céu e a ele retornavam. Na Palestina, muitos outros megálitos eram sagrados para os habitantes que precederam os judeus nos territórios que lhes pertencia. Betel pode muito bem ter sido uma dessas pedras sagradas da Antiguidade, quando Jacó teve ali sua visão.[7]

Jacó havia ungido essa pedra com óleo e ali estabelecera um altar. Mais tarde, seus descendentes tornaram-se escravos no Egito. Ao voltarem para Canaã depois de muitas gerações, eles transformaram Betel no mais importante centro de peregrinações.

Depois da construção do templo em Jerusalém pelo rei Salomão, por volta de 950 a.C.,[8] essa cidade se tornou um ponto crucial de peregrinações, sobretudo na época das grandes festividades. Mais de dois séculos depois, o rei Ezequias, que reinou no período 715-687 a.C., destruiu os santuários no alto da colina e outros lugares sagrados, e tentou canalizar todas as peregrinações para o templo em Jerusalém. Contudo, ele não conseguiu suprimir a veneração em Betel, que continuou a rivalizar com Jerusalém como centro religioso até o reinado do rei Josias (640-609 a.C.), que concluiu a centralização da veneração judaica quando destruiu o santuário em Betel e pôs abaixo os bosques sagrados remanescentes. A partir de então, o foco da peregrinação judaica foi o templo na cidade, e não mais aqueles que se espalhavam por muitos bosques, relicários e outros lugares sagrados. Contudo, o princípio de peregrinação permaneceu vivo.

Na Grécia clássica, cada cidade-Estado tinha seu templo central para onde os cidadãos de regiões remotas voltavam para as festas regulares. Em Atenas, as grandes festividades Panateneias, celebradas a cada quatro anos, culminava em uma procissão a Acrópole, que está representada nos frisos do Partenon, o templo de Atena, a deusa padroeira de Atenas.[9] E assim como esses encontros locais, havia os centros de peregrinação exclusivamente gregos, como o santuário de Delfos, no qual os peregrinos consultavam o oráculo, e Olímpia, onde os Jogos Olímpicos se realizavam a cada quatro anos no festival de Zeus. Aqui, as pessoas podiam ver, em carne e osso, seus campeões fazendo grandes demonstrações de força, velocidade e persistência.

As tradições gregas clássicas também incluíam outro propósito essencial da peregrinação: a cura pessoal. Muitos peregrinos iam ao grande santuário de cura em Epidauro com a intenção de obter curas milagrosas dos deuses Apolo e Asclépio. Os peregrinos faziam oferendas e dormiam no interior do santuário, onde muitos afirmavam ter sido curados por meio de visões.

Essa tradição de incubação de sonhos continuou com a Igreja Ortodoxa Grega, em particular nas igrejas dedicadas aos dois santos curadores gêmeos, Cosme e Damião, dos quais se diz terem sido os primeiros a realizar com sucesso o transplante de uma perna para um membro amputado. Essa tradição continua em algumas igrejas e mosteiros ortodoxos onde os peregrinos passam a noite com a esperança de que lhes advenha, por inspiração divina, sonhos e curas.

Assim também, até hoje os peregrinos muçulmanos dormem nos santuários de santos sufis, com a esperança de receber sonhos de cura. Quando eu morava em Hyderabad, na Índia, alguns amigos muçulmanos me levaram ao santuário de uma divindade local, dentro de um antigo caravançarai,* um espaço murado em que os viajantes podiam

---

* Caravançarai também era, no Oriente Médio, uma estalagem para hospedar gratuitamente as caravanas que viajavam por regiões desérticas. (N. do T.)

descansar. O santuário ficava em um pátio, e grupos familiares se espalhavam, preparando-se para passar a noite ou para amparar um membro da família que estivesse com problemas sérios. Eles ficavam orando para que tivessem sonhos de cura, nos quais o santo apareceria para ajudá-los. Ouvi dizer que muitas pessoas tinham esses sonhos.

No Império Romano havia muitos lugares para peregrinação. Alguns ficavam perto de fontes, rios e grutas sagradas que só podiam ser visitados por membros da população local; outros eram bem mais famosos, e só se chegava a eles depois de muitos dias de viagem a pé. As práticas de alguns peregrinos eram semelhantes às dos monges budistas dos dias de hoje. Por exemplo, um tratado do século II d.C. intitulado *On the Syrian Goddess** descreve o modo como os peregrinos se preparavam para sua viagem à cidade sagrada de Hierápolis, na Turquia atual, raspando os cabelos e as sobrancelhas antes de partirem. Durante todo o trajeto, dormiam sempre no chão, nunca em uma cama, e só se banhavam com água fria.[11]

Para os primeiros cristãos, o lugar mais importante para peregrinações era Jerusalém, devido a sua importância central na vida, morte e ressurreição de Jesus. O próprio Jesus viajou a pé pela Terra Santa, e foi a Jerusalém para as maiores festividades.

Um dos primeiros e mais importantes peregrinos cristãos foi uma mulher: a imperatriz Helena (d.C. c. 250-c. 320), que ali esteve para descobrir os lugares importantes na vida de Jesus e buscar relíquias, inclu-

---

* *Da Deusa Síria*, uma descrição do culto da deusa Atargatis que o autor, Luciano de Samósata, parece equiparar à Hera grega, e de alguns locais onde esse culto tinha lugar. A obra, escrita originalmente em grego, foi traduzida para o latim como *De Dea Syria*. Luciano nasceu *c.* 125 em Samósata, na província romana da Síria, e morreu pouco depois de 181, possivelmente em Alexandria, Egito. Muito pouco se sabe a respeito desse escritor prolífico (foram-lhe atribuídas mais de 80 obras), mas é certo que o apogeu de sua atividade literária transcorreu entre 161 e 180, durante o reinado de Marco Aurélio. Satirizou e criticou acidamente os costumes e a sociedade da época. (N. do T.)

sive a cruz em que Jesus foi crucificado. Seu filho Constantino converteu-se ao cristianismo, fundou Constantinopla como capital do Império Romano do Oriente e construiu a Igreja do Santo Sepulcro no lugar em que se acreditava que Jesus havia sido sepultado e ressurgido dos mortos.

Jerusalém ainda é o principal local de peregrinação para os cristãos e os judeus, bem como para os muçulmanos. Em sua visionária "jornada noturna", Maomé voou para a montanha do templo em um corcel chamado Relâmpago, onde, de acordo com a tradição muçulmana, encontrou Abraão, Moisés, Jesus e outros profetas. Ele os levou em preces. Gabriel então acompanhou Maomé ao pináculo da montanha, onde apareceu uma escada de luz dourada. Nessa coluna reluzente, Maomé ascendeu ao longo dos sete céus até chegar à presença de Alá, de quem recebeu instruções para si próprio e para seus seguidores. Nesse lugar encontra-se o Domo da Rocha, um dos lugares mais sagrados no Islã.

No mundo cristão, muitos outros lugares para peregrinação foram erguidos nas imediações dos túmulos de mártires e outros santos, a cujas relíquias atribuía-se a capacidade de conectar o peregrino ao reino celestial ao qual os santos haviam ascendido. Seus túmulos eram vistos como lugares em que a terra e o céu se uniam. Por meio de suas relíquias, os santos no céu podiam estar presentes em seus túmulos terrestres. Esses túmulos já eram lugares de peregrinação por volta do século I d.C. e, por volta do século VI, os túmulos dos santos tinham se tornado centros de vida eclesiástica. Na Igreja Ocidental, o poder e a autoridade dos bispos eram estreitamente ligados aos relicários dos santos, que muitas vezes ficavam dentro das catedrais.[12]

A cidade natal do profeta Maomé, Meca, já era um importante centro de peregrinação quando ele nasceu, com os peregrinos centrados em uma pedra negra que, segundo a tradição, tinha caído do céu. Hoje, essa pedra negra está embutida em um canto da Caaba, o edifício cúbico no centro de Meca, o foco da peregrinação islâmica ao redor do qual os peregrinos dão sete voltas em sentido anti-horário. Esse é um dos poucos lugares no mundo em que a deambulação não é feita em sentido horário.

A Índia continua a ser o ponto de cruzamento de várias rotas de peregrinação que levam a cavernas sagradas, como Amarnath, no alto das montanhas da Caxemira, às nascentes de rios sagrados, como o Ganges, a montanhas sagradas como Kailash, no Tibete, e a muitos templos, árvores sagradas, grandes rochas e santuários no topo de montanhas. Os budistas saem em peregrinação a seus lugares sagrados, inclusive àqueles ligados à vida do Buda na Índia, como Bodh Gaya, o lugar sobre o qual se diz que o Buda alcançou a Iluminação sob uma *Bodhi Gaya* ou árvore-dos-pagodes.[3]

Tipos de peregrinação são encontrados em todas as partes do mundo. A peregrinação parece ser uma parte profundamente entranhada na natureza humana, com suas raízes nas migrações sazonais dos caçadores-coletores e, de modo mais remoto ainda, em muitos milhões de anos de migrações animais.

Exatamente por suas raízes antigas, a peregrinação foi atacada e abolida na Europa durante a Reforma Protestante. Os reformadores baseavam sua fé na autoridade da Bíblia, e não nas tradições pré-cristãs que, ao longo dos séculos, havia sido sincretizada e absorvida pela Igreja Católica, junto com novos costumes e tradições associados aos santos cristãos.

Na Inglaterra, havia grandes peregrinações ao santuário de São Tomás Becket na Catedral de Canterbury, rememorando seu martírio e tudo o que ele simbolizou em termos de resistência espiritual ao poder terreno e, em particular, ao poder real. São Tomás também era conhecido como o Grande Médico, um curador sem comparação em uma época sem médicos acessíveis ou ciência médica. Supunha-se que o poder de cura estava na água tingida com seu sangue, "o sangue de São Tomás", que os peregrinos compravam em ampolas de chumbo de vendedores nos arredores de seu santuário. A jornada até Canterbury foi imortalizada em *Os Contos de Cantuária*, de Geoffrey Chaucer, escrito nas décadas de 1380 e 1390, em que o autor reproduz histórias que os peregrinos contavam entre si durante a viagem.

Outro grande centro inglês de peregrinação foi Walsingham, em Norfolk, onde havia um santuário da Santíssima Virgem Maria na forma de uma Madona Negra, e sua Santa Casa, uma recriação do local em que ocorreu a Anunciação pelo Anjo Gabriel. Outro era a grande Abadia de Glastonbury, onde o rei Arthur teria sido sepultado e onde se diz que José de Arimateia (que cuidou do sepultamento de Jesus depois de sua crucificação) teria fincado seu cajado em uma colina próxima, onde ele criou raízes e transformou-se na espinheira-santa, que florescia no dia de Natal. As espinheiras-santas comuns florescem em maio. Afirma-se que os brotos originários da espinheira-santa original ainda florescem em Glastonbury no Natal.

Contudo, não havia nada sobre Canterbury, Walsingham ou Glastonbury na Bíblia, razão pela qual os Reformadores Protestantes consideraram essas peregrinações inválidas. Elas não tinham autoridade bíblica.

Em 1538, todas as peregrinações inglesas foram proibidas, no reinado de Henrique VIII, por Thomas Cromwell, seu primeiro-ministro. As disposições contra a peregrinação expressavam um rigoroso espírito protestante:

> Além das Escrituras, as pessoas não devem depositar sua confiança e fé em quaisquer outras obras criadas pelas fantasias dos homens; como, por exemplo, participar de peregrinações, oferecer dinheiro, velas ou círios a imagens ou relíquias, nem beijar ou lamber esses objetos, proferindo sobre várias contas palavras que não são compreendidas ou consideradas.

Os santuários foram destruídos, as abadias e mosteiros foram desmantelados e suas riquezas confiscadas pelo rei. A dissolução dos mosteiros destruiu em dobro o cenário peregrinatório, eliminando os principais destinos das peregrinações e, ao mesmo tempo, apropriando-se da infraestrutura que dava sustentação aos peregrinos durante suas viagens, oferecendo-lhes alimento e acomodação.

As peregrinações também foram proibidas em outros países protestantes. Em 1520, Martinho Lutero declarou: "Todas as peregrinações deveriam ser abandonadas, pois nada contêm de bom: nenhum mandamento, nenhuma obediência, mas incontáveis motivos para pecado e desprezo dos mandamentos de Deus".[14]

Nenhuma extinção desse tipo aconteceu nas cidades romanas-católicas da Europa, nem nas ortodoxas orientais. Em muitos países católicos e ortodoxos, as antigas peregrinações continuam a ser feitas até hoje. Na Irlanda, apesar das tentativas dos protestantes ingleses de acabar com as peregrinações, elas persistiram, e muitos peregrinos ainda vão ao santuário insular de St Patrick em Lough Derg, no Condado de Donegal, e ainda escalam a montanha sagrada Croagh Patrick, no condado irlandês de Mayo.

A mais famosa peregrinação europeia é a de Santiago de Compostela, na Espanha. Ela não só sobrevive desde a Idade Média, mas passou por uma gigantesca revivescência nos últimos trinta anos, como veremos mais adiante.

Na América Latina, os conquistadores espanhóis seguiram a tradicional política da Igreja Católica Apostólica Romana de assimilar e cristianizar os lugares sagrados pré-cristãos. Perto da Cidade do México, o templo da deusa-mãe asteca foi demolido em 1519. Depois, em 1531, um mexicano nativo teve uma série de visões da Virgem Maria no mesmo lugar onde foi construído um santuário que hoje é a Basílica de Nossa Senhora de Guadalupe, uma Madona Negra de pé sobre uma lua crescente. Esse é o lugar de peregrinação católico-romano mais visitado do mundo.

Por sua vez, os colonizadores protestantes da América do Norte não estavam interessados nos lugares sagrados dos povos nativos. O *common law* inglês (direito comum) foi adotado para redefinir a terra natal do povo nativo como *vacuum domicilium*, uma extensão de terras incultas despovoadas sobre as quais ninguém tinha domínio, e que clamavam por cultivo e civilização.[15]

Em alguns países tradicionalmente católicos romanos e ortodoxos, as peregrinações foram proibidas não por reformadores cristãos, mas por revolucionários anticristãos. Eles queriam erradicar a peregrinação exatamente pelo fato de ela ser religiosa. A Revolução Francesa, deflagrada em 1789, pretendia pôr fim tanto ao poder da Igreja Católica Romana quanto ao poder do rei. Em 1793, o governo revolucionário proclamou o Culto da Razão como a religião do Estado. A Catedral de Notre-Dame, de Paris, foi transformada no Templo da Razão; outras igrejas e catedrais foram secularizadas. A peregrinação foi banida.

Sob o governo ateu da União Soviética, as igrejas foram fechadas, os padres executados, os mosteiros destruídos e as atividades religiosas perseguidas. Os santuários foram deliberadamente dessacralizados; em tempos mais recentes, em 1958, na campanha contra os "supostos lugares santificados", o objetivo foi a eliminação final da peregrinação.[16]

Contudo, os comunistas não descartaram a ideia da peregrinação às relíquias; eles tinham sua própria versão. Alguns soviéticos visionários estavam convencidos de que a ciência poria fim à morte física, conferindo imortalidade aos seres humanos e permitindo que eles vivessem para sempre. Quando Lênin morreu em 1924, uma Comissão de Imortalização oficial foi criada para investigar de que modo seu corpo poderia ser preservado até que ele pudesse ser trazido de volta à vida. Ele foi embalsamado com a esperança de que poderia ser preservado por tempo suficiente para que conseguissem restituí-lo à vida, assim como alguns milionários norte-americanos têm o corpo (ou só a cabeça, o que fica menos caro) criogenicamente congelados na esperança de virem a ser ressuscitados algum dia.[17]

O corpo de Lênin foi colocado em um mausoléu na Praça Vermelha, em Moscou, que rapidamente virou um centro de peregrinação comunista. Milhões de pessoas visitaram o mausoléu de Lênin durante o período soviético, mas muita gente ainda se sente atraída por ele. Pede-se oficialmente aos visitantes que demonstrem respeito: os homens devem tirar o chapéu, e conversas ou fotografias são coisas proibidas.[18] Em Pequim há um mausoléu em tudo semelhante ao de Lênin. É dedicado a Mao Tsé-Tung e fica no centro da Praça Tiananmen. Também atrai um fluxo contínuo de peregrinos, que passam em fila ao redor do corpo embalsamado de Mao e lhe oferecem flores.

Objeções à peregrinação

Embora os revolucionários protestantes e políticos tenham tentado suprimir as peregrinações religiosas, eles não foram os primeiros a considerá-las problemáticas. Século após século, houve quatro objeções principais à peregrinação por parte dos próprios religiosos.

1. Nos termos da primeira e mais profunda objeção, a peregrinação é desnecessária. Deus é onipresente, e os seres humanos podem orar por Ele em qualquer lugar em que estejam. Não é necessário ir a lugares especiais. No século IV d.C., São Gregório de Nissa expôs a questão nos seguintes termos: "A mudança de lugar não resulta em nenhuma aproximação maior de Deus; contudo, seja qual for o lugar em que estiveres, Deus estará contigo". Seu contemporâneo, São Jerônimo, pensava da mesma maneira: "O acesso ao reino do Céu é tão fácil a partir da Grã-Bretanha quanto o é de Jerusalém".[19] Em resumo, não havia nenhuma necessidade de viajar.

   Algumas pessoas se opunham à peregrinação física devido ao fato de ela se interiorizar na mente de seus praticantes, cuja vida passava então a ser vista como uma peregrinação. O exemplo mais famoso dessa abordagem em um contexto protestante é *The Pilgrim's Progress*, de John Bunyan, um pregador inglês batista do século XVII. Contudo, a ideia da vida como uma peregrinação é uma metáfora que depende da peregrinação concreta. Para os que nunca estiveram em uma peregrinação, a metáfora é apenas uma ideia que carece de fundamentação em uma experiência vivida.

   Outras pessoas podem ter ido mais além da necessidade de peregrinação por terem encontrado uma maneira de viver na presença de Deus onde quer que estejam. Mas é possível que, antes de qualquer outro motivo, algumas delas tenham atingido essa condição por terem sido peregrinos contumazes. Esse argumento sobre a peregrinação é sobre como ultrapassá-la em vez de iniciá-la.

2. A peregrinação é idólatra. No segundo dos Dez Mandamentos, nas palavras da Bíblia do Rei James, encontramos: "Não farás para ti nenhuma imagem esculpida". Se os peregrinos se dedicassem a venerar ídolos feitos pelo homem, a peregrinação seria idólatra. Contudo, as relíquias dos santos não eram imagens esculpidas, assim como também não eram os poços sagrados e as rochas sagradas.

O que dizer, então, dos ícones? Na igreja primitiva, os ícones eram amplamente usados como auxiliares da prece e da meditação por meio da conexão com uma imagem visual de Cristo ou dos santos. Um importante argumento em defesa dos ícones era que Jesus Cristo era a encarnação de Deus. Deus tinha assumido a forma humana e, desse modo, a representação da forma humana não era idolatria.

No ano de 730 d.C., o imperador bizantino Leão III proibiu o uso de ícones. O império ficou traumatizado pela resultante explosão de iconoclastia, que significa literalmente "destruição de imagens" (do grego *eikon*, "ícone", "imagem", e *klastein*, "quebrar", de onde "destruidor", "quebrador" de imagem"). Em 787, porém, o imperador Cyrene restabeleceu o uso de ícones. Depois de outra explosão de iconoclastia de 815 a 843, a imperatriz Theodora voltou a restituir os ícones. A Igreja Ortodoxa do Oriente celebra essa restauração final dos ícones na Festa da Ortodoxia, no primeiro domingo da Quaresma.

A iconoclastia ressurgiu na Reforma Protestante. Na Inglaterra, muitas imagens de santos e anjos, além de vitrais, foram destruídos no reinado de Henrique VIII, sob a administração de Thomas Cromwell. Houve uma segunda onda de iconoclastia sob o domínio de seu homônimo (e parente) Oliver Cromwell, quando a Inglaterra se tornou uma república, e não uma monarquia (1649-

1660). Ainda assim, muitas pinturas, crucifixos, estátuas e vitrais sobreviveram. E, depois da Restauração da Monarquia em 1660, as imagens religiosas foram reintegradas à Igreja da Inglaterra.

A iconoclastia voltou a surgir no século XXI, na destruição de gigantescas estátuas budistas no Afeganistão por milícias talibãs, e de antigos artefatos no Iraque e na Síria, pelo Estado Islâmico.

Contudo, a questão da idolatria é irrelevante para muitas formas de peregrinação, inclusive àquelas que vão aos bosques sagrados, aos poços e montanhas santificados, às rochas sagradas e às relíquias dos santos. Muitos dos pontos de convergência de peregrinação não são imagens feitas por mãos humanas.

3. A peregrinação é supersticiosa. É primitiva, antiquada, ignorante, e foi substituída por um nível superior de entendimento ou esclarecimento.

Superstição significa, literalmente, durabilidade ou sobrevivência.[20] Do ponto de vista dos cristãos primitivos, as práticas de outras religiões eram supersticiosas. Do ponto de vista dos reformadores protestantes, as práticas da Igreja Católica eram supersticiosas. Do ponto de vista dos intelectuais iluminados, todas as religiões eram supersticiosas, e foram suprimidas como parte da Revolução Francesa no Período do Terror. Assim também, os governos ateus da União Soviética, da China Comunista e do Camboja sob o governo de Pol Pot, trataram todas as práticas religiosas como supersticiosas, reprimindo-as em favor da filosofia marxista do materialismo.

O repúdio à peregrinação como prática supersticiosa é consequência de visões de mundo antitradicionais ou antirreligiosas, e diz mais sobre essas visões de mundo do que sobre a peregrinação em si.

4. As peregrinações são momentos que dão ensejo a práticas como adultério, luxúria, uso e abuso de álcool, comercialização e outras atividades mal-afamadas. *Os Contos de Cantuária*, de Chaucer, é um livro cujas histórias abundantes sobre libertinagem não são um mero conjunto de narrativas ficcionais.

Essa objeção particular à peregrinação parece irrelevante em nosso mundo ocidental, embora ainda possa ter alguma validade em outros lugares. Nas sociedades seculares modernas, ninguém precisa participar de uma peregrinação para ter aventuras sexuais, e o turismo secular é abundante em estratégias de comercialização fraudulenta, assim como em mais desregramento e libertinagem.

Peregrinação e turismo

Embora a peregrinação tenha sido proibida nos países protestantes e por governos revolucionários, o impulso de visitar lugares sagrados não se extinguiu. Dois séculos depois do veto à peregrinação na Inglaterra, os ingleses haviam inventado o turismo, hoje uma gigantesca indústria, com um valor econômico global de dois trilhões e duzentos bilhões de dólares em 2013.[21]

O turismo é quase sempre uma forma de peregrinação frustrada. Muitos turistas ainda vão aos antigos lugares sagrados: pirâmides e templos no Egito, Stonehenge, as grandes catedrais europeias, os templos, rios e montanhas sagrados da Índia, lugares antigos santificados como Uluru (antigamente conhecido como Ayers Rock),* na Austrá-

---

* Monólito situado no Norte da área central da Austrália. Ayers Rock foi o nome dado a ele por colonos europeus em homenagem ao primeiro-ministro australiano Henry Ayers, mas já desde a década de 1980 foi-lhe dado o nome aborígene oficial de Oluru. Tem mais de 318 metros de altura, e os não australianos ainda se referem a ele como Ayers Rock. (N. do T.)

lia, o Templo do Sol, em Machu Picchu, no Peru, e assim por diante. Em termos tradicionais, porém, os peregrinos fazem seus percursos a pé, quase sempre enfrentando grandes problemas no caminho, enquanto os turistas se deslocam de carro, ônibus e avião. Eles não vão aos lugares sagrados para fazer oferendas ou orações. Muitos creem que devem se comportar como pessoas seculares, modernas – gente cujo interesse mais importante é a história cultural. Os guias os enganam com detalhes históricos que entram por um ouvido e saem pelo outro.

Quais são as principais diferenças entre viajar como turista ou como peregrino? Ambos vão para os mesmos tipos de lugares, mas com intenções diferentes. Os peregrinos vão se conectar com um lugar sagrado; chegar a esse lugar é o objetivo de sua jornada. E eles vão com o objetivo de agradecer por alguma graça que tenham recebido, ou para rezar por uma graça que querem receber, ou como um ato de penitência para retificar algo que tenham feito de errado, ou em busca de cura ou inspiração. O turista vai conhecer um novo lugar, ouvir alguma coisa de sua própria história e tirar fotos. Não nos esqueçamos, porém, de que eles estão fazendo viagens intencionais, e que os antigos lugares santos ainda os atraem; na verdade, esses lugares são muitas vezes chamados de "atrações" turísticas.

É comum que, ao voltarem para casa, os peregrinos levem consigo alguma coisa que compartilharão com os outros, incluindo-os nas bênçãos que receberam. Na Índia, muitos peregrinos voltam das peregrinações com *prasad*,* comida sagrada oferecida a um deus ou uma deusa e abençoado em um templo, um alimento que eles compartilham com suas famílias e amigos. Os peregrinos na Europa medieval também

---

* "Bondade", "graça"; "dádiva dos deuses". *Prasad* é a porção de uma oferenda consagrada e posteriormente devolvida aos devotos, em geral sob a forma de alimentos que são partilhados por eles. (N. do T.)

traziam para casa objetos dos centros sagrados pelos quais viajavam, geralmente em forma de distintivos. Esses símbolos desempenhavam duas funções: indicações dos locais em que as bênçãos haviam sido recebidas e indicadores visuais do prestígio dos seus usuários por terem feito uma viagem geralmente longa e difícil. Os turistas também voltam com *souvenirs* e fotos, mas não está a seu alcance compartilhar bênçãos que eles próprios não receberam.

Embora vivamos em uma era sem precedentes de turismo de massa, nas últimas décadas tem havido uma extraordinária retomada da peregrinação.

A retomada da peregrinação

Mesmo os cristãos primitivos que condenavam as peregrinações locais achavam difícil condenar aquelas que tivessem a Terra Santa como destino. São Gregório de Nissa, apesar de todas as corrupções que as cercavam, referia-se a esses lugares sagrados como "memoriais do imenso amor do Senhor por nós, homens". E foi por meio das peregrinações a Jerusalém no século XIX que essa prática se tornou mais uma vez respeitável no mundo protestante. Uma peregrinação à Terra Santa feita em 1862, pelo príncipe Eduardo, filho da rainha Vitória e, posteriormente, pelo rei Eduardo VII, conferiu-lhe um selo real de aprovação e respeitabilidade. Em 1869, Thomas Cook começou a organizar grupos de peregrinação à Terra Santa, e foi essa a origem da agência de viagens globais que traz seu nome. Em sua origem, o pacote de viagem era uma peregrinação. Pouco depois, o príncipe George, futuro rei George V, participou de uma peregrinação organizada por Cook. Na Inglaterra do século XIX, as peregrinações locais recomeçaram, e, no século XX, vários locais de peregrinação que a Reforma havia interditado foram retomados, como o santuário de Nossa Senhora de Walsingham, em Norfolk.

Na Idade Média, a Catedral de Chartres, a 78 km de Paris, era um dos mais importantes centros de peregrinação da Europa. Mesmo antes da construção da catedral, Chartres era o centro de uma peregrinação a um poço sagrado, o "Poço dos Santos Fortes". A catedral foi construída ao redor dele, e o poço ainda pode ser visitado na cripta. Ali perto, também na cripta, há um santuário de Nossa Senhora de Chartres, uma Madona Negra. Na época da Revolução Francesa, a peregrinação foi abruptamente interrompida. O moderno ressurgimento da peregrinação só começou em 1912, quando o poeta Charles Péguy esteve em Chartres em uma peregrinação com um grupo de amigos, e sobre ela escreveu um livro que se tornou um grande *best-seller*. Atualmente, dezenas de milhares de peregrinos vão a Chartres todo ano, alguns deles em uma caminhada de três dias que parte da Catedral de Notre-Dame, em Paris.[22]

Santiago de Compostela, onde a catedral abriga as supostas relíquias de São Tiago, o padroeiro da Espanha, foi um dos mais famosos centros de peregrinação na Europa medieval. É difícil avaliar seu número, mas alguma indicação da escala é fornecida pelo fato de o mosteiro de Roncesvalles, um dos primeiros lugares de descanso para os peregrinos franceses e espanhóis que haviam atravessado os Pireneus, alimentava perto de 100 mil deles por ano.[23]

O número de peregrinos do Norte da Europa, que viajava para Santiago de Compostela, diminuiu de maneira drástica logo depois da Reforma Protestante. Além disso, na guerra subsequente com a Inglaterra elisabetana, *sir* Francis Drake liderou um cerco naval a La Coruña em 1589, e o arcebispo de Santiago escondeu as relíquias de São Tiago para que os ingleses não se apropriassem delas. Ele as escondeu tão bem que o santuário ficou vazio por quase três séculos, e o número de peregrinos foi reduzido a um quase nada. As relíquias só foram redescobertas em 1879 e, depois de serem autenticadas pelo Papa Leão XIII, foram colocadas sob o altar-mor em 1884, onde se encontram até hoje.[24] Contudo, a peregrinação em si só retomou o antigo vigor em 1949, quando um pequeno grupo de pensadores franceses saiu em uma peregrinação que foi filmada e apresentada na TV na década de 1950, ajudando a reavivar o interesse por essa prática religiosa. Mesmo assim, o grupo de peregrinos era pequeno. Na década de 1980, alguns entusiastas certificaram-se de que o caminho estava bem marcado por placas com indicações, e que nele os peregrinos encontrariam uma série de instalações e comodidades.

O que aconteceu a seguir foi extraordinário. Aqui estão os números anuais de peregrinos conforme o registro das autoridades espanholas:

Número de peregrinos que foram para Santiago de Compostela a pé, de bicicleta ou a cavalo

Ano	Número
1987	1.000
1991	10.000
1993	100.000
2004	180.000
2015	263.000

A grande maioria desses peregrinos foi a pé, mas uma minoria – algo em torno de 10% – viajou de bicicleta, e alguns, menos de 1%, foram a cavalo.[25] Esses números não incluem as pessoas que foram para Santiago de avião, de trem ou de carro.

Como na Idade Média, existe hoje uma ampla rede de rotas de peregrinação que se dirigem a Santiago, partindo de vários lugares na França, entre eles Vezelay, na Borgonha, e Paris; de Portugal; e de várias localidades na própria Espanha. Todos os doze caminhos muito bem demarcados formam aquilo a que se dá o nome de "Camino de Santiago".

Na Europa, as antigas rotas de peregrinação vêm sendo reabertas por toda parte. Na Noruega, o mais importante centro medieval de peregrinação era o santuário de Santo Olavo em Trondheim, para onde as peregrinações voltaram a ser feitas logo após a morte do rei em 1030. Na Idade Média, o culto a ele tornou-se extremamente popular. Todavia, quando a reforma luterana alcançou a Noruega em 1537, as peregrinações foram proibidas, deixando de ser feitas até o final do século XX, quando um número cada vez maior de pessoas começou a caminhar até Trondheim, uma vez mais como peregrinos. Na década de 1990, o caminho de Oslo a Trondheim, de aproximadamente 650 km, recebeu placas sinalizadoras com indicações claras e foi oficialmente inaugurado pelo príncipe herdeiro Haakon, em 1997.[26]

Enquanto isso, no País de Gales e na Escócia, antigas rotas de peregrinação têm sido reabertas. Na Inglaterra, a Pilgrimage Trust (Associação dos Peregrinos) no Reino Unido, de cuja causa sou um dos patrocinadores, vem ajudando a reabrir as antigas trilhas para peregrinação, em particular aquela que vai de Southampton a Canterbury, estendendo-se pelas colinas ao sul. Trata-se de uma caminhada que, ao longo de 350 km, por cerca de 18 dias, conecta 65 igrejas, três catedrais, 75 locais pré-históricos, cinco poços sagrados, 15 priorados em ruínas, mosteiros ou abadias, oito rios, dez montanhas sagradas, cinco castelos, 50 vilarejos, 40 *pubs*, oito cidades de pequeno porte e quatro cidades mais desenvolvidas.[27]

Também na Rússia, depois do fim do domínio comunista em 1991, muitas igrejas e mosteiros da Igreja Ortodoxa foram reabertos, e um número crescente de peregrinos tem feito longas jornadas até esses lugares sagrados.

Estive em várias peregrinações na Índia, na Europa continental e na Grã-Bretanha, e também visitei a Terra Santa. Como muitas outras pessoas que fazem essas jornadas, considerei-as inspiradoras e, quase sempre, propiciadoras de momentos de grande felicidade. Fiz algumas de minhas peregrinações mais recentes com um afilhado meu. Parei de dar presentes de aniversário e Natal, pois a maioria das pessoas já tem muitas coisas materiais. Em vez de tantos presentes, tenho-lhes oferecido experiências. Quando meu afilhado fez 14 anos, sugeri que seu presente poderia ser participar comigo de uma peregrinação a Canterbury, nos últimos 16 km da antiga trilha de peregrinos, a partir de um vilarejo chamado Chartham. Eu não sabia se minha sugestão seria ou não bem recebida por meu afilhado, mas ele adorou a ideia.

Pegamos o trem para a velha estação de Chartham e de lá partimos, caminhando por campos relvados, matas, prados e campinas. Nosso almoço foi um piquenique em Bigbury Hill, um forte da Idade do Ferro que ainda existe em uma colina local. Em seguida, passamos pelo vilarejo de Harbledown, onde procuramos o Poço do Príncipe Negro nos arredores de uma casa de caridade medieval. Estava tão escondido pelo mato que só conseguimos encontrá-lo com a ajuda de uma senhora idosa que vivia em uma das casas de caridade. Era uma pequena fonte escondida sob um velho arco de pedra pela vegetação mais alta, com degraus cheios de musgo que levavam até ela.

Quando chegamos a Canterbury, percebi que meu afilhado estava exausto; ele não estava acostumado a caminhar tanto, e então paramos para descansar. Depois, caminhamos ao redor da catedral em sentido horário, em um movimento de circum-ambulação que a transformava em nosso centro. Depois entramos na catedral e, na escura e misteriosa cripta, acendemos velas no lugar do martírio de São Tomás Becket. Depois de orarmos, fomos para um salão de chá. Voltamos à catedral para as Vésperas com Coral, que foi algo de extraordinária beleza. Depois, retornamos a Londres de trem. Foi um dia de extrema felicidade para nós dois.

Isso criou um precedente, e nos anos seguintes seguimos o mesmo padrão, caminhando a pé até uma catedral, andando a seu redor em sentido horário, visitando o santuário e tomando chá antes de apreciar as Vésperas.

Quando meu afilhado tinha 15 anos, fomos à Catedral de Ely, em Cambridgeshire, margeando o rio Cam à medida que a grande construção medieval se agigantava no confronto com a campina plana que circundava a cidade. Acendemos velas e oramos no santuário de santa Etheldreda, uma divindade anglo-saxã do século VII, que foi um dos mais importantes lugares de peregrinação na Inglaterra anterior à Reforma. Em 2016, quando meu afilhado completou 16 anos, caminhamos até a Catedral de Lincoln, por cerca de 25 km, percorrendo uma trilha no plano inclinado do Lincoln Edge; a superfície inclinada de um calcário do Período Jurássico que dá vista para o vale do rio Trent, bem abaixo de quem ali se encontra. Para enfim chegarmos à Catedral, tínhamos de enfrentar a Steep Hill, uma ladeira muito escarpada de paralelepípedos que fora usada pelos peregrinos medievais. Finalmente, entramos no grande espaço sagrado, oramos, acendemos velas no relicário de Santo Hugo e fomos para as Vésperas com Coral.

O ressurgimento contemporâneo da peregrinação na Europa é notável. Ao mesmo tempo que as sociedades se tornam cada vez mais seculares e materialistas, essa antiga prática espiritual vem passando por uma extraordinária retomada.

Benefícios da peregrinação

Não há muitos estudos específicos sobre a peregrinação, mas os indícios de que dispomos sugerem que essa prática tem efeitos benéficos na diminuição da ansiedade e da depressão.[28] Contudo, há incontáveis histórias pessoais sobre inspirações e curas. Além disso, muitos peregrinos acreditam que, por viajarem a pé, encontram outros peregrinos e não peregrinos pertencentes a seu mesmo nível social. As distinções normais entre riqueza, educação e classe social parecem menos importantes. E as peregrinações locais têm a grande vantagem de serem mais baratas e acessíveis a todas as pessoas capazes de andar.

Em sua maior parte, os estudos científicos relativos à peregrinação são genéricos. Na verdade, alguns deles limitam-se a comprovar o óbvio. Porém, é reconfortante saber que o óbvio também é cientificamente observável.

Em primeiro lugar, a caminhada em si tem muitos benefícios comprovados. Ela fomenta a saúde mental e o bem-estar, aumenta a autoestima, o humor e a qualidade do sono, ao mesmo tempo que reduz o estresse, a ansiedade e a fadiga.[29]

Em segundo lugar, as pessoas que fazem exercícios ao ar livre e em espaços verdes tendem a auferir maiores benefícios do que aquelas que se exercitam dentro de casa, como vimos no Capítulo 3.[30]

Em terceiro lugar, a atividade é mais satisfatória e contribui mais para o bem-estar do que a atividade sem objetivos definidos; este é um princípio básico da prática da Terapia Ocupacional.[31]

Em quarto lugar, o exercício físico protege contra a depressão e outros tipos de comprometimentos da saúde.[32]

Em quinto lugar, a cura é influenciada pelas esperanças e expectativas das pessoas. O efeito placebo é muito poderoso, e assim se mostra nas experiências com drogas, em particular se pacientes e médicos acreditarem que possivelmente estão ingerindo uma nova droga da mais profunda qualidade.[33] Se as peregrinações contribuírem para o aumento da esperança e expectativas das pessoas, o que elas de fato fazem, podemos esperar que as visitas a lugares santos resultem em uma grande contribuição a inúmeras curas, o que elas realmente fazem. Quando pessoas cooperativas cercam aqueles que esperam por uma cura, compartilhando suas esperanças e expectativas, os efeitos são ainda maiores.

Ao longo dos anos, a Igreja Católica Romana tem enfatizado o papel dos santos nas curas. A própria canonização exige pelo menos dois milagres póstumos, em geral implicando cura física, e milhões de pessoas em busca de esperança e cura têm feito peregrinações a lugares santos como Lourdes, na França.

Lourdes, no sopé dos Pireneus, tornou-se famosa em 1858, devido às aparições da Santíssima Virgem Maria a uma jovem camponesa, no interior de uma gruta. A virgem lhe pediu para escavar o solo, do qual uma fonte de água começou a borbulhar. As curas começaram quase que de imediato, sempre que as pessoas bebiam dessa água. Hoje, o fluxo é muito maior, e os peregrinos se banham nos milhares de litros que jorram do solo. Lourdes é um dos mais importantes lugares de peregrinação na Europa, com mais ou menos 6 milhões de peregrinos por ano.[34]

Milhares de pessoas alegam ter-se curado milagrosamente ali. O Comitê Médico Oficial de Lourdes investiga alegações de curas com espírito rigorosamente científico, e algumas dessas alegações têm sido muito bem autenticadas.[35] Até os céticos admitem que algumas pessoas muito doentes recuperam a saúde em Lourdes, embora eles não chamem essas curas de miraculosas; veem nela exemplos do efeito placebo, ou de "remissões espontâneas".

Se uma peregrinação ajuda alguém a ficar melhor, isso significa que as preces do peregrino foram atendidas. Referir-se à cura como "remissão espontânea" deixa a remissão difícil ou impossível de ser explicada. Se a fé em Deus e na Santíssima Virgem Maria torna as remissões espontâneas mais prováveis, então a fé funciona.

Menos fáceis de documentar é a inspiração e o estímulo que muitas pessoas recebem pelo fato de fazerem uma peregrinação. Viajar com o objetivo de estar em um lugar sagrado, e depois estar nesse lugar, é algo que pode ter efeitos transformadores e propiciar a experiência da conexão espiritual. Por quê?

O que torna os lugares sagrados tão sagrados?

Santidade (*holiness*) diz respeito à conexão e relação. A palavra vem de uma raiz que significa *inteiro* (*whole*) ou *saudável* (*healthy*). Não somos sagrados (*holy*) quando estamos separados e desconectados uns dos outros, do mundo mais-que-humano e da fonte de todo o ser. Vivenciamos aquilo que é sagrado quando estamos conectados com a fonte da vida que vai muito além de nossas próprias naturezas limitadas. Alguns lugares evocam essa experiência mais do que outros, seja devido a sua natureza, seja por conta de suas associações humanas, ou ambas as coisas.

Alguns lugares são sagrados por serem naturalmente inspirados por qualidades transcendentais, como alguns cumes de montanhas ou fontes, cachoeiras ou cavernas. Por exemplo, Glastonbury Tor é uma montanha notável que se ergue acima das áreas baixas que a circundam. Ela já seria notável e atrairia o olhar mesmo que não tivesse uma torre medieval em seu topo. Uluru, ou Ayers Rock, é uma imensa estrutura de arenito, uma "montanha insular" cercada por terras relativamente sem relevos na região central da Austrália; parece mudar de cor durante o dia, mas adquire o mesmo tom vermelho brilhante ao amanhecer e ao pôr do sol. Uluru é um ponto de referência óbvio e extraordinário, de grande importância cultural para os povos indígenas da região, e tornou-se atualmente uma grande atração turística.

Alguns lugares podem ter um poder específico devido à sua orientação, ou por conta de fluxos de água subterrâneos, ou fluxos de eletricidade subterrâneos, chamados de "correntes telúricas", ou devido à sua conexão com a paisagem circundante. As propriedades desses lugares dependem de suas conexões com seus arredores, e também de sua relação com o céu e os corpos celestes.

Em algumas culturas, adivinhos especializados avaliam os poderes dos lugares e, em alguns casos, ajudam a decidir onde templos, santuários ou sepulcros foram construídos. Na Europa, essa arte é chamada de *geomancia*; na China, de *feng shui*, que significa literalmente "vento e água". As técnicas de geomancia não são facilmente traduzidas em termos científicos convencionais, mas incluem um entendimento das relações entre a topologia e o fluxo de energia por meio da paisagem. Joseph Needham resumiu alguns dos princípios do *feng shui* tradicional em seu livro *Science and Civilisation in China*:

A forma das montanhas e a direção dos cursos de água, por serem resultado das influências formadoras dos ventos e das águas, foram os fatores mais importantes; além disso, porém, a altura e as formas das construções e das direções das estradas, também foram fatores potenciais. A força e a natureza das correntes invisíveis seriam modificadas a cada hora pelas posições dos corpos celestes, de modo que seus atributos, quando vistos a partir da localidade em questão, tinham de ser levados em conta.[36]

Muitos lugares sagrados são uma ponte entre o céu e a terra; eles conectam a terra ao céu. Eles são um tipo de porta de entrada, como no sonho de Jacó em Betel (*Gênesis*, 28, 10-9). Pedras pré-históricas (menires) desempenhavam esse papel de conectividade nas culturas megalíticas e, no antigo Egito, essas pedras ganharam uma aparência particularmente refinada, em forma de obeliscos, colunas espirais e cônicas com um cimo piramidal, geralmente feitas de uma única pedra. Na criação de menires ou obeliscos, ou na construção de torres, e agulhas de torres e minaretes, os seres humanos criam lugares que têm uma dimensão explicitamente vertical.

Nos antigos bosques sagrados da Terra Santa, havia árvores ou colunas consagradas à deusa-mãe Asherah, que eram os lugares mais importantes da veneração judaica até serem condenados e destruídos nos reinados de Ezequias e Josias. Em muitos templos hindus, é comum haver mastros de bandeira chapeados de metal na frente do santuário principal, chamados *dwajasthambam*, aos quais se atribui a capacidade de conectar o céu à terra. Muitas igrejas cristãs têm torres ou pináculos, e muitas mesquitas são acompanhadas por minaretes.

Em termos simbólicos, todas essas estruturas ligam o céu à terra. Contudo, a conexão é mais que simbólica: é literal. Elas atraem o raio exatamente pelo fato de subirem ao céu. Elas sempre funcionaram como canais para que uma energia muito real possa vir do céu à terra, e da terra para o céu. Hoje, por esse motivo, elas têm para-raios afixados a elas. A eletricidade é polar. O movimento da carga elétrica é um processo bidirecional. À medida que as vias negativamente carregadas de ar ionizado – chamadas de corrente menor – descem das nuvens para a terra, o forte campo elétrico induz objetos altos a enviar "faixa de luz" positivamente carregadas, que tomam o rumo das nuvens. É comum que tenham um brilho arroxeado. Mas nem todas as faixas de luz positivas entram em contato com uma corrente menor. Eles esperam. Em seguida, as correntes menores interrompem a quebra de continuidade com alguns deles, e o raio cai.

O raio também cai sobre estruturas naturalmente altas, como topos de montanhas, e os caminhantes são advertidos a manter distância de lugares mais altos e pináculos durante uma tempestade.[37] As árvores em geral são canais condutores de raios, e algumas espécies, inclusive o carvalho e o freixo, costumam ser mais atingidas do que outras, como a bétula e a faia. É bem possível que um dos motivos da sacralidade do carvalho na época druídica tenha sido sua propensão à queda de raios, e eles eram consagrados ao deus do trovão tanto no norte europeu – a Thor, na Escandinávia – e, na Grécia antiga, a Zeus. Um lugar onde caiu um raio adquire uma qualidade especial aos olhos de muitas culturas diferentes. Sugestivamente, um livro muito interessante sobre os lugares sagrados dos nativos americanos tem por título *Where the Lightning Strikes*.

Até cerca de dois séculos atrás, a maior parte das estruturas propensas a atrair raios eram os edifícios religiosos, como pináculos ou minaretes de igrejas. No século XIX, grandes estruturas seculares foram erguidas, como o Monumento de Washington em Washington DC, o maior obelisco do mundo, com quase 170 metros de altura, e a Torre Eiffel, em Paris, com cerca de 300 metros, e esses dois edifícios também se encontram entre os mais propensos a atrair raios. No século XX, os edifícios mais altos eram arranha-céus, que hoje são os principais magnetos para atrair raios nas cidades. Contudo, em cidades bem menores as construções religiosas não deixaram de ser as maiores forças de atração. Em minha cidade natal, Newark-on-Trent, a agulha da torre da igreja paroquial de Santa Maria Madalena tem 72 m de altura. Ela foi concluída por volta de 1350 e ainda é, de longe, a estrutura mais alta de Newark, exercendo uma atividade contínua de canalização de raios para o solo desse lugar sagrado.

Até recentemente, a explicação científica para os raios centrava-se na diferença de potencial elétrico entre as nuvens carregadas de eletricidade que produz relâmpago e trovão e o solo, tratando essa diferença como um fenômeno local. Porém, a antiga suspeita de que o raio liga o céu e a terra terminou por mostrar-se correta. A carga elétrica nas nuvens está ligada a regiões eletricamente carregadas que ficam a cerca de 80 km acima, no céu. Descargas elétricas chamadas de *sprites* "duendes", que emitem um brilho vermelho ou alaranjado, atravessam as nuvens de trovoada e as camadas superiores da atmosfera. A própria atmosfera superior é extremamente influenciada pelo vento solar, um fluxo de partículas carregadas que é liberado pelo Sol, e a velocidade e densidade do vento solar dependerá da ocorrência de determinados processos da atividade de nossa estrela, como, por exemplo, as erupções solares.

Essas condições meteorológicas espaciais afetam as Luzes do Norte e do Sul, que são, elas próprias, descargas de plasma, e também influenciam a quantidade de raios que caem na Terra: quanto mais forte o vento solar, maior o número de descargas de raios.[38] Essas descargas também aumentam devido a influências muito mais distantes, em particular os raios cósmicos das supernovas, ou "estrelas explosivas". Portanto, o raio vem literalmente do céu e é canalizado para o interior da Terra através de estruturas muito altas. O lugar onde ele cai fica literalmente carregado.

Todos os edifícios altos são atingidos por raios, embora poucas pessoas se lembrem das ocasiões em que isso aconteceu. Hoje, porém, isso é tecnicamente possível. Gravadores de para-raios estão disponíveis no comércio, e eles detectam quando um surto de corrente desce por um condutor. Alguns chegam até a mandar uma mensagem SMS quando algum raio cai. Se eu estivesse na direção de uma igreja, templo ou minarete, instalaria um desses equipamentos e disponibilizaria os dados *on-line*. Já dispomos também de fascinantes mapas e arquivos *on-line* que demonstram a incidência de raios em muitas partes do mundo, além de atualizações em tempo real,[39] mas, em geral, elas só mostram as características principais, sem se concentrar em lugares específicos.

Na construção de templos, catedrais, igrejas e mesquitas, as pessoas criam estruturas que se relacionam explicitamente com Deus ou com o ser supremo, ou a fonte de toda saúde e santidade de nosso mundo. E os santuários que celebram acontecimentos sagrados, pessoas e fatos sagrados, estabelecem uma relação com a fonte de suas santidades. Em muitos casos, essa santidade é provida por relíquias físicas, como o dente do Buda no Templo do Dente em Kandy, Sri Lanka, ou por relíquias de santos, em geral ossos, em muitas catedrais e igrejas. A ideia tradicional é a de que esses ossos propiciam uma ligação direta com a vida da pessoa a quem esses ossos pertenceram um dia, ou uma nova vida com a análise do DNA. Até ossos muito antigos, como aqueles dos Neandertais de quatrocentos mil anos atrás, contêm DNA que pode ser analisado graças ao uso de modernas técnicas moleculares.

Um esqueleto descoberto em Leicester em 2012 tinha vários indícios de serem os restos mortais do rei Ricardo III da Inglaterra, que morreu em 1485, e o DNA recuperado desses ossos permitiu que sua identidade fosse confirmada com alto grau de probabilidade de acerto. Seus restos foram devolvidos à Catedral de Leicester em 2015. Ricardo foi um rei e não um santo, mas não há dúvida de que muitas relíquias veneráveis de santos contêm traços do DNA deles.

Ironicamente, as relíquias de espécies extintas em forma de ossos e esqueletos desempenham um papel central nas catedrais da ciência, como o Museu de História Natural de Londres, que são como centros de peregrinação científica.

Por último, os lugares santos podem ser santos por conterem um tipo de memória do que aconteceu ali primeiro. Se muitas pessoas oraram ou foram curadas, ou mesmo inspiradas em um lugar sagrado, isso torna mais provável que outras serão positivamente influenciadas por esse lugar. Segundo a hipótese da ressonância mórfica (discutida no Capítulo 5), as pessoas em um estado específico de estimulação sensorial criam uma resposta emocional com aquelas que já estiveram anteriormente em um estado semelhante. Quando entramos em um lugar sagrado somos expostos aos mesmos estímulos que as outras pessoas que já estiveram ali, e, portanto, entramos em ressonância com eles. Se os peregrinos de determinado lugar sagrado foram inspirados, enlevados ou curados ali, é mais provável que nós tenhamos experiências semelhantes de conexão espiritual. Os lugares sagrados podem intensificar-se em santidade através das experiências vividas pelas pessoas que neles estiveram antes de nós.

Duas práticas de peregrinação

FAZER UMA PEREGRINAÇÃO

Não é necessário que sua peregrinação seja cara e complicada, nem tão morosa que fique difícil de realizar-se. Na verdade, será melhor começar por algum lugar não muito longe, o que lhe permitirá conhecer o lugar onde mora a partir de novas perspectivas. Quando você se abrir à ideia, tente sentir qual lugar sagrado parece pedir por sua presença, ou, pelo menos, pense em algum lugar que você considera importante para sua vida.

As possibilidades de escolha são inúmeras. Na Inglaterra, por exemplo, há muitos lugares sagrados bem antigos, como, por exemplo, círculos de pedras e longos jazigos e sepulturas; nascentes de rios, fontes e poços sagrados; árvores reverenciais; antigas igrejas e imensas catedrais, ecoando quase todos os dias ao som de cânticos e cantochão. A terra fica literalmente encantada por esses corais sem fim.

Na América do Norte, há alguns dos maiores bosques sagrados e santuários naturais de nosso planeta; muitos lugares selvagens e belos, e também algumas grandes igrejas e catedrais, o que inclui as catedrais de São Patrício e São João, o Divino, a Catedral Nacional de Washington e a Catedral da Graça, em São Francisco, assim como poderosos santuários, como o Santuário de Chimayo, perto de Santa Fé, no Novo México, onde acontecem muitas curas.

O melhor é fazer pelo menos uma parte do caminho a pé, por volta de 3 km, digamos. Isso torna a peregrinação mais verdadeira, mais concreta.

Vá com uma intenção, seja um agradecimento que você gostaria de fazer, um pedido ou busca de inspiração. Se possível, leve um cajado de peregrino, feito de qualquer madeira de boa qualidade, como a aveleira – o símbolo visual definitivo do peregrino ao longo dos séculos. Se também for possível, aprenda algumas canções antes de se pôr a caminho, ou aprenda algumas com outros peregrinos durante a viagem. Cante-as quando chegar a poços sagrados, a árvores muito antigas e ao objetivo de sua jornada.

Quando chegar ao lugar santo, não entre de imediato nele; se possível, caminhe ao seu redor. Essa circum-ambulação, geralmente em sentido horário, ajuda a transformar o lugar sagrado no centro. Depois, faça uma oferenda, talvez de flores, como nos templos hindus, ou cante uma canção, ou uma ação de graças, ou apenas uma doação em dinheiro. Em seguida, no espaço sagrado, você pode fazer sua prece e, em muitas catedrais e igrejas, também pode acender uma vela. Por fim, ore pedindo bênçãos à sua vida, à sua viagem de volta e àqueles para os quais você está voltando.

Transforme suas jornadas em peregrinações

Sempre que vou para um lugar que ainda não conheço, tento encontrar o centro sagrado e, encontrando-o, para lá me dirijo para ofertar meus respeitos. Na Índia, vou para o templo local, nos países budistas vou a uma estupa* ou mosteiro, nos países muçulmanos procuro a mesquita ou o relicário de um santo. Na Europa e nas Américas, vou à igreja ou à catedral, que costuma ficar no centro da comunidade. Muitas Igrejas Católicas Romanas e Anglicanas ficam abertas o dia todo, o que nos permite adentrá-las, acender uma vela, fazer uma prece e nos conectar com o local sagrado. Acho que isso me conecta com os vilarejos, as pequenas e grandes cidades que estou visitando, e com as pessoas que ali vivem, além de me oferecer um lugar tranquilo para que eu me torne

---

* Monumento budista construído em forma de torre, geralmente cônica e circundada por uma abóbada, como representação tangível do Universo e sua cosmogonia. As relíquias geralmente são guardadas nesse local. (N. do T.)

mais centrado depois de uma viagem. Peço bênçãos para o tempo em que permanecerei naquela cidade e para as pessoas que ali vou conhecer, assim como para meus amigos e minha família, que ficou em casa.

Sugiro que você tente fazer alguma coisa parecida nas suas jornadas.

8
Conclusões:
Práticas Espirituais em uma Era Secular

Nas sociedades tradicionais cujos membros eram coletores-caçadores não se fazia nenhuma distinção entre religião e todos os outros componentes da vida social e cultural. A existência dos espíritos, as influências invisíveis dos ancestrais e a participação nos rituais coletivos nunca eram objeto de dúvida.

Da mesma maneira, nas sociedades agrícolas tradicionais e nas antigas civilizaçoes, todas as pessoas eram incluídas na vida religiosa da comunidade, embora houvesse muitas vezes um clero especializado. Na Europa do século 1500 d.C., praticamente todos acreditavam em Deus e participavam das cerimônias, festas e rituais religiosos. Ser ateu ou negar a importância da religião era inconcebível. O mesmo acontece hoje em muitas partes do mundo.

Por sua vez, na Europa do século XXI o espaço público é secular. Uma visão de mundo ateística ou agnóstica é o parâmetro básico nos círculos acadêmicos, intelectuais, comerciais e midiáticos. A prática da religião é uma busca minoritária, e há também uma ampla pluralidade de práticas religiosas e espirituais, em vez de um único conjunto consensual de práticas que inclua quase todas as pessoas. Vivemos em uma era secular sem precedentes na história humana.

A própria palavra *secular* compartilha uma raiz linguística com a palavra semente (*seed*),* e seu sentido básico tem a ver com "geração". Na Idade Média, referia-se a "assuntos mundanos" – atividades transcorridas na esfera do tempo, por oposição a "eternidade". No seio da Igreja Medieval, havia uma divisão de trabalho entre as ordens religiosas de monges e freiras, que dispunham de tempo e oportunidade para dirigir seus corações e mentes à eternidade de Deus, e os padres, que pregavam aos leigos e suas preocupações mundanas; estes eram chamados de padres seculares. A mesma terminologia ainda é usada na Igreja Católica Romana de nossos dias: monges e freiras são chamados de religiosos, enquanto o termo "secular" é reservado aos párocos.

Contudo, atualmente, "secular" tem significados muito mais amplos. O longo processo de secularização na Europa tem raízes que remontam à Reforma Protestante, no século XVI. A Reforma debilitou a autoridade das instituições religiosas, práticas e doutrinas que eram fatos consumados por quase todas as pessoas.

Como o filósofo Charles Taylor mostra em seu livro *A Secular Age*, na Reforma os poderes espirituais e mágicos foram apartados do mundo exterior, ao mesmo tempo que a significação e o sentido foram transferidos para as mentes humanas individuais. No mundo pré-Reforma, o poder espiritual situava-se nos objetos físicos, como as relíquias dos santos, a Hóstia consagrada ou as próprias pessoas. Os seres humanos

---

* Do inglês médio, via francês antigo *seculer*, do latim tardio *saecularis*, do latim, "que só aparece uma vez a cada século", do francês *saeculum*, "semente", "geração"; análogo ao latim *serere,* "semear", "gerar". (N. do T.)

eram permeáveis e passíveis de reconstituir suas condições e circunstâncias, além de abertos a bênçãos, maldições, possessão ou graça. Como diz Taylor: "[...] no mundo encantado, não havia nada que demarcasse claramente a linha entre intercessão pessoal e força impessoal".[1] Por sua vez, no mundo da pós-Reforma os objetos podiam influenciar a mente, mas seus significados eram gerados pela mente, ou por ela impostos às coisas. Significado e significação* eram instâncias internas, intrínsecas à mente humana; não pertenciam ao mundo exterior. O mundo perdera seu encantamento.

A crescente influência da ciência mecanicista acelerou esse processo do século XVII em diante. Deus foi afastado dos processos da natureza, que passou a ser vista como inanimada, inconsciente e mecânica, funcionando de modo automático. Alguns teólogos protestantes reagiram, enfatizando o papel de Deus como criador da máquina do mundo. Como vimos, Deus era como um engenheiro que havia sistematizado o Universo para o benefício humano, e o fizera com altruísmo e magnanimidade.

---

* A diferença entre "significado" (neste texto, *meaning*) e "significação" (também aqui, *significance*) está em que a primeira palavra designa o valor simbólico de alguma coisa, e a segunda remete ao grau de importância de alguma coisa. São dois termos de grande complexidade, e o leitor que quiser se aprofundar neles poderá consultar, por exemplo, o *Dicionário de Semiótica* de A. J. Greimas e J. Courtés (publicado pela Editora Cultrix, São Paulo, SP, 1983). Nele se diz, por exemplo, no verbete "significado": "Na tradição saussuriana, designa-se com o nome de significado um dos dois planos da linguagem (sendo que o outro é o significante), cuja reunião (ou semiose) no ato de linguagem constitui signos portadores de significação". Sobre "significação": "Como *significação* é o conceito-chave em redor do qual se organiza toda a teoria semiótica, não é de admirar vê-lo instalado nas diferentes posições do campo de problemas que a teoria se propõe tratar. Como todos os substantivos dessa subclasse [...], a *significação* é suscetível de designar ora o fazer (a *significação* como processo, ora o estado (aquilo que é *significado*), e revela, assim, uma concepção dinâmica ou estática da teoria subjacente. Desse ponto de vista, significação pode ser parafraseada quer como "produção de sentido", quer como "sentido produzido". No original inglês desta tradução, Rupert Sheldrake empregou os termos *meaning* e *significance*, sobre os quais ainda parece haver um vasto campo de debate em aberto. (N. do T.)

Deus também mantivera um papel no fim dos tempos, como o Juiz que distribuiria recompensas e punições. Nesse processo, Deus foi reduzido a um criador, e à religião coubera o papel de guardiã de moralidade.[2] Essa forma despojada de cristianismo deixara pouco espaço para a ação salvadora de Cristo, o papel de zelar pela devoção e pela prece, ou um objetivo transcendental para a humanidade. A doutrina cristã tradicional da participação humana na natureza de Deus foi eclipsada.[3]

Os movimentos religiosos evangélicos dos séculos XVIII e XIX, mais notadamente os metodistas, reagiram contra essa concepção intelectualizada de Deus. Em vez disso, ofereciam uma fé interiorizada e compassiva, uma forma intensamente pessoal de religião, ao contrário das observações formais coletivas das Igrejas Católicas Romanas e Anglicanas, que procuravam incluir todas as pessoas.

Nos países católicos-romanos, o pressuposto oficial era que as pessoas deviam ser católicas-romanas; nos países luteranos, luteranas; e, na Inglaterra, anglicanas. Por outro lado, as novas seitas religiosas, como as metodistas, assemelhavam-se mais a grupos por afinidades ou associações voluntárias.[4] Elas não reivindicavam um monopólio exclusivo de correção religiosa, e as pessoas se sentiam livres para mudar de uma denominação para outra. Os Estados Unidos nasceram nesse contexto, e seu grande número de denominações proporcionou, e ainda proporciona, uma espécie de mercado livre religioso. No século XX, os pentecostalistas e outras igrejas evangélicas difundiram essa forma pessoal de relação com Deus por toda a América Latina, África e Ásia.

No alvorecer do século XIX, para muitos pensadores iluministas esse criador racional havia se transformado no remoto Deus do deísmo, que era passível de conhecimento através da razão, da ciência e do estudo da natureza. Não havia nenhuma necessidade de Revelação, nem das práticas da religião cristã ou do "entusiasmo" dos evangélicos. A palavra *entusiasmo* significa "possuído por Deus", do grego *en* = (em) e *theos* = (Deus); e, para os intelectuais iluministas, era um termo de menosprezo. Uma vez que o Universo tinha sido criado e posto em movimento, funcionava de modo automático, sem nenhuma necessidade de intercessão divina. Deus não respondia às preces, nem intervinha, estabelecendo contato com o Universo para suspender temporariamente as leis da natureza e produzir milagres.

O que dizer, porém, da moralidade e da ordem social? Se o comportamento moral não dependia mais dos mandamentos, da orientação e de graça de Deus, então deveria depender dos próprios seres humanos, da razão e do ordenamento racional do benefício mútuo. O cristianismo baseava-se em um universalismo moral, com a exortação de Cristo aos cuidados para com os outros e à demonstração de amor pelos vizinhos e, até mesmo, pelos inimigos. Esse ideal cristão foi secularizado em uma moral humanista por meio de cujos ditames deveríamos ser altruístas e deveríamos nos preocupar com os outros.[5]

Essas mudanças secularizadoras expressaram-se mais dramaticamente na Revolução Francesa. Quando a Revolução começou em 1789, o catolicismo era a religião oficial do Estado francês. Em 1793, "O Culto da Razão" foi proclamado como a religião do Estado e, como já vimos aqui, a Catedral de Notre-Dame, de Paris, foi convertida em Templo da Razão.

Um dos principais motes revolucionários era "Liberdade, Igualdade, Fraternidade ou Morte". Pelo menos 40 mil pessoas foram executadas no Período do Terror (1793-1794), inclusive muitos padres, e a guilhotina tornou-se símbolo da causa revolucionária. Igrejas, mosteiros e ordens religiosas foram fechados, e o culto religioso foi proibido à força.

O Período do Terror deixou um gosto amargo na boca, o que levou a uma redução do lema revolucionário, que passou a ser "Liberdade, Igualdade e Fraternidade". Esse ainda é o lema das Repúblicas da França e do Haiti.

O deísmo logo cedeu espaço ao ateísmo irrestrito. Pressupondo-se que o Universo era eterno, não havia nenhuma necessidade do um criador, o Deus do Deísmo. O ateísmo tornou-se intelectualmente admissível, e os movimentos revolucionários ateístas, inclusive o comunismo, espalharam-se por toda a Europa no século XIX. Como os antigos regimes haviam sido apoiados pelo poder da Igreja, a causa revolucionária foi especialmente forte na eliminação do poder religioso.

Sobretudo na Rússia, onde a autoridade do tsar e da Igreja Ortodoxa tinham se fundamentado em Deus, os radicais viram o ateísmo como uma postura necessária. Por volta da década de 1850, os pensadores revolucionários russos queriam substituir a autoridade corrupta da Igreja e do tsar por um novo sistema social e político, mas também pretendiam introduzir um novo conceito de humanidade.[6] Mediante a rejeição das ilusões da religião – o "ópio do povo", na famosa frase de Marx –, os seres humanos seriam libertados para a luz da ciência e da razão.

A teologia ateísta encontrou um poderoso aliado na ciência, a qual, em fins do século XIX, representava um universo sem finalidade, inconsciente e mecânico, em que os seres humanos, como a vida em geral, haviam se desenvolvido sem propósito ou diretiva. No mundo sem Deus, a humanidade cuidaria de sua própria evolução, levando o desenvolvimento econômico, a fraternidade e a prosperidade a toda a humanidade, mediante o Progresso.

Secularismo moderno

Há três maneiras principais em que o secularismo se expressa no mundo moderno. A primeira é política e cultural. Os espaços públicos foram esvaziados de Deus. Como diz Taylor:

> Como funcionamos dentro de diferentes esferas de atividade – econômica, política, cultural, educacional, profissional, recreacional – as normas e princípios que seguimos, as deliberações em que nos engajamos, geralmente não nos remetem a Deus ou a quaisquer crenças religiosas. [...] Isso está em extremo contraste com os períodos anteriores, quando a fé cristã sancionava os ditames portadores de autoridade oficial, que muitas vezes a ela chegava pela palavra do clero, e que não se podia ignorar facilmente em qualquer um desses domínios, como, por exemplo, a interdição formal da usura.[7]

Essa forma de secularismo não é necessariamente antirreligiosa. Nos Estados Unidos, a separação entre Igreja e Estado, determinada na Primeira Emenda da Constituição em 1791, pretendia permitir a liberdade religiosa, uma questão penosa para os primeiros norte-americanos, muitos dos quais haviam fugido da perseguição religiosa imposta pelo Estado na maioria dos países europeus. Assim também, os movimentos favoráveis à reforma política na Europa oitocentista eram muitas vezes impulsionados por uma necessidade de tolerância entre diferentes igrejas cristãs, romanas católicas e protestantes, do que por fervor antirreligioso. A crescente secularização europeia também tornou muito mais fácil para os judeus participarem da vida pública e se tornarem parte do mundo secular.

Contudo, alguns Estados seculares eram explicitamente antirreligiosos, seguindo o precedente da França revolucionária. Na União Soviética, o ateísmo tornou-se a ideologia oficial, e as crianças recebiam uma educação antirreligiosa. A Liga dos Ateus Militantes, que na década de 1930 tinha mais de 5 milhões de membros, orquestrava campanhas pelo fechamento de igrejas e mosteiros, pelo silenciamento dos sinos, eliminação das festividades religiosas e supressão das práticas religiosas da Igreja Ortodoxa Russa.[8] Uma ideologia ateísta semelhante foi imposta aos protetorados da Europa Oriental da União Soviética depois da Segunda Guerra Mundial. Na China comunista, Mao Tsé-Tung instituiu uma política de ateísmo de Estado em 1949.

O segundo sentido em que a Europa se tornou cada vez mais secular encontra-se no declínio da prática e afiliação religiosas. Uma grande minoria, ou mesmo uma minoria da população diz que não tem religião. Embora as raízes dessa mudança remontem aos intelectuais radicais do século XVIII e aos movimentos políticos antirreligiosos no século XIX, o processo de alienação da religião tradicional acelerou-se na segunda metade do século XX, e continua a aumentar no século XXI.

O terceiro sentido de secularidade é a transformação de uma sociedade em que praticamente todos acreditavam em Deus, em outra sociedade na qual Deus é uma opção entre outras, e com frequência não é a opção mais fácil de seguir.[10]

Em grande parte da Europa, e cada vez mais entre os jovens dos Estados Unidos, a opção e o padrão correntes consiste em ser não religioso, ou mesmo antirreligioso.

As ambiguidades do ateísmo

Em parte, essa guinada cultural para o ateísmo é resultado dos esforços contínuos dos ateus evangélicos para converter as pessoas a seu ponto de vista. Em termos históricos, o ateísmo moderno veio do cristianismo e, como argumenta o filósofo John Gray, é melhor vê-lo como uma heresia cristã.

> A descrença é um movimento em um jogo cujas regras são determinadas pelos que creem. Negar a existência de Deus é aceitar as categorias do monoteísmo [...] O ateísmo é um florescimento tardio da paixão cristã pela verdade [...] O cristianismo atacou com efeito potencialmente destruidor a raiz da tolerância pagã da ilusão. Ao afirmar que só existe uma fé verdadeira, tornou válido um valor supremo que até então não tinha. Também tornou possível, pela primeira vez, a descrença no divino. A consequência longamente adiada da fé cristã foi uma idolatria da verdade que encontrou sua mais completa expressão no ateísmo.[11]

Gray é ateu, mas não um ateu proselitista, nem um humanista secular. Contudo, muitos ateus modernos, como Richard Dawkins, ainda estão em uma cruzada contra Deus. Eles são os missionários de uma ideologia antirreligiosa. Eles veem a si mesmos como herdeiros do Iluminismo.

Para as pessoas criadas em uma família religiosa, tornar-se ateu implica uma enorme mudança de perspectiva, uma mudança revolucionária em sua visão de mundo. Muitos ateus contemporâneos fizeram essa mudança por si próprios, rebelando-se contra sua formação cristã ou judaica, ou afastando-se dela. Outras foram criadas por pais não religiosos, e algumas pertencem à terceira geração secular, com avós não religiosos. Poucos ancestrais não religiosos remontam a um tempo muito distante. Fui um ateu de primeira geração, e adotei essa mudança paradigmática quando ainda adolescente.

Muitos ateus veem essa mudança da religião para o secularismo ateísta como algo inevitável do ponto de vista histórico, e, até certo ponto, essa é uma profecia autorrealizável. Aqueles que se convertem ao ateísmo, ou simplesmente a um estilo de vida não religioso, muitas vezes veem a si mesmos como progressistas e, como Dawkins, como herdeiros do ideal de progresso iluminista. E, em alguns sentidos, o programa iluminista parece estar se efetivando, pelo menos na Europa e em países como Austrália e Nova Zelândia. A vida pública, o sistema educacional e a mídia vêm se tornando cada vez mais seculares, e os não religiosos aumentam em número, enquanto as igrejas perdem terreno.

Um dos argumentos ateístas mais comuns contra a religião é que ela é causadora de conflitos. E essa é uma afirmação inegável. A Guerra dos Trinta Anos (1618-1648) entre Estados católicos e protestantes levou consigo mais de 3 milhões de vidas na Europa. Ao longo de sua história de 357 anos, a sanguinária Inquisição espanhola (1478-1835) acusou cerca de 150 mil pessoas por crimes e delitos, e executou cerca de 3 mil.[12] As religiões têm levado à violência, o que continua a ser praticado por algumas delas.

Mas o nacionalismo também tem levado à violência, como na Alemanha Nazista; o mesmo se pode dizer do imperialismo, como nos Impérios Britânico, Francês, Espanhol, Português, Holandês e Belga. A colonização das Américas, da Austrália, da Nova Zelândia e de outras partes do mundo pelos europeus foi desastrosa para os povos nativos, muitos dos quais foram mortos, escravizados, espoliados ou ceifados por doenças.

O sistema mais destrutivo de todos foi a ideologia ateísta do comunismo, como na União Soviética sob o comando de Stalin, na China sob o comando de Mao e no Camboja sob o comando de Pol Pot. Segundo estimativas conservadoras, o número oficial de mortos na União Soviética sob o comando de Stalin foi de aproximadamente 20 milhões de pessoas,[13] com mais 20 milhões de soldados e civis mortos na Segunda

Guerra Mundial.[14] Na China, sob o comando de Mao, houve de 40 a 70 milhões de mortos como resultado de suas políticas.[15] No Camboja, sob o comando de Pol Pot, cerca de 2 milhões de pessoas morreram, o que equivale a mais ou menos um quarto da população.[16]

Nenhuma nação, nenhuma religião, nenhuma ideologia têm indicadores positivos quando se faz um claro exame de sua história. Todas as instituições humanas são falíveis.

Os argumentos históricos sobre os crimes da religião são uma parte importante das visões de mundo ateístas, enquanto ignorarmos ou pusermos de lado o vasto índice de mortes dos regimes ateístas. Contudo, mais importante ainda é a crença ateísta de que a ciência já explicou a natureza da realidade em termos puramente físicos, sem nenhuma necessidade de Deus. O próprio Universo e os organismos vivos são máquinas. Eles evoluíram automática e inconscientemente, sem nenhum criador, nenhuma inteligência criadora e sem nenhum propósito.

Todavia, essa "visão de mundo científica", a teoria materialista da natureza, tem por base pressupostos que são altamente questionáveis do ponto de vista científico, como mostro em meu livro *Ciência sem Dogmas*. Por exemplo, os materialistas não provaram que a matéria é inconsciente, ou que a natureza é sem propósitos, ou que a mente é confinada ao cérebro. O que temos aqui são pressupostos. A visão de mundo materialista é um sistema de crenças, não uma afirmação de fatos científicos.

Outro motivo comum para a conversão ao ateísmo é o pressuposto de que as religiões tratam basicamente de proposições e crenças, e não de experiências. Então, as religiões podem ser rejeitadas como dogmáticas, dependentes da autoridade das escrituras, dos profetas e dos sacerdotes. Por outro lado, ainda segundo o argumento, os cientistas são abertos às evidências; eles fazem perguntas claras, testam-nas por meio de experiências e estabelecem um consenso confiável por meio de observações passíveis de repetição.

Eu também acreditava nisso. Mas fiquei decepcionado quando descobri que algumas pessoas transformaram a ciência em uma espécie de religião, e são quase sempre extremamente dogmáticas. Elas aceitam a "visão de mundo materialista" com base na fé, impressionadas pela autoridade e prestígio dos cientistas, e imaginam que eles chegaram a essa visão de mundo por meio de seu próprio pensamento livre. Ainda acredito no ideal da ciência de mente aberta. Mas vejo a religião da ciência, o cientificismo, como uma ideologia dogmática. Em minha própria experiência, os adeptos do cientificismo são muito mais dogmáticos do que a maioria dos cristãos que conheço.

A maior parte desses adeptos do cientificismo não é formada por cientistas. São muito mais devotos do que pesquisadores. Quase nenhum deles fez qualquer observação empírica ou descoberta científica por si mesmos. Não trabalharam no Grande Colisor de Hádrons, estudando subpartículas atômicas, nem sequenciaram genomas, nem examinaram as ultraestruturas das células nervosas, nem pesquisaram a radioastronomia, nem penetraram a matemática da teoria das supercordas. Eles acreditam no que lhes é dito, aceitando a ortodoxia predominante da ciência institucional do modo como ela lhes é transmitida por manuais e outros agentes difusores de conhecimento. Eles são incapazes de questionar a autoridade do sacerdócio científico porque carecem de educação e do conhecimento técnico necessários para tal questionamento. E, se fizerem perguntas embaraçosas, o mais provável é que sejam desconsiderados ou rejeitados como ignorantes, confusos ou tolos.

O cientificismo tem uma influência muito ampla, em grande parte por conta dos triunfos inquestionáveis da ciência e da tecnologia, como os computadores, a internet, os *smartphones*, os antibióticos, a cirurgia por laparoscopia, os motores a jato e as sondas espaciais. É fácil presumir que todos esses triunfos resultam da "visão de mundo científica", e que eles sustentam a filosofia materialista da natureza. Muitas pessoas, porém – como eu mesmo –, acham que essa filosofia se endureceu em um sistema dogmático de crenças que, na verdade, está provocando um retrocesso nas ciências.[17]

O aspecto menos bem-sucedido das ciências modernas está na compreensão da consciência. Os materialistas presumem que ela nada mais é que a atividade do cérebro. Sua palavra de ordem é: "A mente é aquilo que o cérebro faz". Contudo, a existência mesma da consciência é um problema para os materialistas, que costumam referir-se a ela como "o problema difícil" (como foi discutido no Capítulo 1).

As religiões dizem respeito à consciência, e são fundamentadas no pressuposto de que ela transcende o nível humano. Este é um dos motivos pelos quais os adeptos do cientificismo são antirreligiosos; todas as religiões pressupõem que a consciência vai muito além da atividade cerebral.

Quando as pessoas abrem mão de sua religião ancestral, elas suprimem a maioria das práticas que os religiosos dão como certas, inclusive cantar e entoar cânticos juntos, orar, participar de rituais e festividades tradicionais e dar graças antes das refeições. Quais são os efeitos dessa mudança de paradigma, de um ponto de vista religioso para uma visão de mundo não religiosa?

Os efeitos dos modos de vida religiosos e não religiosos

A pesquisa científica experimental sobre as práticas espirituais acontece em um contexto secular. Em geral, os pesquisadores presumem que os participantes não são religiosos e não estão habituados a submeter-se a práticas espirituais. Então eles investigam os efeitos de acrescentar uma prática específica e estudar seus efeitos, comparados com um grupo de controle que não participa dessa prática. Por exemplo, a pesquisa sobre gratidão compara o efeito de expressar gratidão com o de não a expressar (Capítulo 2). A pesquisa sobre meditação compara o efeito de meditar com o de não meditar (Capítulo 1). A pesquisa sobre passar algum tempo ao ar livre compara o estar ao ar livre com o estar portas adentro, a situação-padrão (Capítulo 3). A pesquisa sobre os efeitos de cantar compara o cantar com o não cantar (Capítulo 6). A maior parte desses estudos mostra que as práticas espirituais têm efeitos benéficos, em comparação com o fato de não participar dessas práticas.

Outra maneira de investigar os efeitos das práticas espirituais está em examinar os efeitos em longo prazo nos participantes religiosos, em oposição à não participação. As pessoas que vão regularmente à igreja ou à sinagoga, ou a outros templos onde religiosos se reúnem, são comparadas com as pessoas que não fazem o mesmo, contrapondo-as por faixa etária e posição socioeconômica diferentes. Milhares desses estudos foram feitos nos Estados Unidos e em outros países. As descobertas são claras.

As pessoas que iam regularmente à igreja tendiam a ter menos doenças mentais e ser menos depressivas; mostravam menos ansiedade e viviam mais do que aquelas com pouca ou nenhuma participação religiosa.[18] Esse efeito não se restringia ao cristianismo. Havia um efeito semelhante em Taiwan, em um contexto predominantemente budista.[19]

Há exceções. Para uma minoria de pessoas, sobretudo aquelas que vivem cheias de culpas ou medos, ou que passaram por graves conflitos religiosos, os benefícios da religião podem ter efeitos negativos sobre a saúde e o bem-estar.[20]

Porém, a maioria das pessoas que haviam desistido de sua fé original não havia agido assim para fugir de grandes culpas ou conflitos. Muitas se convertem a estilos de vida não religiosos por razões que não são negativas, porém positivas, como já discutimos aqui; elas querem associar-se ao progresso, à razão e à ciência.

Quando as pessoas abandonam sua religião ancestral, em geral elas deixam de participar de toda uma série de práticas que seus ancestrais consideravam inquestionáveis:

- Dar graças como a uma comunidade ou uma família.
- Fazer parte de uma comunidade cujos membros cantam juntos.
- Orar.
- Aceitar a morte como uma transição, e não como um fim.
- Participar de ritos de passagem, como o batismo, a crisma e o casamento.
- Participar de funerais religiosos tradicionais.
- Reconhecer os ancestrais.
- Celebrar festividades que dão estrutura à passagem do tempo ao longo do ano.
- Conectar-se com lugares sagrados.
- Participar de rituais que dão um senso de identidade e continuidade coletivas.
- Sentir-se estimulado a ajudar os outros.
- Fazer parte de uma história maior que ajuda a dar sentido à vida de cada pessoa.

- Sentir-se conectado à realidade espiritual que transcende o espaço e o tempo.

Ao desistirem da religião e das práticas que lhe são intrínsecas, a vida das pessoas realmente se liberta das restrições. Para os ex-cristãos, o domingo não precisa mais ser um dia especial de Ação de Graças, descanso e recreação; pode ser apenas mais um dia de trabalho ou de fazer compras. Não há nenhuma barreira religiosa contra um estilo de vida 24/7.*

Muita coisa muda nesse processo, não só para as pessoas não religiosas de primeira geração, mas também para seus filhos. Aliás, ao contrário das crianças de famílias religiosas, as que pertencem a famílias não religiosas não cantam com os grupos comunitários de suas famílias, nem guardam os dias de Ação de Graças, nem participam de rituais e festividades.

O ateísmo é um fogo purificador. Ele consome a hipocrisia, corrupção, preguiça e pretensão religiosas. Porém, sua política de terra arrasada ou queimada pode deixar muitas pessoas espiritualmente famintas, sedentas e isoladas.

Nas últimas gerações, essa mudança de paradigma de um modo de vida religioso para outro, não religioso, ocorreu, em grande escala em países anteriormente cristãos na Europa, na América do Norte, na Austrália e na Nova Zelândia. Contudo, o abandono da religião não implicou uma conversão em grande escala para o ateísmo. A maioria das pessoas que desistiram da religião de suas famílias, ou que são criadas em famílias não religiosas, não se veem como ateístas.[21] Algumas chamam-se de agnósticas; outras ainda conservam uma tênue afiliação religiosa, como ir à igreja aos domingos; outras procuram estabelecer contato com

---

* Vinte e quatro horas por dia, sete dias por semana; o tempo todo. (N. do T.)

espíritos; outras são adeptas do movimento da Nova Era; outras adotam algumas das práticas de outras religiões, como o budismo, ou tornam-se neopagãs ou neoxamanistas.

Em pesquisas recentes no Reino Unido, cerca de metade da população afirmava não ter nenhuma religião,[22] mas somente 13% descreviam a si próprios como ateus. Mesmo entre os não religiosos, somente 25% concordavam com a afirmação de que "os humanos são seres puramente materiais, sem nenhum elemento espiritual".[23]

A proporção de ateus é maior entre os que receberam educação científica. Segundo uma pesquisa realizada no Reino Unido em 2016, entre cientistas e profissionais de engenharia e medicina, cerca de 25% eram ateus, e 21% agnósticos, totalizando 46%. Uma proporção quase igual, 45%, dizia pertencer a uma religião, ou que era espiritualizada, mas não religiosa.[24] Portanto, no Reino Unido – um dos países mais seculares do mundo –, mesmo na comunidade científica, os ateus plenamente convictos são um grupo minoritário.

Em geral, as práticas religiosas e espirituais tornam as pessoas mais felizes, mais saudáveis e menos deprimidas. Por outro lado, o fato de não exercitar essas práticas torna as pessoas mais infelizes, pouco saudáveis e mais deprimidas. O ateísmo militante deveria vir com uma advertência de saúde.

Alguns ateus reconhecem esse problema, motivo pelo qual Alain de Botton defende a religião para os ateus. É por isso que os Humanistas Seculares treinam e autorizam um oficiante humanista a fazer as cerimônias de batismo, casamento e funerais. É por esse motivo que a Assembleia de Domingo oferece oportunidades semanais para que os grupos se reúnam para cantar. Esse também é o motivo pelo qual Sam Harris e budistas seculares defendem a meditação. Um rigoroso estilo antirreligioso de vida deixa muita coisa de fora, empobrecendo a vida das pessoas.

Práticas espirituais como maneiras de estabelecer conexão

A vantagem da maioria das práticas espirituais encontra-se exatamente no fato de elas dizerem respeito justamente à prática, e não à crença. Por conseguinte, elas estão abertas às pessoas religiosas e às não religiosas. São inclusivas.

As práticas espirituais nos levam além de nossas preocupações imediatas. À primeira vista, as práticas discutidas neste livro dizem respeito a aspectos muito diversos da experiência humana. Qual é o fio comum que as une?

A *conexão* é o tema que unifica todas elas. Elas nos levam para além do mundano, fazendo-nos chegar a gêneros mais profundos de conexão:

1.   A **gratidão** diz respeito ao fluxo de doação e recebimento. O fato de sermos parte de um fluxo contribui para que nos conectemos. Podemos escolher até que ponto chegaremos em termos de compatibilidade e provas de gratidão. Na esfera humana, podemos nos sentir gratos a todos os que nos ajudaram e ampararam, inclusive nossos pais, que nos deram a vida. No mundo mais-que-humano, podemos agradecer por outros organismos vivos que nos cercam e dos quais dependemos para nossa sobrevivência e pela vida na Terra. Podemos ir além e agradecer ao sol, à galáxia e a todo o cosmos. Podemos ir ainda mais além e ser gratos à fonte de toda a natureza e toda mente, quer chamemos isso de Deus ou não.

     Somos livres para ser gratos ou ingratos como quisermos. Quanto mais ingratos somos, maior nossa desconexão, descontentamento e isolamento. Quanto mais gratos somos, mais profunda é a nossa conexão com uma vida maior que a nossa e mais forte é a nossa experiência de fluxo. Essa consciência do fluxo nos ajuda a ser cada vez mais generosos.

2. A **meditação** nos torna conscientes das atividades de nossa mente, à medida que as vemos nos atraindo para um processo no tempo, conectando nosso passado ao nosso futuro em túneis pessoais. Por meio da meditação, podemos recuar para uma consciência mais inclusiva. E às vezes nos encontramos em uma presença mental mais elevada, uma mente para muito além da nossa própria. Somos conectados por meio da presença consciente.

3. A **conexão com o mundo mais-que-humano**. Podemos ir tão longe quanto quisermos por meio de nossa mente e de nossos sentidos. Podemos prestar atenção ao mundo dos animais, das plantas, dos fungos, dos micróbios, das florestas, dos oceanos, das intempéries, de Gaia, do Sol, do Sistema Solar, da Via Láctea e de incontáveis galáxias além de nossa própria. Podemos entrar em contato com a fonte da qual nossa natureza provém.

4. As **plantas** nos oferecem conexões com formas de vida totalmente diferentes das nossas. Como nós, elas crescem e adquirem múltiplas formas. Ao contrário das plantas, porém, nós paramos de crescer e começamos a nos comportar, como fazem os outros animais.

   As plantas são a fonte de qualidades que nós e outros animais experimentamos: formas, cheiros, sabores, texturas e cores. Elas nos alimentam, direta ou indiretamente; elas nos curam, como o fazem muitas ervas, ou nos envenenam. Algumas plantas que contêm drogas podem alterar nossa mente. E elas são muito mais antigas do que nós. As principais famílias de plantas floríferas já existem há dezenas de milhões de anos; as coníferas existem há 300 milhões de anos; as samambaias, os musgos, as algas marinhas e outras algas são ainda mais antigas. Nossa espécie tem apenas 0,1 milhão de anos, e a civilização só surgiu há cerca de 0,005 milhão de anos.

5. Os **rituais** nos conectam com aqueles que já os praticaram bem antes de nós. Eles mantêm a tradição e a continuidade de nosso grupo, e também abrem um canal voltado para a consciência mais-do-que--humana. Os rituais também nos conectam com nossos descendentes, e com todos os que participarão novamente dos rituais. Por meio dos rituais, conectamo-nos com o passado e o futuro do nosso grupo, à esfera espiritual a que nosso grupo é ligado e a um objetivo transcendental para a humanidade.

6. O **canto**, o **cantochão** e a **música** ligam os membros do grupo em sincronia e ressonância. Os mantras, os cantochões, as canções e as danças podem nos conectar com o mundo mais-que-humano e com a mente mais-que-humana. A música nos liga ao fluxo da vida.

7. A **peregrinação** nos conecta com lugares santos, lugares onde céu e terra se unem. Em muitos desses lugares, isso é literalmente verdadeiro. Suas estruturas sobem ao céu como menires, obeliscos, torres, agulhas de torres e minaretes.

   A peregrinação tem a grande vantagem de ser tanto uma prática quanto uma metáfora. Ao participarmos de uma peregrinação, vivenciamos o processo de avançar em direção ao objetivo e chegar a ele, e estarmos lá; depois, voltamos para casa tendo passado por esse processo de mudança. Teremos conectado nossa vida cotidiana com lugares que nos ligam a um mundo transcendental.

   Podemos ver nossa vida inteira como uma peregrinação. Dependendo de nossas crenças, essa pode ser uma jornada cujo destino é nossa morte inevitável, ou uma jornada rumo à conexão espiritual na hora de nossa morte, como em uma Experiência de Quase Morte, e uma jornada que continua para além de nossa morte.

Jornadas de descoberta e redescoberta

Há muitas práticas espirituais, e todas as religiões incluem um grande número delas. Essas não são mutuamente excludentes; na realidade, reforçam-se umas às outras.

As sete práticas espirituais que discuti neste livro não são, de modo algum, uma catalogação exaustiva, e, em um livro posterior a ele, pretendo discutir uma série de outras práticas, inclusive a prece, o jejum, as substâncias psicodélicas, os dias santos e as festividades religiosas.

Nem todas as práticas funcionam igualmente bem para todos, e as pessoas que pretendem fazer uma experiência entre elas precisam fazer uma escolha criteriosa. Para os que seguem uma religião, muitas dessas práticas já fazem parte de suas vidas. Em geral, porém, sua eficácia é enfraquecida pelo uso costumeiro. Ao lançar um novo olhar sobre essas práticas, seu poder pode ser renovado.

Cada caminho religioso implica sua própria seleção de práticas espirituais, enfatizando mais algumas do que outras. Em resultado disso, algumas são estranhas às pessoas que já estão seguindo um caminho religioso. Por exemplo, muitos cristãos protestantes não estão acostumados a participar de peregrinações. Essas viagens sagradas eram familiares a seus ancestrais pré-reformistas, e ainda são familiares nas igrejas ortodoxas orientais e católicas. Da mesma maneira, a prece contemplativa e outras formas cristãs de meditação são bem conhecidas em comunidades de monges e freiras, mas pouco conhecidas entre leigos, que comumente se beneficiam de sua descoberta.

Uma das áreas em que as pessoas religiosas podem aprender com os não religiosos é a conexão com o mundo mais-que-humano, em novos caminhos desbravados pela ciência. Até os cientistas mais ateus criam uma relação com o mundo natural por meio do trabalho investigativo que dele fazem, por mais especializado que seja seu campo de estudo. Muitas pessoas religiosas carecem desse sentimento de conexão com os detalhes da natureza, e algumas parecem ansiosas por elevar-se além deles.

Esta é uma área com enorme potencial para a exploração espiritual. As ciências naturais revelaram um universo muito maior, mais antigo e estranho do que qualquer coisa jamais imaginada antes; revelaram detalhes sobre a vida biológica que ninguém conhecia até então; desvelaram a existência de domínios de micro-organismos à nossa volta, e também dentro de nós: a vasta comunidade de micróbios que vive em nossas entranhas. As ciências penetraram os domínios do muito grande e do muito pequeno, sobre os quais nossos ancestrais não tinham nenhum conhecimento. O problema é que as ciências nos dão vastas quantidades de dados, mas são vazias de sentido pessoal ou espiritual.

Por outro lado, as conexões espirituais tradicionais com o mundo mais-que-humano encontraram significado e significação por toda parte, mas nada sabiam sobre essas descobertas recentes das ciências. Combinar essas duas abordagens é um desafio singularmente moderno.

Estamos todos fazendo viagens. As práticas espirituais podem enriquecer nossa vida e nos dar uma percepção mais forte da conexão entre uns e outros, assim como uma percepção maior entre a vida e a consciência para além do nível humano. Essas práticas podem nos ajudar a aceitar alguns dos inúmeros presentes que nos são oferecidos, e a agradecer por eles. Quanto mais apreciarmos aquilo que nos foi oferecido, maior será nossa motivação para ofertar.

Agradecimentos

Durante minhas reflexões sobre os temas que discuto neste livro, pude contar com o auxílio precioso de minhas conversas com o padre Bede Griffiths, com minha esposa Jill Purce e com muitas outras pessoas. Em particular, tive a boa sorte de participar de uma série de trílogos com meus amigos Terence McKenna (que, infelizmente, faleceu no ano 2000) e Ralph Abraham, que abrangeram um período de dezessete anos. Reuníamo-nos pelo menos uma vez por ano na Califórnia, na Inglaterra ou no Havaí, e discutíamos uma grande variedade de temas, alguns estreitamente relacionados aos temas discutidos neste livro. Também publicamos dois livros em conjunto, *The Evolutionary Mind* (1998) e *Chaos, Criativity and Cosmic Consciousness* (2001).[1] Registros de mais de trinta anos de nossos trílogos estão disponíveis *on-line*.[2]

Aprendi muitas coisas com os diálogos mantidos com diversos líderes e mestres espirituais, inclusive com Jiddu Krishnamurti;[3] com o irmão David-Steindi-Rast, com quem conduzi seminários no Esalen Institute, na Califórnia e em Hollyhock, na Ilha Cortes na Colúmbia Britânica; com Matthew Fox, com quem escrevi dois livros sobre ciência e espiritualidade, *Natural Grace* (1996) e *The Physics of Angels* (1996), conduzi *workshops* em Hollyhock e em Oakland, Califórnia,[4] e fiz uma série de *podcasts*;[5] com Marc Andrus, o bispo da Califórnia, com quem conduzi *workshops* em Esalen e na Grace Cathedral [Catedral da Graça], São Francisco[6] com Mark Vernon, com quem fiz mais de trinta *podcasts*;[7] com David Abram, Rick Ingrasci e Stephen Tucker, vigário de minha igreja paroquial em Hampstead. Sou grato a todos eles. Também gostaria de agradecer a meus filhos Merlin e Cosmo, com os quais apresentei *workshops* em Hollyhock nos últimos quatro anos, explorando alguns dos temas discutidos neste livro. As opiniões e reações dos participantes desses diversos *workshops* foram inestimáveis.

Sou muito grato ao apoio financeiro que me permitiu escrever este livro; refiro-me a Addison Fischer, à Planet Heritage Foundation, de Naples, Flórida, à Gaia Foundation, de Londres, a Ian e Victoria Watson, à Watson Family Foundation e ao Instituto de Ciências Noéticas de Petaluma, Califórnia; e à Salvia Foundation, em Genebra.

Agradeço à Pamela Smart, minha assistente de pesquisa, que trabalhou comigo durante vinte e dois anos; a Guy Hayward, meu bolsista de estudos de pós-doutoramento, cujas pesquisas muito me ajudaram a escrever este livro; e a Sebastian Penraeth, responsável pela criação e manutenção de meu *site*.

Sou muito grato ao estímulo de meu editor, Mark Booth, da Hodder & Stoughton, Londres, que tanto contribuiu para que este livro se concretizasse. Também agradeço a todos os que fizeram uma leitura crítica da primeira versão deste livro, em particular a Angelika Cawdor, Lindy Dufferin e Ava, Guy Hayward, Natuschka Lee, Will Parsons, Jill Purce, Anthony Ramsay, Cosmo e Merlin Sheldrake e Pamela Smart.

Notas

Prefácio

1. Heller, 1952.
2. http://epiphanyphilosophers.org. Último acesso em 17 de fevereiro de 2017.
3. Braithwaite, 1953.
4. Para mais referências veja Griffiths, 1976, 1982.
5. http://www.jillpurce.com. Último acesso em 1º de fevereiro de 2017.
6. Sheldrake, 2009, 2011.
7. Shelldrake, 2002.
8. Sheldrake, 1999.
9. Sheldrake, 2003.
10. Sheldrake e Smart, 2003.

Introdução

1. Koenig et al., 2012, capítulos 7 e 9.
2. *Ibid.*, cap. 7.
3. *Ibid.*, cap. 26.

4. *Ibid.*, cap. 11.

5. http://www.pewforum.org/2011/12/19/global-christianity-exec/. Último acesso em 11 de novembro de 2016.

6. http://www.pewforum.org/2014/02/10;russians-return/to-religion-but-not-to-church/. Último acesso em 25 de novembro de 2016.

7. Para uma discussão magistral e esclarecedora, veja Taylor, 2007.

8. http://www.brin.ac.uk/figures/. Último acesso em 8 de novembro de 2016.

9. http://lancaster.ac.uk/news/articles/2016/why-no-religion-is-the--new-religion/. Último acesso em 8 de novembro de 2016.

10. http://about-france.com/religion.htm. Último acesso em 8 de novembro de 2016.

11. http://www.pathwaystogod.org/resources/thinking-faith/religious-landscape-sweden. Último acesso em 8 de novembro de 2016.

12. http://www.irishcentral.com/new/numbers-in-irelands/catholic/church/continue-to/drop/stigma/attached-to-attending--mass-200215991-237575781. Último acesso em 16 de novembro de 2016.

13. http://worldnews.nbcnews.co/_/2013/03/05/17184588-as-church-attendance-drops/europes-europes-most-catholic/country--seeks-modern-pope?lite. Último acesso em 8 de novembro de 2016.

14. Hout, M. e Smith, T.W., "Fewer Americans affiliate with organised religions, belief and practice unchanged", principais descobertas de 2014 General Social Survey, 2015: http://www.norc.org/PDFs/GSS%20 Reports/GSS_Religion_2014.pdf /. Último acesso em 8 de novembro de 2016.

15. http://www.pewforum.org/2015/11/03/us-public-becoming-less--religious/. Último acesso em 8 de novembro de 2016.

16. Theos, 2013.

17. Alguns exemplos surpreendentes podem ser encontrados em Douthat, R., "Varieties of religious experience", *New York Times*, 24 de dezembro de 2016: http://www.nytimes.com/2016/12/24/opinion/sunday/varieties-of-religious-experience.html?_r =o. Último acesso em 27 de dezembro de 2016.

18. http://www.philosophyforlife.org/the-spiritual-experiences-survey/. Último acesso em novembro de 2016.

19. *Ibid.*

20. Woodhead e Catto, 2012.

21. http://wss.philosophyforlife.org/the-spiritual-experiences-survey/. Último acesso em 9 de novembro de 2016.

22. De Botton, 2013, p. 13.

23. *Ibid.*, p. 14.

24. Harris, 2014, pp. 202-03.

25. https://www.samharris.org/blog/item/how-to-meditate. Último acesso em 9 de novembro de 2016.

26. http://www.sundayassembly.com. Último acesso em 9 de novembro de 2016.

27. http://www.philosophyforlife.org/category/atheism/. Último acesso em 9 de novembro de 2016.

28. Koenig et. al., 2001.

29. Koenig et. al., 2012.

Capítulo 1: Meditação e a Natureza da Mente

1. Benson e Klipper, 2000.

2. Simons, N., "MPs slow the Westminster treadmil with weekly 'mindfulness' meetings", *Huffington Post*, 4 de novembro de 2013: http://www.huffingtonpost.co.uk/2013/30/chris-ruane-parliament-min-

dfulness_n_4177609.html. Último acesso em 26 de outubro de 2016.

3. NHS Choices, Mindfulness, 2016: http://www.nhs.uk/Conditions/stress-anxiety-depression/Pages/mindfulness.aspx. Último acesso em 26 de outubro de 2016.

4. Partridge, 1966, p. 393.

5. Miller, K., "Archaeologists find earliest evidence of humans cooking with fire", Discover, maio de 2013: http://discovermagazine.com/2013/maio/09/archaeologists-find-earliest-evidence-of-humans-cooking-with-fire. Último acesso em 19 de setembro de 2016.

6. Taylor, 1997.

7. *Ibid.*

8. Chopra, D., 'The Maharishi Years – the untold story: recollections of a former disciple", *Huffington Post*, 17 de novembro de 2011: http://www.huffingtonpost.com/deepak-chopra/the-maharishi-years-the--u_b86412.html. Último acesso em 16 de setembro de 2016.

9. Para mais referências veja World Community for Christian Meditation: http://wccm.org. Último acesso em 16 de setembro de 2016.

10. Benson e Klipper, 2000.

11. Kuyken e outros, 2015.

12. Blackmore, 2011.

13. Harris, 2014.

14. NHI, "Nationwide survey reveals widespread use of mind and body practices", http://www.nih.gov/news-events/news-releases/nationwide-survey-reveals-widespread-use-mind-body-practices, 2015. Último acesso em 5 de outubro de 2016.

15. Benson e Klipper, 2004.

16. *Ibid.*, pp. 65-82.

17. *Ibid.*, pp. xxi-xxii.

18. Citado em Fox, 2014, p. 55.

19. Koenig e outros, 2001, 2012.

20. Benson e Klipper, 2004, p. xlii.

21. Schwartz, 2011.

22. Rosenthal e outros, 2011.

23. Wood, D., "Veterans Find Comfort in Meditation Therapy", *Huffington Post*, 3 de março de 2015: http://www.huffingtonpost.com/2015/02/20/vets-ptsd-meditation_n_6714544.html. Último acesso em 4 de outubro de 2016.

24. Goyal e outros, 2014.

25. Britton, W., 'The Dark Knight of the Soul", *The Atlantic*, 15 de junho de 2014: www.theatlantic.com/health/archive/2014/06/the-dark-knight-of-the souls/372766/. Último acesso em 5 de outubro de 2016.

26. Booth, R., "Mindfulness Therapy Comes At a High Price for Some, Say Experts", *Guardian*, 25 de agosto de 2014. Último acesso em 5 de outubro de 2014.

27. Stahl, J.E. et. al., "Relaxation Response and Resiliency Training and Its Effects on Healthcare Resource Utilization", PLOS *One*, 13 de outubro de 2015: http://journals.plos.org/plosone/article?id=10.1371/journal.pone.0140212. Último acesso em 4 de outubro de 2016.

28. Lutz et. al., 2004.

29. Hölzel et. al., 2008.

30. Schulte, B., "Harvard Neuroscientists: Meditation Not Only Reduces Stress, Here's How It Changes Your Brain", *Washington Post*, 26 de maio de 2015: https://www.washingtonpost.com/news/inspired-life/wp/2015/05/26/harvard-neuroscientists-meditation-not--only-reduces-stress-it-literally-changes-your-brain/. Último acesso em 22 de outubro de 2016.

31. Hölzel et. al., 2011.

32. Mascaro, 1965, p. 51.

33. Aquino, São Tomás de, p. 226.

34. Bachelor, 2017.

35. Harris, 2014, p. 10,

36. *Ibid.*, p. 137.

37. *Ibid.*, pp. 135, 137.

38. Powers, B., "The Nondual Realization of Sam Harris: The Future of an Illusison", 2014: http://www.integralworld.net/powers17.html. Último acesso em 25 de outubro de 2006.

39. Harris, 2014, pp. 175-76.

40. http://www.samharris.org/item/how-to-me-di-ta-te. Último acesso em 26 de outubro de 1916.

41. Wax, 2016.

42. Por exemplo, http://www.awakenedheartproject.org. Último acesso em 26 de outubro de 2016.

43. Por exemplo, http://wccm.org. Último acesso em 26 de outubro de 2016.

44. Por exemplo, http://slamicsunrays.com/islamic-meditation-for-relaxation-and-spiritual-comfort/. Último acesso em 26 de outubro de 2016.

Capítulo 2: O Fluxo de Gratidão

1. Emmons e Crumpler, 2000.

2. McCullough et. al., 2002.

3. Emmons e Kneezel, 2005.

4. Watkins et. al., 2009.

5. Emmons e McCullough, 2003.

6. Bobo et. al., 2009.

7. *Ibid.*

8. Seligman, 2005.

9. Ehrenreich, 2009.

10. *Ibid.*

11. Mauss, 2000, p. 20.

12. Partridge, 1966.

13. Sacks, 2015.

14. É interessante notar que Oliver Sacks, o sobrinho de Jonathan Sacks, era Grão-Rabino da Grã-Bretanha.

15. Um livro muito útil sobre esse assunto é *Gratefulness, The Heart of Prayer*, do meu amigo o irmão David Steindl-Rast, um monge beneditino. Ele também criou um *site* inspirador intitulado www.gratefulness.org.

16. Hart, 2013.

17. Há muitos *sites* nos quais podemos procurar o substantivo feminino *graças*, essas formas de agradecimento ou benefícios espirituais que podem ser expressos em palavras ou cantados. Um deles é www.graces.io.

Capítulo 3: Reconectando-se com o Mundo Mais-Que--Humano

1. Abram, 1997.

2. Descola, 2013, p. 392.

3. Viveiros de Castro, 2004.

4. Wilson, 1984.

5. Howell, 2016.

6. Por exemplo, por meio do UK Conservation Volunteers: http://www.tcv.uk. Liberado em 12 de fevereiro de 2017.

7. Reynolds, 2015.

8. Gilbert, 2016.

9. Park et. al., 2010.

10. Li, 2010.

11. Karjalainen et. al., 2010.

12. Bratman et. al., 2015.

13. Bratman, Hamilton et. al., 2015.

14. Gilbert, 2016,

15. H. M. Government White Paper, 2011.

16. Louv, 2008.

17. http://www.nlm.nih.gov/medlineplus/ency/patientinstruction/000355. Último acesso em 29 de março de 2016.

18. http:www.bbc.co.uk/news/education-19870199. Último acesso em 29 de março de 2016.

19. Hardy, 1979.

20. *Ibid.*, p. 108.

21. *Ibid.*, p. 49.

22. *Ibid.*, p. 33.

23. Paffard, 1973, p. 117.

24. *Ibid.*, p. 184.

25. *Ibid.*, p. 121-22.

26. Sheldrake, 1992.

27. Frazer, 1918.

28. Bentley, 1985.

29. Berresford, 1985.

30. http://westernmystics.wordpress.com/2015/03/22hildegard-of--bingen/. Último acesso em 16 de março de 2017.

31. Hart, 2013.

32. Eire, 1986, p. 224.

33. Roszak, 1973; Berman, 1984.

34. Thomas, 1984.

35. *Ibid.*, p. 257.

36. *Ibid.*, p. 258.

37. *Ibid.*, p. 266.

38. Ibid., p. 267; Southey, 1807.

39. Emerson, 1985, pp. 38-9.

40. Wroe, 2007.

41. Darwin, 1794-796.

42. *Ibid.*, p. 36.

43. Bowler, 1984, p. 134.

44. Darwin, 1875, pp. 7-8.

45. Darwin, 1859, cap. 3.

46. Ver a discussão em Sheldrake, 2012, cap. 4.

47. Strawson, 2006.

48. Nagel, 2012.

49. Strawson, 2006.

50. *Ibid.*, p. 27.

51. Esse encontro foi generosamente financiado pela Lifebridge Foundation de Nova York, à qual sou grato por tê-lo tornado possível.

52. http://sohowww.nascom.nasa.gov/spaceweather/. Último acesso em 16 de setembro de 2016.

53. Anselm, 2008, cap. 16.

54. Young et. al., 2010.

Capítulo 4: Relação com as Plantas

1. Prêmio Frank Smart de Botânica pela Universidade de Cambridge, 1962.

2. http://www.sheldrake.org/research/plant-and-cell-biology. Último acesso em 30 de janeiro de 2017.

3. Darwin, 1882, p. 185.

4. *Ibid.*, p. 186.

5. Igreja Católica, 1999, p. 17.
6. Hart, 2013.
7. Anselm, 2008, p. 97.
8. Deb, 2007.
9. Frazer, 1918, vol. 3, p. 62.
10. Anderson e Hicks, 1990.
11. Citado em https://www.walden.org/Library/About_Thoreau's_Life_ and_Writings:_The_Research_Collections/Thoreau_and_the_Environment. Último acesso em 28 de janeiro de 2016.
12. Williams, 2002.
13. Giblett, 2011.
14. *Ibid.*, p. 143.
15. *Ibid.*, p. 145.
16. http://en.wikipedia.org/wiki/List_of_Sites_of_Special_Scientific_ Interest_by_Area_of_Search. Último acesso em 11 de novembro de 2016.
17. http://www:garden.org/about/press.php?q=show&pr=pr_ nga&id=3819. Último acesso em 30 de março de 2016.
18. http://www.dickiesstore.co.uk/blog/2014/04/16/infographic-gardening-uk. Último acesso em 16 de março de 2016.

Capítulo 5: Rituais e a Presença do Passado

1. Strehlow, citado em Lévi-Strauss, 1972, p. 235.
2. *Op. cit.,* p. 236.
3. Eliade, 1958, p. 391.
4. Sheldrake e Fox, 1996.
5. van Gennep, 1972.
6. La Fontaine, 1985.
7. Para mais referências veja http://schooloflostborders.org/content/

huffington-post-what-vision-quest-and-why-do-one. Último acesso em 17 de fevereiro de 2017.

8. Corazza, 2008.

9. http:iands.org/ndes/about-ndes.html. Último acesso em 15 de junho de 2016.

10. Carter, 2010.

11. http://iands.org/ndes/about-ndes/common-aftereffects.html. Último acesso em 15 de junho de 2016.

12. van Lommel, 2011.

13. Schweiker, W., 'Torture and religious practice', 2008. http://onlinelibrary.wiley.com/doi/10.1111/j.1540-6385.2008.00395.x/full. Último acesso em 15 de junho de 2016.

14. *Ibid.*

15. Freud, 1939, p. 95.

16. McDougall, D., "Indian Cult Kills Children for Goddess." https://www.theguardian.com/world/2006/mar/05/india.theobserver. Último acesso em 17 de junho de 2016.

17. Paye-Layleh, J. "I Ate Children's Hearts, Ex-rebel Says." http://news.bbc.co.uk.i/hi/world/africa/7200101.stm. Último acesso em 20 de março de 2017.

18. Ehrenreich, B., 1997.

19. *Ibid.*, p. 40.

20. *Ibid.*, p. 59.

21. *Ibid.*, p. 41.

22. *Ibid.*, p. 54.

23. http://www.humanesociety.org/issues/biomedical_research/qa/questions_answers.html. Último acesso em 17 de junho de 2016.

24. http://www.slate.com/blogs/lexicon_valley/2015/07/09/the_surprising_history_of_scientific_researchers_using_the_world_sacri-

fice.html. Último acesso em 17 de junho de 2016.

25. http://www:lablit.com/article/394. Último acesso em 17 de junho de 2016.

26. Sheldrake, 2012.

27. Sheldrake, 1988.

28. Sheldrake, 2009, 2011.

29. Woodard e McGrone, 1975.

30. Citado em Woodard e McCrone, 1975.

31. Detalhes fornecidos em Sheldrake, 2009, 2011.

32. *Ibid.*

33. Sheldrake, 2009.

34. Ver a discussão em Sheldrake e Fox, 1996, cap. 6.

35. http://www.psychologytoday.com/blog/hide-and-seek/201402/the-history-kissing. Último acesso em 7 de julho de 2016.

Capítulo 6: Canto, Cantochão e o Poder da Música

1. www.healingvoice.com. Último acesso em 31 de dezembro de 2016.

2. Sacks, 2007, pp. x-xi.

3. Darwin, 1885, p. 567.

4. *Ibid.*, p. 569.

5. Cross, 2016.

6. *Ibid.*, p. 11.

7. Darwin, 1885, p. 572.

8. *Ibid.*, p. 571.

9. Brown, 2004.

10. Cross e Morley, 2008.

11. Merker, 2000.

12. Geissmann, 2000.

13. Zivotofsky et. al., 2012.

14. Brown, 2004.

15. Cross e Morley, 2008.

16. *Ibid.*

17. Bellah, 2011.

18. www.healingvoice.com. Último acesso em 13 de janeiro de 2017.

19. Purce, 1986.

20. *Ibid.*

21. Um estudo minucioso pode ser encontrado em Hayward (2004): https://cambridge.academia.edu/GuyHayward. Último acesso em 20 de fevereiro de 2017.

22. Sheldrake, 2011.

23. Cliff et. al., 2008.

24. Cliff et. al., 2010.

25. Chanda e Levitin, 2013.

26. Clif et. al., 2010.

27. Vella-Burrows, 2012.

28. Cliff et. al., 2010.

29. Chanda e Levitin, 2013.

30. *Ibid.*

31. Levitin, 2006.

32. Chanda e Levitin, 2013, p. 186.

33. Levitin, 2006, p. 173.

34. *Ibid.*, p. 191.

35. Feldman et. al., 2016.

36. Chanda e Levitin, 2013.

37. *Ibid.*

38. Nilsson, 2009.

39. Foi sua tomada de consciência de uma correlação entre o grau de aparente desenvolvimento nas sociedades e, nelas, a falta de canto e entoação em conjunto que, originalmente, inspirou Jill Purce a unir as pessoas em uma tentativa de fazê-las redescobrir o poder do canto em grupo.

40. Frazer, 1918.

41. Ehrenreich, 2006, p. 53.

42. *Ibid.*, p. 65.

43. *Ibid.*, p. 137.

44. *Ibid.*, p. 4.

45. http://www.everydayhealth.com/hs/major-depression/depression-statistics/. Último acesso em 20 de janeiro de 2017.

46. Citado por Irvin, J., e McLear, C. (Orgs.) em *The Mojo Collection* (4. ed.), Canongate Books, 2003, p. 20.

47. Citado em Godwin, 1986, p. 6.

48. *Ibid.*, pp. 10-1.

49. Titze e Worley, 2008.

50. Hazrat Inayat Khan, 2009.

51. Tolkien, 2013.

Capítulo 7: Peregrinações e Lugares Sagrados

1. https://societyx.wordpress.com/2013/02/the-dance-of-the-king-fish/. Último acesso em 3 de fevereiro de 2017.

2. http://www.nature.com/articles/srep22219. Último acesso em 3 de fevereiro de 2007.

3. Vitebsky, 2011.

4. Boyles, 1991.

5. Michell, 1975, p. 10.

6. *Ibid.*

7. Frazer, 1918, vol. 2, p. 76.

8. Coleman e Elsner, 1995.

9. *Ibid.*

10. *Ibid.*, p. 20.

11. *Ibid.*, p. 25.

12. Brown, 2015.

13. Coleman e Elsner, 1995.

14. http://www.york.ac.uk/projects/pilgrimage/content/reform.html. Último acesso em 15 de junho de 2016.

15. Nabokov, 2006.

16. Albera e Eade, 2015.

17. Gray, 2011.

18. https://en.wikipedia.org/wiki/Lenin%27s_Mausoleum. Último acesso em 25 de janeiro de 2016.

19. Davies, 1998, p. 80.

20. Partridge, 1966, pp. 663-64.

21. http://www.statista.com/topics/962/global-tourism/. Último acesso em 27 de janeiro de 2016.

22. Davidson e Gitlitz, 2002.

23. http://www.csj.org.uk/the-present-day-pilgrimage/thoughts-and--essays/2000-years-of-the-pilgrimage/. Último acesso em 27 de janeiro de 2016.

24. *Ibid.*

25. http://oficinadelperegrino.com/estadisticas/. Último acesso em 15 de janeiro de 2016.

26. http://pilegrimsleden.no/en. Último acesso em 27 de janeiro de 2016.

27. http://britishpilgrimage.co.uk/the-bpt/. Último acesso em 27 de janeiro de 2016.

28. Por exemplo, Morris, 1982.

29. https://www.walkingforhealth.org.uk/sites/default/files/Walking%20 works_LONG_AW_Web.pdf. Último acesso em 30 de janeiro de 2016.

30. http://www.mindingourbodies.ca/about_the_project/literature_ reviews/the_nurture_of_nature. Último acesso em 30 de janeiro de 2016.

31. http://www.//ajot.aota.org/article.aspx?articleid=1862485. Último acesso em 30 de janeiro de 2016.

32. Por exemplo, http://www.health.harvard.edu/mind-and-mood/exercise/ and/depression-report-excerpt. Último acesso em 30 de janeiro de 2016.

33. Evans, 2010.

34. https://en.wikipedia.org./wiki/Lourdes. Último acesso em 30 de janeiro de 2016.

35. http://en.lourdes-france.org/wiki/Lourdes. Último acesso em 30 de janeiro de 2016.

36. Citado em Michell, 1975, p. 13.

37. http://www.,mcofs.org.uk/lighning.asp. Último acesso em 26 de janeiro de 1916.

38. Scott et. al., 2014.

39. http://www.lighningmaps.org. Último acesso em 3 de fevereiro de 2017.

Capítulo 8: Conclusões: Práticas Espirituais em uma Era Secular

1. Taylor, 2007, p. 2.

2. *Ibid.*, p. 225.

3. Uma boa síntese dos argumentos de Taylor pode ser encontrada em Smith, 2014.

4. Taylor, 2007, p. 449.

5. *Ibid.*, p. 56;
6. Spencer, 2014.
7. Taylor, 2007, p. 2.
8. http://www.encyclopedia.com/history/encyclopedias-almanacs-
   -transcripts-and-maps/league-militant-godless. Último acesso em
   31 de dezembro de 2016.
9. Contudo, desde 1978 a Constituição da República Popular da China tem garantido a liberdade religiosa.
10. Taylor, 2007, p. 5,
11. Gray, 2002, pp. 127-28.
12. https://en.wikipedia.org/wiki/Spanish_Inquisition. Último acesso em 23 de dezembro de 2016.
13. Gray, 2011, p. 182.
14. http://www.ibtimes.com/how-many-people-did-Joseph-Stalin-
    -kill-1111789. Último acesso em 2 de janeiro de 2017.
15. http://www.ibtimes.com/how-many-people-Stalin-kill-1111789.
    Último acesso em 2 de janeiro de 2017.
16. http://www.historyplace.com/worldhistory/genocide/pol-pot.
    htm. Último acesso em 2 de janeiro de 2017.
17. Sheldrake, 2012.
18. Koenig, 2008.
19. *Ibid.*, p. 142.
20. *Ibid.*
21. Zuckerman, 2007.
22. Field, 2015.
23. Theos, 2013.
24. Lorimer, 2017.

Agradecimentos

1. Sheldrake, McKenna e Abraham, 1998, 2001.
2. http://www.sheldrake.org/audios/the-sheldrake-mckenna-abraham-trialogues. Último acesso em 1º de fevereiro de 2017.
3. http://www.sheldrake.org/videos/the-nature-of-the-mind-a-discussion-between-j-krishnamurti-david-bohm-john-hidley-and-rupert-sheldrake. Último acesso em 1º de fevereiro de 2017.
4. Sheldrake e Fox, 1996; Fox and Sheldrake, 1996.
5. http://www.sheldrake.org/audios/discussions/between-rupert--sheldrake-and-matthew-fox. Último acesso em 17 de fevereiro de 2017.
6. http://www.sheldrake.org/audios/dialogues-with-bishop-marc-andrus-at-grace-cathedral. Último acesso em 1º de fevereiro de 2017.
7. http;//www.sheldrake.org/audios/science-set-free-podcast. Último acesso em 1º de fevereiro de 2017.

Bibliografia

Abram, D., *The Spell of the Sensuous: Perception and Language in a More-Than-Human World*, Vintage, Nova York, 1997.

Albera, D. e Eade, J. (Orgs.), *International Perspectives on Pilgrimage Studies: Itineraries, Gaps and Obstacles*, Routledge, Nova York, 2015.

Anderson, W., e Hicks, C., *Green Man: The Archetype of Our Oneness with the Earth*, Harper Collins, Londres, 1990.

Anselm, *Proslogion, in Anselm of Canterbury: The Major Works*, Oxford University Press, 2008.

Aquino, São Tomás de, *Compendium of Theology*, Oxford University Press, 2009.

Batchelor, S., *Secular Buddhism: Imagining the Dharma in an Uncertain World*, Yale University Press, 2017.

Bellah, R. N., *Religion in Human Evolution: From the Paleolithic to the Axial Age*, Harvard University Press, 2011.

Benson. H., e Klipper, M. Z., *The Relaxation Response* (nova edição), HarperTorch, Nova York, 2000.

Bentley, J., *Restless Bones: The Story of Relics*, Constable, Londres, 1985.

Berresford Ellis, P., *Celtic Inheritance*, Muller, Londres, 1985.

Berman, M., *The Reenchantment of the World*, Bantam, Nova York, 1984.

Blackmore, S., *Zen and the Art of Consciousness*, Oneworld Publications, Londres, 2011.

Bobo, G., Emmons, R. A., e McCullough, M. E., "Gratitude in Pactice and the Practice of Gratitude", in: Linley, P. A. e Joseph, S. (Orgs.), *Positive Psychology in Practice*, Wiley, Hoboken, NJ, 2004.

Bowler, P. J., *Evolution: The History of an Idea*, University of California Press, Berkeley, 1984.

Boyless, K. L., "Saving Sacred Sites: The 1989 Proposed Amendment to the American Indian Religious Freedom Act", *Cornell Law Review*, 1991, 76, pp. 1117-148.

Braithwaite, R. B., *Scientific Explanation: A Study of the Function of Theory, Probability and Law in Science*, Cambridge University Press, 1953.

Bratman, G. N., Daily, G. C., Levy, B. J. e Gross, J. J., 'The Benefits of Nature Experience: Improved Affect and Cognition", *Landscape and Urban Planning*, 2015, 138, pp. 41-50.

Bratman, G. N., Hamilton, J. P. Hahn, K. S., Daily, G. C. e Gross, J. J., "Nature Experience Reduced Rumination and Subgenual Prefrontal Cortex Activation", *Proceedings of the National Academy of Sciences (US)*, 2015, 112, pp. 8567-572.

Brown, P., *The Cult of the Saints: Its Rise and Function in Latin Christianity*, Chicago University Press, 2015.

Brown, S., "The 'Musilanguage' Model of Music Evolution" in: N. Wallin, Merker, B. e Brown, S. (orgs.), *The Origin of Music*, MIT Press, Cambridge, MA, 2000.

Brown, S., "Evolutionary Models of Music: From Sexual Selection to Group Selection", in: Tonneau, F. e Thompson, N. (Orgs.), *Perspectives in Ethology*, Plenum, Nova York, 2004, 13, pp. 231-81.

Carter, C., *Science and the Near-Death Experience: How Consciousness Survives Death*, Inner Traditions, Rochester, VT, 2010.

Chanda, M. L., e Levitin, D. J., "The Neurochemistry of Music", *Trends in Cognitive Science*, 2013, 17, pp. 180-94.

Clift, S., Hancox, G., Morrison, I., Hess, B., Kreutz, G. e Stewart, D., "Choral Singing and Psychological Wellbeing: Quantitative and Qualitative Findings from English Choirs in a Cross-national Survey", *Journal of Applied Arts and Health*, 2010, I, pp. 19-34.

Clift, S., Hancox, G., Staricoff, R., e Whitmore, C., "Singing and Health: A Systematic Mapping and Review of Non-clinical Research", Christ Church University Research Centre for Arts and Health, Canterbury, 2008.

Coleman, S. e Elsner, J., *Pilgrimage Past and Present: Sacred Travel and Sacred Space in the World Religions*, British Museum Press, Londres, 1995.

Corazza, O., *Near-Death Experiences: Exploring the Mind-Body Connection*, Routledge, Londres, 2008.

Cox, B., "The Large Hadron Collider: A Scientific Creation Story", in: "Sherine, A. (Org.), *The Atheist's Guide to Christmas*, HarperCollins, Londres, 2009.

Cross, I., "The Nature of Music and Its Evolution", in: Hall, M., Cross, I. e Thaut, M. (Orgs.), *The Oxford Handbook of Music Psychology* (2ª ed.), Oxford University Press, 2016.

Cross, I., e Morley, I., "The Evolution of Music: Theories, Definitions and the Nature of the Evidence", in: Malloch, S., e Trevarthen, C. (Orgs.), *Communicative Musicality*, Oxford University Press, 2008.

Darwin, C., *The Origin of Species*, Murray, Londres, 1859.

Darwin, C., *The Variation of Animals and Plants Under Domestication*, Murray, Londres, 1875.

Darwin, C., *The Origin of Species* (6ª ed.), Murray, Londres, 1882.

Darwin, C., *The Descent of Man and Selection in Relation to Sex* (2ª ed;), Murray, Londres, 1885.

Darwin, E., *Zoonomia*, 2 vols., 1794-1796, AMS Press, Nova York, reimpresso em 1974.

Davidson, L. K., e Gitlitz, D. M., *Pilgrimage: From the Ganges to Graceland: An Encyclopedia*, ABC-CLIO, Santa Barbara, CA, 2002.

Davies, J. G., *Pilgrimage Yesterday to Today: Why? Where? How?*, SCM Press, Londres, 1998.

Dawkins, R., *The God Delusion*, Bantam, Londres, 2006.

Dawkins, R., *Unweaving the Rainbow: Science, Delusion and the Appetite for Wonder*, Penguin, Londres, 2006.

De Botton, A., *The Pleasures and Sorrows of Work*, Hamish Hamilton, Londres, 2009.

De Botton, A., *Religion for Atheists: A Non-Believer's Guide to the Uses of Religion*, Hamish Hamilton, Londres, 2013.

Deb, D., *Sacred Grooves of West Bengal: A Model of Community Forest Management*, University of East Anglia, Norwich, 2007.

Dennett, D., *Breaking the Spell: Religion as a Natural Phenomenon*, Viking, Nova York, 2006.

Descola, P., *Beyond Nature and Culture*, University of Chicago Press, 2013.

Ehrenreich, B., *Blood Rites: Origins and History of the Passions of War*, Metropolitan Books, Nova York, 1997.

Ehrenreich, B., *Dancing in the Streets: A History of Collective Joy*, Metropolitan Books, Nova York, 2006.

Ehrenreich, B., *Smile or Die: How Positive Thinking Fooled America and the World*, Granta Books, Londres, 2009.

Eire, C. M. N., *War Against the Idols: The Reformation of Worship from Erasmus to Calvin*, Cambridge University Press, 1986.

Eliade, M., *Patterns in Comparative Religion*, Sheed and Ward, Londres, 1958.

Emerson, R. W., *Selected Essays*, Penguin Books, Harmondsworth, 1985.

Emmons, R. A., e Crumpler, C. A., "Gratitude as a Human Strength; Appraising the Evidence", *Journal of Social and Clinical Psychology*, 2000, 19, pp. 56-69.

Emmons, R. A., e Kneezel, T. T., "Giving Thanks: Spiritual and Religious Correlates of Gratitude", *Journal of Psychology and Christianity*, 2005, 24, pp. 140-48.

Emmons, R. A., e McCullough, M. E., "Counting Blessings Versus Burdens: An Experimental Investigation of Gratitude and Subjective Wellbeing in Daily Life", *Journal of Personality and Social Psychology*, 2003, 84, pp. 377-89.

Evans, D., *Placebo: Mind Over Matter in Modern Medicine*, HarperCollins, Londres, 2010.

Feldman, R., Monakhow, M., Pratt, M., e Ebstein, R. P., "Oxytocin Pathway Genes: Evolutionary Ancient System Impacting on Human Affiliation, Sociality, and Psychopathology", *Biological Psychiatry*, 2016, 79, pp. 174-84.

Field, C. D., "Secularising Selfhood; What Can Polling Data on the Personal Saliency of Religion Tel Us About the Scale and Chronology of Secularisation in Modern Britain?", *Journal of Beliefs and Values*, 2015, 36, pp. 308-30.

Fox, M., *Meister Eckhart*, New World Library, Novato, CA, 2014.

Fox, M., e Sheldrake, R., *The Physics of Angels: Exploring the Realm Where Science and Spirits Meet*, Harper Collins, São Francisco, 1996.

Frazer, J., *Folk-Lore in the Old Testament*, Macmillan, Londres, 1918.

Freud, S., *Moses and Monotheism*, Hogarth Press, Londres, 1939.

Geissmann, T., "Gibbon Songs and Human Music from an Evolutionary perspective", in: Wallin, N. L., Merker, B. e Brown, S. (Orgs.), *The Origins of Music*, MIT Press, Cambridge, MA, 2000.

Giblet, R. J., *People and Places of Nature and Culture*, Intellect, Bristol, 2011.

Gilbert, N. "A Natural High", *Nature*, 2016, 531, pp. 556-57.

Godwin, J. *Music, Mysticism and Magic: A Sourcebook*, Routledge e Kegal Paul, Londres, 1986.

Goyal, M. et. al., "Meditation Programs for Psychological *Stress* and Wellbeing: A Systematic Review and Meta-analysis", *JAMA Internal Medicine*, 2014, 174, pp. 357-68.

Gray, J., *Straw Dogs: Thoughts on Humans and Other Animals*, Granta Books, Londres, 2002.

Gray, J., *The Immortalization Commission: Science and the Strange Quest to Cheat Death*, Alllen Lane, Londres, 2011.

Griffiths, B., *Return to the Centre*, Collins, Londres, 1976.

Griffiths, B., *The Marriage of East and West*, Collins, Londres, 1982.

H. M. Government White Paper, *The Natural Choice: Securing the Value of Nature*, The Stationery Office, Londres, 2011.

Hardy, A., *The Spiritual Nature of Man: A Study of Contemporary Religious Experience*, Clarendon Press, Oxford, 1979.

Harris, S., *The End of Faith: Religion, Terror, and the Future of Reason*, Norton, Nova York, 2005.

Harris, S., *Waking Up: Searching for Spirituality Without Religion*, Transworld, Londres, 2014.

Hart, D. B., *The Experience of God: Being, Consciousness, Bliss*, Yale University Press, 2013.

Hayward, G., *Singing as One: Community in Synchrony*, tese de doutorado, Cambridge University, 2014.

Hazrat Inayat Khan, 'The Music of the Spheres", in: Rothenberg, D. e Ulvaeus, M. (Orgs.), *The Book of Music and Nature*, Wesleyan University Press, Middletown, CT, 2009.

Heller, E., The *Disinherited Mind: Essays in Modern German Literature and Thought*, Cambridge University Press, 1952.

Hitchens, C., *God is Not Great: How Religion Poisons Everything*, Hachette, Nova York, 2008.

Höltzel, B. K., Ott, U., Gard, T., Hempel, H., Weygandt, M., Morgen, K. e Vaitl, D. "Investigation of Mindfulness Meditation Practitioners with Voxel-based Morphometry", *Social Cognitive and Affective Neuroscience*, 2008, 3, pp. 55-61.

Hölzel, B. K., Carmody, J., Vangel, M., Congleton, C., Yerramsetti, S. M., Gard, T., e Lazar, S. W., "Mindfulness Practice Leads to Increases in Regional Brain Gray Matter Density", *Psychiatry Research*, 2011, 191, pp. 36-43.

Howell, P., "At Home and Astray", *Cambridge Alumni Magazine*, 2016, 77, pp. 28-35.

Igreja Católica, *Catechism of the Catholic Church*, Burns e Oates, Londres, 1999.

Karjalainen, E., Sarjala, T. e Raitio, H., "Promoting Human Health Through Forests; Overview and Major Challenges", *Environmental Health and Preventive Medicine*, 2010, 15, pp. 1-8.

Koenig, H. G., *Medicine, Religion and Health*, Templeton Press, West Conshohocken, PA, 2008.

Koenig, H., McCullough, M. E., e Larson, D. B., *Handbook of Religion and Health*, Oxford University Press, 2001.

Koenig, H., King, D. E., e Carson, V. B., *Handbook of Religion and Health* (2ª ed.), Oxford University Press, 2012.

Kuhn, T., *The Structure of Scientific Revolutions*, Universe of Chicago Press, 1962.

Kuyken, W., Hayes, R., Barrett, B. et. al., "Effectiveness and Cost-effectiveness of Mindfulness-based Cognitive Therapy Compared with Maintenance Antidepressant Treatment in the Prevention of Depressive Relapse or Recurrence (PREVENT): A Randomized Controlled Trial", *The Lancet*, 2015, 386, pp. 63-73.

La Fontaine, J. S., *Initiation: Ritual Drama and Secret Knowledge Across the World*, Penguin, Harmondsworth, 1985.

Lévi-Strauss, C., *Structural Anthropology*, Penguin, Harmondsworth, 1972.

Levitin, D., *This Is Your Brain on Music: Understanding a Human Obsession*, Atlantic Books, Londres, 2006.

Li, Q., "Effect of Forest Bathing Trips on Humans Immune Function", *Environmental Health and Preventive Medicine*, 2010, 15, pp. 9-17.

Lorimer, D., "Science and Religion: A Survey of Spiritual Practices and Benefits Among European Solutions, Engineers and Medical Professionals", *Scientific and Medical Network Review*, 2017, 123, pp. 23-6.

Louv, R., *Last Child in the Woods: Saving Our Children from Nature-Deficit Disorder*, Algonquin Books, Chapel Hill, 2008.

Lutz, A., Greischar, L. L., Rawlings, N. B., Ricard, M. e Davidson, R. J., "Long-term Meditators Self-induce High-amplitude Gamma Synchrony During Mental Practice", *Proceedings of the National Academy of Sciences (US)*, 2004, 101, pp. 16.369-72.

McCullough, M. E., Emmons, R. A. e Tsang, J. A., "The Grateful Disposition: A Conceptual and Empirical Topography", *Journal of Personality and Social Psychology*, 2002, 82, pp. 112-27.

Marais, E., *The Soul of the White Ant*, Methuen, Londres, 1937.

Mascaro, J. (Trad.), *The Upanishads*, Penguin Books, Harmondsworth, 1965.

Mauss, M., *The Gift: The Form and Reason for Exchange in Archaic Societies*, Norton, Nova York, 2000.

Merker, B., "Synchronous Chorusing and Human Origins", in: Wallin, N. L., Merker, B. e Brown, S. (Orgs.), *The Origins of Music*, MIT Press, Cambridge, MA, 2000.

Michell, J., *The Earth Spirit: Its Ways, Shrines and Mysteries*, Thames and Hudson, Londres, 1975.

Mojo, *The Mojo Collection: The Ultimate Music Companion* (4ª ed.), Canongate Books, Edimburgo, 2003.

Morris, P. A., "The Effect of Pilgrimage on Anxiety, Depression and Religious Attitude", *Psychological Medicine*, 1982, 12, pp. 291-94.

Nabokov, P., *Where the Lightning Strikes: The Lives of American Indian Sacred Places*, Penguin Books, Nova York, 2006.

Nagel, T., *Mind and Cosmos: Why the Materialist Neo-Darwinian Conception of Nature is Almost Certainly False*, Oxford University Press, 2012.

Nilsson, U., "Soothing Music Can Increase Oxytocin Levels During Bed Rest After Open-heart Surgery: A Randomized Control Trial", *Journal of Clinical Nursery*, 2009, 18, pp. 2.153-161.

Paffard, M., *Inglorious Wordsworths: A Study of Some Transcendental Experiences in Childhood and Adolescence*, Hodder and Stoughton, Londres, 1973.

Park, B. J., Tsunetsugu, Y. Kasetani, T. Kagawa, T. e Miyakazi, Y., "The Physiological Effects of *Shinrin-yoku* (Taking in the Forest Atmosphere or Forest Bathing): Evidence from Field Experiments In 24 Forests Across Japan", *Environmental Health and Preventive Medicine*, 2010, 15, pp. 18-26.

Partridge, E., *Origins: A Short Etymological Dictionary of Modern English*, Routledte e Kegan Paul, Londres, 1966.

Purce, J., *The Mystic Spiral: Journey of the Soul*, Thames and Hudson, Londres, 1974.

Purce, J., "Sound in Mind and Body", *Resurgence*, março-abril de 1986, pp. 26-30.

Reynolds, G., "How Walking in Nature Changes the Brain", *New York Times*, 22 de julho de 2015.

Rosenthal, J. Z., Grosswald, S. Ross, R. e Rosenthal, N., "Effects of Transcendental Meditation in Veterans of Operation Enduring Freedom and Operation Iraqi Freedom with Post-Traumatic Stress Disorder: A Pilot's Study", *Military Medicine*, 2011, 176, pp. 626-30.

Roszak, T., *Where the Wasteland Ends: Politics and Transcendence in Post-Industrial Society*, Faber and Faber, Londres, 1973.

Sacks, O., *Musicophilia: Tales of Music and the Brain,* Picador, Londres, 2007.

Sacks, O., *Gratitude*, Picador, Londres, 2015.

Schwartz, S., "Meditation – The Controlled Psychophysical Self-regulation Process that Works", *Explore: The Journal of Science and Healing*, 2011, 7, pp. 348-53.

Schweiker, W., 'Torture and Religious Practice', *Dialog: A Journal of Theology*, 2008, 47, pp. 208-16.

Scott, C. J. Harrison, R. G. Owens, M. J., Lockwood, M., e Barnard, L., "Evidence for Solar Wind Modulation of Lightning", *Environmental Research Letters*, 2014, 9. 055004.

Seligman, M. P., Steen, T. A., Park, N. e Peterson, C., "Positive Psychology Progress: Empirical Validation of Intervention", *American Psychologist*, 2005, 60, pp. 410-21.

Sheldrake, R., *A New Science of Life: The Hypothesis of Formative Causation*, Blond and Briggs, Londres, 1988. [*Uma Nova Ciência da Vida*, publicado pela Editora Cultrix, São Paulo, 2014.]

Sheldrake, R., *The Presence of the Past: Morphic Resonance and the Habits of Nature*, Collins, Londres, 1988.

Sheldrake, R., *The Rebirth of Nature: The Greening of Science and God*, Century, Londres, 1992. [*O Renascimento da Natureza: O Reflorescimento da ciência e de Deus*, publicado pela Editora Cultrix, São Paulo, 1993.]

Sheldrake, R., *Dogs That Know When Their Owners Are Coming Home, And Other Unexplained Powers of Animals*, Hutchinson, Londres, 1999.

Sheldrake, R., *Seven Experiments That Could Change the World* (2ª ed.), Park Street Press, Rochester, VT, 2002. [*Sete Experimentos Que Podem Mudar o Mundo*, publicado pela Editora Cultrix, São Paulo, 1999.] (fora de catálogo)

Sheldrake, R., *The Sense of Being Stared At, and Other Aspects of the Extended Mind*, Hutchinson, Londres, 2003. [*A Sensação de Estar Sendo Observado e Outros Aspectos da Mente Expandida*, publicado pela Editora Cultrix, São Paulo, 2004.] (fora de catálogo)

Sheldrake, R., *A New Science of Life: The Hypothesis of Formative Causation* (3ª ed.), Icon Books, Londres, 2009. [*Uma Nova Ciência da Vida – A Hipótese da Causação Formativa e os Problemas Não Resolvidos da Biologia*, publicado pela Editora Cultrix, São Paulo, 2014.]

Sheldrake, R., *The Presence of the Past: Morphic Resonance and the Habits of Nature* (2ª ed.), Icon Books, Londres, 2011.

Sheldrake, R., *The Science Delusion: Freeing the Spirit of Enquiry*, Coronet, Londres, 2012. (Publicado nos Estados Unidos como *Science Set Free: Ten Paths to New Discovery*, Random House, Nova York.) [*Ciência sem Dogmas: A Nova Revolução Científica e o Fim do Paradigma Materialista*, publicado pela Editora Cultrix, São Paulo, 2014.]

Sheldrake, R. e Fox, M., *Natural Grace: Dialogues on Science and Spirituality*, Bloomsbury, Londres, 1996.

Sheldrake, R., McKenna, T. e Abraham, R., *The Evolutionary Mind: Trialogues at the Edge of the Unthinkable*, Trialogue Press, Santa Cruz, CA, 1998. (Nova edição, Monkfish Books, Rhinebeck, Nova York, 2005).

Sheldrake, R. McKenna, T. e Abraham, R., *Chaos, Creativity, and Cosmic Consciousness*, Park Street Press, Rochester, VT, 2001.

Sheldrake, R. e Smart, P., "Videotaped Experiments on Telephone Telepathy". *Journal of Parapsychology*, 2003, 67, pp. 147-66.

Smith, J. K. A., *How (Not) To Be Secular: Reading Charles Taylor*, Eerdmans, Grand Rapids, MI, 2014.

Spencer, N., *Atheists: The Origin of the Species*, Bloomsbury, Londres, 2014.

Steindl-Rast, D., *Gratefulness, The Heart of Prayer*, Paulist Press, Mahwah, NJ. 1984.

Strawson, G., "Realistic Monism: Why Physicalism Entails Panpsychism", *Journal of Consciousness Studies*, 2006, 13, pp. 3-31.

Taylor, C., *A Secular Age*, Harvard University Press, Cambridge, MA, 2007.

Taylor, E., Introdução em: Murphy, M., Donovan, S. e Taylor, E., *The Physical and Psychological Effects of Meditation: A Review of Contemporary Research with a Comprehensive Bibliography, 1931-1996*, Instituto de Ciências Noéticas, Sausalito, CA, 1997.

Theos, *The Spirit of Things Unseen: Belief in Post-Religious Britain*, Theos, Londres, 2013.

Thomas, K., *Man and the Natural World: Changing Attitudes in England 1500-1800*, Penguin Books, Harmondsworth, 1984.

Titze, I. R., "The Human Instrument", *Scientific American*, 2008, 298 (I), pp. 94-101.

Tolkien, J. R. R., *The Silmarillion*, Harper Collins, Londres, 2013.

Tomlinson, G., *A Million Years of Music: The Emergence of Human Modernity*, Zone Books, Nova York, 2015.

Van Gennep, A., *The Rites of Passage*, Chicago University Press, 1972.

Van Lommel, P., *Consciousness Beyond Life: The Science of the Near-Death Experience*, HarperOne, Londres, 2011.

Vella-Burrows, T., "Singing and People with Dementia", *in*: Clift, S. (Org.), *Singing, Wellbeing and Health*, Christ Church University Research Center for Arts and Health, Canterbury, 2012.

Vitebsky, P., *Raindeer People: Living with Animals and Spirits in Siberia*, Harper Perennial, Londres, 2011.

Viveiros de Castro, E. B., "Exchanging Perspectives: The Transformation of Objects Into Subjects in Amerindian Ontologies", *Common Knowledge*, 2004, 10, pp. 463-84.

Watkins, P. C., van Gelder, M., e Frias, A., "Furtheing the Science of Gratitude", *in*: Lopez, S. J. e Snyder, C. R. (Orgs.), *The Oxford Handbook of Positive Psychology* (2ª ed.), Oxford University Press, Nova York, 2009.

Wax, R., *A Mindfulness Guide for the Frazzled*, Penguin, Londres, 2016.

Williams, D. C., *God's Wilds: John Muir Vision of Nature*, Texas A&M University Press, 2002.

Wilson, E. O., *Biophilia*, Harvard University Press, 1984.

Woodard, G. D., e McCrone, W. C., "Unusual Crystallization Behavior", *Journal of Applied Crystallography*, 1975, 8, p. 342.

Woodhead, L., e Catto, R., *Religion and Change in Modern Britain*, Routledge, Londres, 2012.

Wroe, A., *Being Shelley: The Poet's Search for Himself*, Vintage, Londres, 2007.

Young, J., McGown, E. e Haas, E., *Coyote's Guide to Connecting with Nature*, Owlink Media, Shelton, WA, 2010.

Zivotofsky, A. Z., Gruendlinger, L. e Hausdorff, J. M., "Modality-specific Communication Enabling Gait Synchronization During Over-ground Sid-by-side Walking", *Human Movement Science*, 2012, 31, pp. 1.268-285.

Zuckerman, P., "Atheism: Contemporary Numbers and Patterns", in: Martin, M. (Org.), *The Cambridge Companion to Atheism*, Cambridge University Press, 2007, pp. 47-65.

Impresso por :

gráfica e editora

Tel.:11 2769-9056